海洋油气地震勘探技术新进展

王学军　全海燕　刘　军　罗敏学　郭建卿　等编著

石油工业出版社

内容提要

本书回顾了我国海洋油气地震勘探的发展历程、特点、难点,对滩浅海和海底地震数据采集相关技术、深海拖缆地震数据采集技术、海洋地震数据处理关键技术、海洋地震资料解释技术的新进展及应用效果进行了详细介绍,并解剖了4个不同地区的勘探实例。最后对海洋宽频地震勘探技术、海洋宽方位地震勘探技术、海洋高效地震数据采集技术的发展前景进行了展望。

本书突出了海洋地震勘探领域的研究进展和高新技术,系统地阐述了相关采集、处理和解释方面的新理论、新方法和新成果,具有很强的指导性和实用性。

本书可以作为从事海洋地震勘探研究与应用的技术人员和高校教师的参考书。

图书在版编目(CIP)数据

海洋油气地震勘探技术新进展／王学军等编著．
—北京:石油工业出版社,2017.12
ISBN 978-7-5183-2284-8

Ⅰ.①海… Ⅱ.①王… Ⅲ.①油上油气田-油气勘探-
地震勘探-研究 Ⅳ.①P618.130.8

中国版本图书馆 CIP 数据核字(2017)第 285147 号

出版发行:石油工业出版社
    (北京安定门外安华里 2 区 1 号楼   100011)
    网 址:www.petropub.com
    编辑部:(010)64523533 图书营销中心:(010)64523633
经 销:全国新华书店
印 刷:北京中石油彩色印刷有限责任公司

2017 年 12 月第 1 版 2017 年 12 月第 1 次印刷
787×1092 毫米 开本:1/16 印张:17.75
字数:450 千字

定价:128.00 元
(如出现印装质量问题,我社图书营销中心负责调换)

序

　　石油和天然气不仅是清洁高效的能源，还是不可替代的化工基础原料。经过100多年的勘探开发，陆上常规技术可采油气储量日益减少，发展新技术、开拓新的油气勘探开发领域已迫在眉睫。全球资源调查研究预测，在覆盖地球表面70%的海洋下面蕴藏着丰富的石油和天然气，占全球油气资源量的44%。因此，走向海洋寻找、发现油气富集区是解决人类不断增长的能源需求与油气资源不断减少的矛盾的必然选择。

　　我国领海内分布着渤海、北黄海、南黄海、东海、台西、台西南、珠江口、莺歌海、琼东南和北部湾等10个大型中新生代含油气沉积盆地，其面积约为$90×10^4 km^2$。在这些盆地的勘探中发现了一些优质高效的商业油气田，这揭示了我国近海巨大的油气勘探前景。但受技术和经济条件的限制，近海大陆架整体勘探程度很低。与类似地质条件的沉积盆地相比，其油气资源探明率不高，勘探潜力巨大。加强海洋油气勘探、深化海洋油气资源开发是我国未来油气勘探开发和资源接替的重要举措，也是我国走向海洋强国战略的重要组成部分。

　　地震勘探技术是开拓油气勘探领域、发现油气富集区、落实含油气构造最为有效的技术手段。特别是面对水深差异大、海底起伏不平、海（洋）流变化和海床结构复杂的大陆架地区，利用地震勘探技术实施快速高效、揭示地质特征准确、包含油气藏信息丰富、运行成本低等优势，可快速查明我国领海沉积盆地结构，划分各盆地构造单元，评价有利勘探区带、落实钻探目标，计算油气资源量，为我国海洋勘探开发部署规划提供依据。同时，所获取的海底地形地貌、洋流变化数据也是国家安全战略不可或缺的基础资料。

　　《海洋油气地震勘探技术新进展》一书，系统地回顾了海洋地震勘探技术发展和应用历程，阐述了采集、处理和解释方面的新理论、新方法和新成果，突出了海洋地震勘探领域的研究进展和高新技术，具有很强的指导性和实用性。主要内容包括：(1)将我国海洋油气地震勘探技术发展和油气勘探工作划分为起步阶段、合作阶段、快速发展阶段和高精度地震勘探阶段，梳理了我国海洋油气地震勘探技术发展脉络和发展趋势。特别是从20世纪60年代初艰难起步(鲍光宏，1960)，经过步履蹒跚的技术引进合作阶段，到目前提出的具有自主知识产权的以宽频地震为核心的高精度地震勘探阶段，都体现了我国海洋油气地震勘探技术发展的艰辛之路。本书指出了海洋油气地震勘探技术发展方向，同时也坚定了发展海洋地震勘探技术的信心。(2)详细总结了海洋油气地震勘探的特点，如多源性环境噪声污染，不同海水深度激发接收条件与使用仪器的优化，潮汐、浪潮和洋流条件下导航定位，滩浅海与深海观测系统设计差异。(3)深入分析了海洋地震勘探的技术难点。在野外采集方面，以技术密集、施工难度最大的过渡带入手，分析了观测系统设计、激发震源和检波器的多样性等，提出了不同激发、接收条件下地震数据在能量、频率和相位方面所面临的差异，以及各类数据耦合匹配面临的难点，提出了解决方案，并通过实例展示了应用效果；对于海洋地震勘探资料处理中多次波压制这一世界性难题，在分析其基本成因与来源的基础上，结合地质特征，提出了针对性的解决方案和思路，明确了资料处理技术攻关方向；在资料解释方面，建立了天然气水合物地震解释技术方法体系，从天然气气源、疏导通道、储层特征等方面分析了天然气水合物成藏条件，在总结天然气水合物岩石物理特征的基础上，提出了测井识别标志和地震识别标志，为海洋油气资源的多层次勘探提供了强有力的技术手段。(4)通过对国内外典型实例的剖析，加深了对海洋油气地震勘探技术的理解，提高了本书的实用性。

《海洋油气地震勘探技术新进展》一书依托于"十三五"国家重大专项的研究成果，具有很高的学术价值、前瞻性和实用性。该专著的出版恰逢其时，是从事海洋油气地震勘探和相关领域研究的科技工作者不可多得的参考书籍。

中国科学院院士

2017 年 7 月 22 日

前　言

海洋油气资源丰富，目前全球 1/3 以上的油气产量和 1/2 以上的油气储量来自海洋。海洋油气资源的勘探开发一直为世人所瞩目，是国际各大石油公司和服务公司关注的重要领域。

近年来，海洋油气地震勘探技术发展迅速，涌现出许多新的技术和方法，对这些新技术按照类别进行归纳和总结是很有必要的。本书是中国石油集团东方地球物理勘探有限责任公司在"十三五"期间承担的国家重大专项子课题"海洋宽频地震勘探关键技术研究"的前期调研成果，比较全面地介绍了海洋油气地震勘探在资料采集、处理和解释等方面的重要进展，展示了在不同盆地的应用实例和勘探效果。书中的理论和方法对海洋油气地震勘探的研究工作有较强的指导作用，有助于促进海洋油气宽频地震勘探技术水平的不断提高。

全书分为 8 章，第 1 章介绍了我国海洋油气地震勘探发展历程，阐述了海洋油气地震勘探的特点和难点，概括了海洋油气宽频地震勘探技术新进展及发展方向。

第 2 章介绍了滩浅海地震数据采集技术的新进展，包括滩浅海地震数据采集观测系统一体化设计、导航定位、气枪阵列设计、质量控制等关键技术的创新与发展，以及对推动滩浅海地震勘探技术进步、提高勘探效果所起到的重要作用。

第 3 章介绍了海底地震数据采集（OBS）新技术，包括 OBS 观测系统设计、气枪激发设计、海底接收点布设与定位、OBS 勘探的新型装备和系统，以及多种方式的资料监控方法。由于海底检波点布设灵活、可重复性好，能更好地满足海上油田设施区等复杂海况条件下的地震采集与四维地震采集作业，更经济地实现海上高密度、宽方位地震勘探。

第 4 章介绍了深海拖缆地震数据采集技术，包括单源和双源与覆盖次数分布关系、震源和电缆深度的匹配设计、船速和记录长度与炮间距的关系、拖缆采集的激发（接收）新技术、拖缆采集综合导航定位技术。本章还介绍了 22 种质量控制技术，包括采集前地震装备的各种质量控制和拖缆地震数据采集过程中的数据质量监控。深海拖缆地震勘探技术因其作业效率高而逐渐成为海洋油气勘探的主流方式之一。

第 5 章介绍了海洋地震数据处理关键技术，包括滩浅海地震数据处理、OBS

地震数据处理和拖缆地震数据处理的关键技术。分析了滩浅海、OBS、拖缆地震数据的特点和处理难点，展示了海洋地震数据处理的最新进展和前沿技术及应用情况，如波动方程基准面校正、虚反射压制、上下行波分离、全数据驱动的三维 SRME、三维聚焦闭环 SRME、层间多次波压制，以及拖缆数据规则化等处理技术。

第 6 章以生物礁、重力流沉积体系和天然气水合物 3 种海洋勘探目标作为切入点，通过各目标体的基本性质分析了其沉积环境特点、地震响应特征和识别标志，介绍了海洋地震资料解释技术系列及应用效果。

第 7 章介绍了 4 个不同地区的勘探实例，即沙特波斯湾地区滩浅海地震勘探实例、北海 DAN 油田 OBN 地震勘探实例、西非近海拖缆地震勘探实例、北海 Edvard Grieg 油田拖缆地震勘探实例，包括工区概况、勘探难点分析、相关技术对策和地震勘探效果。

第 8 章重点介绍了海洋宽频地震勘探技术、海洋宽方位地震勘探技术、海洋高效地震数据采集技术的发展前景和展望。

参与本书编写的主要成员（按姓氏笔画）包括：王学军、支伟、韦秀波、叶苑权、左黄金、全海燕、刘军、李建英、李冰玲、李海军、李天苏、张保庆、陈浩林、陈洪涛、辛秀艳、杨峰、罗敏学、胡永军、祝嗣安、郭建卿、徐朝红、高斌、秦学彬、曹建明、黄莉莉、曾天玖、韩学义、景月红、蔡希玲。

全书由王学军、蔡希玲、黄莉莉统稿，王学军定稿。

在此，笔者向在本书编写、修改和审校过程中给予支持和帮助的专家和学者致以深切的谢意。

本书引用了大量的参考文献，对书中所引用文献的作者表示衷心的感谢。

希望本书能够对从事海洋地震勘探的现场采集技术人员、处理人员和科研人员具有参考和借鉴作用。

由于笔者受查阅资料范围、知识水平和理解能力所限，书中表述的观点和技术可能存在一定的局限性，不足之处敬请读者批评指正。

目　　录

1 绪　　论

　　"走向海洋"是世界油气资源探测的发展趋势。资料调查预测：未来世界油气资源总储量的44%将来自海洋深水区。根据我国海洋油气工业标准，按照水深的不同进行以下划分：水深小于300m的海域油气资源定义为浅水油气，水深为300~1500m的海域油气资源定义为深水油气，水深超过1500m的海域油气资源定义为超深水油气。

　　从陆地到海岸并延伸到一定海水深度的区域（水深小于300m），称为滩浅海，包括了滩涂、潮间带、浅海等。海水深度大于300m的海域为深水区域。从滩浅海到深水区蕴含的油气资源丰富，未探明的油气储量大。地震勘探是海洋油气勘探最重要的方法，但海洋独特的地震地质条件使得海洋地震勘探施工难度大、投资风险高，对物探装备、野外采集、处理及解释等技术提出了更高的要求。海洋油气资源勘探面临诸多难题，需要更先进的技术方法来解决这些问题，海洋油气宽频地震勘探是解决这个问题的有效技术之一。

1.1　我国海洋油气地震勘探发展历程

　　中国海洋油气资源勘探起步于20世纪60年代初期，50多年以来，海上地震勘探技术发展走过了极其不平凡的历程，可划分为4个阶段。

　　第一阶段为起步阶段。20世纪60年代到80年代，我国地球物理工作者在极其艰苦的条件下，具备了第一代海洋勘探装备和技术。早在1959年，中国科学院海洋研究所地震队在浅海进行了地震勘探试验工作（鲍光宏，1960），采用的仪器设备为CC-2B-5型地震仪，54-1型检波器，71-B型无线电收发机，海轮上装有无线电定位仪和测深仪。接收系统是将检波器和电缆联成一个与海水隔绝的封闭系统，将检波器与电缆接头一端一并放入有底的竹筒内，竹筒内充满沥青或火漆加以封闭。为使检波器在水中保持直立状态，在该装置上加浮子，通过调节浮力大小使检波器在水中直立。早期的勘探工作者用人工方法布置接收系统，在移动过程中，要使接收系统与测线方向保持一致，减小海流对接收系统的影响。在试验区得到的地震记录上，在0.3~2.7s出现了20多个较清晰的反射波同相轴和低频干扰波，获得了我国早期的海洋地震勘探试验结果。1966年春，中国首支海洋地震勘探队在南海莺歌海诞生，拉开了中国海上油气勘探的序幕。

　　滩浅海地震勘探始于1973年，在渤海湾滩涂区用电火花作为激发震源进行地震施工，采用24道等浮电缆接收，完成了一定的工作量，这是我国早期在滩浅海开展的地震试验工作。

　　第二阶段为合作阶段。从20世纪80年代到21世纪初，在大规模合作勘探的背景下，海上油气勘探技术迅速发展，形成了以技术引进为主导的发展模式，在我国不同的海域进行海洋二维和海洋三维地震勘探试验和生产，促进了海洋地震勘探技术的进步。

　　同时，在滩涂、极浅海区原石油工业部大港石油管理局物探公司引进了麻花钻气枪震源和滩海气枪震源系统（AKTOS）。该设备适合在沼泽、滩涂和潮间带进行地震勘探资料采集作业。这期间的记录系统、导航定位和运载设备也多从国外购置，对引进设备的应用开发提高了滩浅海地震勘探资料采集的质量和效率，基本形成了较完善的滩浅海地震勘探技术，并逐步应用于生产。

第三阶段为快速发展阶段。从 21 世纪初至 2010 年，海洋地震勘探工作者开始了旨在发展具有自主知识产权、形成核心竞争力的创新工作，形成了一整套包括装备、处理、解释和软件系统的海上地震勘探技术体系。海洋油气地震勘探从单个目标研究转为区域性研究，针对整个盆地的地质结构、沉积特征和油气富集规律，取得了大量的技术创新成果，在近海多个领域有了新的突破和新发现，保持了较高的勘探成功率。

在这一时期，我国滩浅海气枪震源系统设计制造技术逐步走向成熟，采用了 GPS 信标仪和 GPS 星站差分仪能够实时导航定位。自主研制的 HydroPlus 导航定位软件投入使用，系统地开展了滩浅海装备制造技术、地震数据采集和数据处理的研究与应用，地震勘探精度稳步提高，形成了滩浅海一体化的气枪阵列设计技术、导航定位技术、观测系统设计技术、地震数据处理技术、质量控制技术等，并在滩浅海地震勘探项目中进行了全面应用。

第四阶段为高精度地震勘探阶段。2011 年至今，为获得更高的地震分辨率，使薄层和小型沉积等岩性圈闭精确成像，使地震资料地层结构细节更清晰及信息更丰富，使地震资料的解释更加合理和反演结果更加准确，发展了高精度的地震勘探技术。在这一阶段，海底地震勘探技术体现在多分量、宽方位、高覆盖、小面元等数据采集技术和双检合并、上下行波场分离、镜像偏移等地震资料处理技术的应用方面，改善了地震数据成像品质。深海拖缆地震勘探技术主要包括高密度空间采样、长排列、高精度定位、宽频接收等地震数据采集技术及相应的处理技术。

随着海域油气勘探程度的逐步提高，勘探难度不断加大，如近海陆相沉积储层薄、横向变化快；中深层地震资料分辨率低，成像效果差；深水勘探受复杂海底地形的影响，地震数据信噪比和分辨率达不到要求，储层评价和流体预测的可靠性低。众多的难题对地球物理技术提出了更高的要求。

近年来，"宽频带"成为国际上多家地球物理公司相继推出的地震勘探资料采集与处理技术的关键词，已在全球很多地区进行应用。为了获得宽频的地震信息，需要震源激发具有较宽频带的地震信号，接收和数据处理过程中尽量保持宽频信息，这样在地震反演和解释时才能利用可靠的资料进行储层描述和流体预测。我国的宽频地震勘探工作刚刚起步，在采集方面尝试了多层气枪激发和上下缆接收及斜缆接收。数据处理中针对新采集方法获得的资料，需要新的技术和新处理流程与之相适应，目前还有许多亟待解决的难题。

1.2　海洋油气地震勘探的特点

无论是滩浅海还是深海，海洋环境中的地震勘探工作与陆上有很大的不同，由于激发和接收都处在动态的水介质中，在地震采集参数和观测系统设计等方面都要考虑工区内各种因素(如采集装备、电子通信等)的影响，使之与采集环境相适应。不同的采集环境下接收到的地震波场存在明显的差异，海上施工设计和室内数据处理均要根据海洋资料的特殊性采取相应的技术措施。

1.2.1　采集环境变化

采集环境变化因素很多。海水作为地震波的传播介质，其中潮汐、风浪、海流等共同构成了动态的水体环境；潮间带、沼泽区近地表变化、水深的变化、海底地形变化；岛礁、暗礁出现位置的不同；海上渔业生产、过往船只、海上开发平台等。地震勘探在这样的环境中进行，采集数据的品质必然受到以上因素的影响。应调查上述因素的变化规律，实时记录采集环境变化数据，需要有专门的方法和配套的技术。

1.2.2 海上激发

滩涂区一般采用陆上的炸药激发方式，潮间带尝试使用泥枪激发，海上的主要震源是气枪。气枪激发的作业效率高，成本低，通常由运载船舶系统、枪控系统、压力供给系统和气枪阵列组成。常用的气枪类型有 G 枪、GI 枪和 Bolt 枪。为了提高气枪激发的子波的能量和频谱效果，常常通过单枪和相干枪组成气枪组合阵列来实现。气枪组合阵列设计是海上激发的关键技术，包括气枪的沉放深度、枪阵结构、气枪容量、气枪压力等。通过对比分析气枪组合阵列的震源子波特征参数，对气枪组合阵列参数进行优化调整，获得激发能量强、气泡比高、频谱宽平、方向性好且稳定性强的气枪组合的震源子波。

在不同的施工海域，地震勘探的接收方式有明显不同。在水深小于 1.5m 的沼泽滩涂区，主要指潮间带和潮下带，多使用速度型沼泽检波器接收；在水深 1.5~5m 的浅水区，一般使用单点压力检波器接收；在水深 5~100m 的水域，多采用双检四分量 OBC（Ocean Bottom Cable）或 OBN（Ocean Bottom Node）接收方式；而在水深大于 100m 的海域，拖缆接收方式居于主导地位。从滩涂到深水，采用不同的接收方式，一方面是为了适应施工环境的巨大变化，另一方面也为海洋油气勘探提供了更优质的地震资料。如从滩涂到水深大于 5m 的海域，接收方式从单分量检波器到 OBC、OBN 接收方式的变化，利用 OBC、OBN 多波多分量、定位精度高、环境影响小的优势，有助于解决油田勘探开发中的诸多难题。与此同时，各种接收方式在采集和处理中也面临不同的技术问题，如滩涂和浅水施工中不同类型检波器的匹配问题、OBC 和 OBN 施工中的接收点二次定位问题、拖缆施工中的拖缆漂移问题，这些问题对接收数据的质量都有显著的影响。

1.2.3 导航定位

海上采用综合导航定位技术突出了海上地震观测的实时性和动态性，包括对气枪船的导航定位、气枪激发时刻的炮点定位、检波点的导航定位、气枪激发和地震仪器记录的同步控制，以及检波器和仪器记录的同步控制等。目前采用的海上导航定位技术主要是无线电定位和 GPS 导航定位，需要有相应的方法、软硬件配置、技术方案和相关措施，保证及时准确地确定施工物理点的位置，并确保物理点位在一定的精度范围之内。

1.2.4 观测系统

滩浅海地区的观测系统设计需要同时考虑陆上和海上的作业特点，进行一体化的设计，除了常规的测线方向、排列长度、覆盖次数、面元大小等因素外，还要考虑过渡带观测系统的拼接、联合施工的方式、耦合优化的合理性等，保证地下面元属性分布的一致性，实现不同地表类型之间地震数据良好连接。

深海拖缆接收具有单个压力检波器、单边接收特点，面元普遍使用 6.25m×25m，甚至减小到 6.25m×12.5m、3.125m×12.5m，接收缆数由 16 缆发展到 20 缆甚至更多，海上宽方位采集的横纵比可提高到 0.6 以上。

对于 OBC 勘探，可采用"U"形、片状或块状、平行和正交等观测系统。由于检波器沉放在海底保持不动，激发的气枪船具有相对的独立性，炮点位置可根据勘探目标的要求设计，从而使面元中的炮检距、方位角、覆盖次数等属性分布尽量均匀，以取得最佳的勘探效果。OBN 采集的观测系统设计比较灵活，通常以多炮少道为原则，节点的独立性有利于全方位的观测。如圆形也是 OBN 采集的特点，海底检波点呈射线状布设，施工时围绕中心环形放炮，构成对目标区的全方位观测。

1.3 海洋油气地震勘探的难点

1.3.1 野外采集的难点分析

海洋特殊的地震地质条件，导致在滩浅海和深海地区进行地震数据采集存在以下难点。

1.3.1.1 过渡带采集因素存在差异性

过渡带在观测系统、激发震源和接收检波器等方面的多样性，决定了采集的数据在能量、频率和相位等方面都会不同。对各类数据要根据各自的特征做精细的校正、耦合和匹配，资料分析整理的工作量很大。要完全实现差异的消除，达到良好的一致性，数据采集处理方面都有难度。

1.3.1.2 准确定位难度大

检波点与炮点的定位困难。因为潮水和海浪的冲击，容易使炮点位置的标志及检波器偏离设计位置，需要经常对炮点和检波点位置重新定位。随着接收密度的增大，面元越来越小，对检波点定位的精度要求越来越高。实际应用中，多采用声学和初至波联合定位技术，还存在定位解算的误差、初至波拾取的误差、电缆位置的多次漂移等问题。

1.3.1.3 环境噪声存在多变性

滩涂区淤泥厚，地表条件复杂，造成检波器与地表的耦合性差；检波器和大、小线不断受到潮水、海流的冲击，接收到强弱不同的噪声，如猝发脉冲、异常能量道、坏道等。深水采集时存在外界振动干扰，如过往船只、邻队采集、正在钻井的平台等，如果距拖缆比较近，产生的水波被检波器接收到，会出现形态各异的干扰波。海底崎岖起伏较大时，外源干扰、侧面干扰、次生干扰比较发育，有很强的能量。

1.3.1.4 存在与海底、海水有关的多次波

海平面和海底都有较大的反射系数，在这两个界面之间会形成多次反射，水层内产生的这类多次波称鸣振或交混回响，是海上勘探中主要的干扰波。当海底起伏不平，地震波的散射和水层的多次波相互干涉，以不同的振幅持续出现在地震记录中，形成复杂的干扰波场，掩盖了来自海底以下界面的一次反射波，严重影响地震数据的品质，是海上勘探中主要的干扰波。

1.3.1.5 存在虚反射或鬼波

气枪震源被沉放于海水中的一定深度激发，一部分能量直接向上传播到海面，再向下反射到海水中传播，遇到界面后再反射回来被检波器接收到，尾随在正常的一次反射波之后，构成干扰，称为鬼波或虚反射。同理，电缆也被沉放到海平面以下，检波器也接收到虚反射。虚反射速度与一次波的速度差异不大，并随气枪和电缆的沉放深度的不同而变化，肉眼不易识别。虚反射的存在使得正常一次波的波形复杂化，延续相位增多，波组关系变差，降

低了记录的分辨率。

1.3.2 地震资料处理的难点分析

海洋油气地震勘探中施工环境及采集方式的特点决定了在地震资料处理中面临特殊的处理难题：

（1）和陆上地震勘探的采集环境相比，深海地震勘探的采集环境非常不稳定。潮汐的涨落、海浪的高度都是随时间和海况而动态变化的。这就决定了基于陆地静态、相对稳定的采集环境形成的地表一致性静校正、地表一致性能量调整、地表一致性反褶积等技术由于地表一致性处理的假设条件无法满足而在海洋地震资料处理的应用上存在很大的局限性。

（2）对于拖缆勘探而言，和其他勘探方式相比，拖缆勘探是在运动中完成地震信号的激发和接收。因此，理论上只有零时刻地震信号，其反射点位置是正确的，中深层反射信息的定位存在不同程度的误差。船速越大，误差也越大。这种动态的定位误差给拖缆资料的高精度成像带来特殊的问题。

（3）鬼波及气泡振荡能量的存在，使海洋资料的宽频处理工作面临特殊的困难。在海洋勘探中，气枪激发产生的气泡振荡能量，造成地震信号上低频、周期性的续至波，降低了地震数据低频成分的品质；另外，由于海水和空气的分界面的反射系数接近−1，反射波场向上传播到海水面后，又下行反射传播到检波器，形成能量极强的下行波场，即海洋勘探中所称的鬼波。由于鬼波的陷波作用，造成地震信号波形复杂化。因此，如何消除气泡振荡和鬼波的影响是海洋资料宽频处理的关键。

（4）受海况的影响，海洋资料实际的面元属性经常和采集设计的指标存在很大差距，严重制约了资料的成像精度。无论是在拖缆施工还是在 OBC 地震勘探中，由于洋流引起的检波器位置漂移，检波器都无法准确沉放到设计位置。特别是在拖缆采集中，由于电缆拖曳在海面附近，施工受海况的影响大，电缆位置的漂移现象往往非常严重，造成空间上反射点的分布不规则、覆盖次数空间分布不均匀、反射点位置偏离面元中心点，严重影响叠前偏移的成像效果。

（5）由于海水面、海底都是强反射界面，海洋勘探中多次波能量非常强，中深层的有效反射往往完全被多次波能量所覆盖，特别是在浅水、海底比较坚硬的地区，海水鸣振能量非常强，多阶次的全程多次波能量从浅到深和有效反射互相干涉，掩盖了地层反射的真实形态；而在海底崎岖的地区，往往会产生复杂的绕射多次波，进一步增加多次波压制的难度。因此，对海洋资料来说，多次波的压制是地震资料处理的关键问题。

（6）在滩浅海地区，由于施工环境跨越滩涂和浅海不同的地表条件，施工环境的变化决定了地震资料采集过程中观测系统和激发、接收因素的多样性。在滩涂部分一般采用可控震源、炸药震源激发，速度检波器接收，而在浅海部分一般采用气枪震源激发，压力检波器或双检接收。施工环境的复杂性和激发、接收组合的多样性导致地震资料在能量、频率、相位、信噪比等多方面存在不一致的问题，资料的一致性处理是滩浅海地区处理中关键问题之一。

（7）在 OBN 和 OBC 施工中，受海底地形、洋流等因素的影响。检波器和海底的耦合无法达到陆上勘探那样的良好耦合状态。这一方面降低了陆检资料的品质，使陆检资料的信噪比明显低于水检；另一方面也加大了陆检资料在频率、相位等方面和水检的差异，给双检求和处理带来不利影响。

（8）在海洋多分量采集过程中，由于受海底地形、洋流、施工工艺等多种因素的影响，很难保证矢量检波器各个分量的方向与施工设计保持一致，造成各分量之间的地震波场相互混叠，降低了各分量地震资料的品质，增加了矢量保真校正、转换波成像等处理的难度。

1.3.3　地震资料解释的难点分析

在地震资料解释方面，针对海洋地震资料的解释，目前国际上尚未形成配套的技术规范，在实际操作中更多的是借用陆上勘探技术成果，如构造油气藏精细解释技术、岩性地层油气藏解释技术、储层及流体地球物理综合预测技术、叠前 AVO 储层与流体识别技术等；近些年随着重磁电震联合识别特殊岩性体技术、时频电磁油气检测与油水识别技术、多波多分量地震资料解释技术的逐步推广，海洋油气地震资料解释得到快速发展，但仍存在以下难题：

（1）海洋沉积体系是一种现代沉积中不易触及、难以观测和研究的储集体类型。它受盆地构造、沉积物供给及海平面升降等多种因素的控制，这些因素相互作用并对所有的沉积盆地产生影响。由于古今沉积体系刻画技术的解析精度不同，造成现代海底扇形态与地下沉积体系和实际储集体形态之间存在差异，因此简单利用地震资料、常规和特殊测井资料开展沉积研究具有局限性。

（2）到目前为止，大多数海洋石油储量发现于新生界高孔高渗砂岩储层，小部分储量来自碳酸盐岩储层。受沉积环境、地温梯度和超压等因素影响，储层结构诸如连通性和连续性等变化很大，储层物性可以从很差到很好。高砂/地比的水道充填和盆地底部席状砂岩通常具有良好的储集物性，而低砂/地比的水道充填和薄层天然堤储层很难达到商业开发价值。因此，与陆上地震勘探相比，利用海洋地震方法对这些储层的储集潜力进行钻前预测尤为重要。

（3）在海洋沉积环境中，通常存在足够的顶部盖层。由于超压和断层，顶部盖层的完整性通常又不确定，因此正确了解储层来自浮力和超压两个方面的压力、上覆地层压力与岩石强度之间的关系，以及侧翼断层或岩性封堵性是十分重要的。这也给海洋地震资料解释技术的应用带来了机遇与挑战。

（4）海洋油气勘探的主要对象是当今海水覆盖下的新生代盆地中蕴藏的油气资源。在新生代海洋油气藏系统中，油气主要来自新生界古近系和新近系主力烃源，少部分来自中生界，以海相沉积为主。这与陆地勘探对象所研究的烃源岩有很大不同(陆地区勘探盆地可有古生界、中生界和新生界多套烃源岩)。在大多数主要深水油气生产区，烃源岩成熟期较晚，油气通常从邻近的沉积中心和断层直接进入圈闭。但另外一些地区，油气运移相对复杂些。因此，利用地震资料正确认识海洋环境下的油气成藏体系和提高地球物理方法烃类检测精度对于降低勘探风险是必要的。

（5）近年来，天然气水合物勘探一直是世界各国寻找新的替代能源的热点之一。赋存于海底和海底以下一定深度范围内的天然气水合物则是海洋勘探寻找的主要对象。地球物理方法则是海洋天然气水合物普查勘探的主要手段之一。寻找似海底反射（BSR）和 BSR 之上的地震空白带，进行叠后地震属性分析和叠前 AVO 反演等是研究水合物的主要地震方法。然而很多水合物钻探实例显示，BSR 只是水合物底界的一种地震反射形式，有 BSR 的地方不一定有水合物。另外，其他几种地震方法的预测结果也与实钻资料有出入。因此，提高地震预测水合物分布的精度也是海洋地震资料解释有待解决的一个难点。

（6）在海洋地震勘探中，海水面、海底都是很强的反射界面，造成海洋地震资料在保幅性上与陆地资料相比还有一定的差距。另外，位于海底附近的多种特殊地质沉积体（如重力流复合沉积体、斑状构造、筒状坍塌构造、气烟囱等）的存在，对浅层甚至中深层地震勘探成像精度都会造成较大的影响。这些都造成构造解释和储层预测难度的增大。同时，海洋勘探程度较低、钻井资料欠缺，这进一步加大了储层预测和烃类检测的难度。而一些无井区由于资料缺乏和技术的滞后，造成储层钻前预测精度低，勘探风险大。

1.4　海洋油气宽频地震勘探技术新进展

1.4.1　多源立体式的激发与接收

在海上宽频地震数据采集中，多层震源与上下缆或斜缆相结合的方式综合了多层震源与上下缆或斜缆组合的优势，接收的地震波频谱具有不同的陷波点，采用相应的数据处理技术，能够取得较宽频带和较高质量的成果数据。变深度缆采集方法可同时扩展低频端和高频端有效信号。这种变深度缆采集的资料处理后，地震资料分辨率较平缆有明显改善，对地质细节的刻画更加清楚，对薄储层的研究具有重要意义，有广阔的应用前景。

1.4.2　OBS 技术

滩浅海的宽频地震勘探激发技术包括立体气枪阵列、延迟激发气枪阵列、气枪震源高效激发等技术。在接收方面，海底地震勘探（OBS）是宽频技术发展中的一个新增长点。OBS 是海底电缆 OBC 和海底节点 OBN 的总称，是将检波器直接放置在海底的地震观测系统。将检波点置于海底可以提高数据采集的质量，对于观测系统的设计、地下构造的照明和成像等也很有利。由于海底地震观测的特殊性，OBS 具有功耗低、存储容量大、动态范围大、体积小、重量轻、工作可靠、高度自动化等特点，可取得宽方位、高覆盖、小面元的海底的地震数据。特别是双检（水检和陆检）接收利用了两种检波器对信号响应特征不同的特点。在室内处理中采用相关技术进行上下行波场分离，能够较好地压制虚反射、海水鸣振，以及微曲多次波，填补了陷波现象，拓宽了一次波的频带宽度，在近海勘探中得到广泛应用，

1.4.3　其他新技术

近年来，在海洋油气地震勘探中，采用了多种采集方式，以改善复杂区的勘探效果。气枪高效激发提高作业效率，降低采集成本；高性能的地震采集仪器系统满足大道数和高密度对装备的需求，使得较宽方位采集成为可能（如正交宽方位、螺旋式全方位等）。资料处理中采用双基准面校正、上下波场分离、镜像偏移和全方位的角度域偏移等技术得到高精度的成像效果。在海洋地震资料解释方面，依托新的地震采集和处理技术所获得的高品质的宽频地震数据，利用现代地震属性分析、叠前方位 AVO 分析、纵横波联合反演，以及多维地震综合解释等方法和手段，开展可燃冰、新近系重力流复合沉积体、浅层含气河道砂岩、气烟囱区等特殊地质体成藏条件评价技术研究，以及为规避深海钻探工程风险而开展的海底以下极浅层滑塌沉积、环状构造和斑点状构造地震识别技术研究。此外，多波多分量勘探、时移地震、海上 VSP 等新技术在特殊现象识别、储层精细研究和规避工程风险等方面具有其独特的作用。

2 滩浅海地震数据采集技术

滩浅海地区一般指海边沿岸带从一定水深向陆上延伸到一定距离的区域，包括浅海、潮间带、滩涂，以及与之相接的陆地，如平原、城区、水网、沙漠或山地等，受潮汐的影响较大，地表条件复杂多变。相比陆上勘探来说，滩浅海地震勘探采集主要面临着资料信噪比低、施工点位控制难、采集设备适应性要求高、现场质量控制点多等技术难题。近年来，随着滩浅海地震勘探采集技术的进步和装备的发展，解决滩浅海地震勘探技术难题的能力显著增强，尤其是采集设计技术、导航定位技术、气枪阵列设计技术、质量控制技术等关键技术的创新发展，对推动滩浅海地震勘探技术进步，确保勘探地质效果起到了重要作用。

2.1 采集设计

随着物探技术的发展，当前的地震数据采集设计多数都是基于地质目标的设计，其主要工作一般包括：根据勘探对象和地质任务，分析工区内存在的技术难点和以往地震资料存在的问题；建立地球物理模型，对每个采集参数的约束条件进行定量定性计算和分析；综合优化参数，结合现有技术、装备、成本等条件，优选出最佳的地震勘探采集参数。

滩浅海地区地震数据采集设计虽然也是基于地质目标的设计，但由于其特定的作业条件、施工方法，使得滩浅海地震数据采集设计既有别于海上拖缆地震数据采集设计，也有别于陆上地震数据采集设计，有着其自身的特殊性。一是围绕地表类型和施工条件进行的采集设计，如滩浅海一体化采集设计等；二是围绕作业装备进行的采集设计，如海底地震勘探（OBS）设计等。

滩浅海一体化地震数据采集设计技术主要针对集陆地、滩涂、浅海等多种复杂地表类型为一体的勘探项目，为解决滩浅海联合施工作业、资料拼接等关键技术难题，在基于地质目标设计的基础上，综合考虑地表类型、作业装备、施工效率和成本等因素，提出一体化的观测系统、激发和接收等技术解决方案，使地震数据采集设计与复杂多变的地表条件相适应，最大程度保证地下面元属性分布的一致性，实现陆滩海等不同地表类型之间资料的无缝连接（图2.1.1）。滩浅海地震数据一体化采集设计技术主要有观测系统一体化设计技术、接收参数一体化设计技术和激发参数一体化设计技术。

图 2.1.1 滩浅海地震数据一体化采集施工图

2.1.1 观测系统一体化设计技术

滩浅海地震数据采集区一般由陆地、滩涂过渡带到海域。随着地表类型、作业环境的变化，野外采集观测系统也往往随之变化。这种滩浅海观测系统的参数差异和滩浅海观测系统间的拼接方式将影响整体采集资料效果和数据处理效果。

滩浅海观测系统一体化设计技术就是在基于地质目标采集设计的基础上，重点围绕滩浅海观测系统特点及其相互间拼接的差异性，进一步优选匹配性好的滩浅海观测系统，以及优化的拼接方式来保证滩浅海观测系统拼接处地震属性的一致性，从而保证滩浅海地震数据一体化采集的效果。

2.1.1.1 滩浅海观测系统设计

滩浅海地震数据采集一般分为两块，陆上采集和海上采集。陆上采集一般采用炸药或可控震源激发；海上采集比陆上采集要复杂一些，在滩涂或小于一定水深的地区宜采用炸药激发，在达到一定水深的地区采用气枪激发。

就陆地和滩涂地区三维地震数据采集而言，其检波点的位置比较容易确定，并且检波点的埋置相对比较稳定，受外界影响造成点位变化的可能性较小。但炮点的重复激发比较困难，特别是对炸药震源来说，在同一激发点多次激发的环境会有很大的变化，从而造成激发效果差别较大。对浅海 OBC 三维地震数据采集而言，情况正好与陆地和滩涂地区相反，其激发点的激发环境能够很好地重复，但是其检波点的位置容易受到潮流等外界因素影响而发生变化，使得检波器点位较难精确测定。

基于上述特点，陆地滩涂地区的三维观测系统和浅海 OBC 的三维观测系统往往不尽相同。当陆地滩涂和浅海分开采集时，其观测系统很少相同。即使是在同一个滩浅海过渡带一体化采集项目中，其陆地滩涂的观测方式和浅海的观测方式也不会完全相同。

在设计陆地和滩涂三维采集观测系统时，横向滚动通常采用重复排列且炮点连续的采集方式。在资源允许的情况下，一般采用增大接收道数，减少激发点数的采集方法（图2.1.2a）。在设计浅海 OBC 三维地震数据采集的观测系统时，对其横向滚动一般要求激发点重复，而接收排列不重复，并且尽量增加激发点数，减少接收道数（图2.1.2b）。

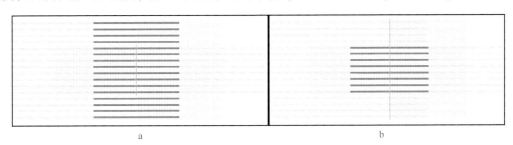

图 2.1.2　滩浅海观测系统模板

a—陆上滩涂炸药激发观测系统模板；b—滩涂海上气枪激发观测系统模板。

红色为接收点，绿色为激发点，灰色为未激活模板

2.1.1.2 滩浅海观测系统的拼接

2.1.1.2.1　拼接要求

一个优化的拼接方案应该能够使拼接处面元的覆盖次数等基本属性具有连续性、一致性，其中覆盖次数主要是指横向覆盖次数。这种面元属性的一致性不仅仅表现在理论的拼接

方式上，在实际实施时也能使面元的覆盖次数从陆地滩涂观测系统均匀渐变到浅海 OBC 观测系统，其他如面元的炮检距分布、方位角属性等也能从陆地滩涂观测系统渐变到浅海 OBC 观测系统。

2.1.1.2.2 基本原理

要实现拼接处面元属性的一致性，使陆地滩涂与浅海 OBC 观测系统的面元属性保持一致，一般采用陆地滩涂观测系统和浅海 OBC 观测系统炮检点互换方法，即陆地滩涂观测系统横向滚动时排列的滚动距离、排列重复数和浅海 OBC 观测系统横行滚动时炮点的滚动距离、炮点重复数互换。如陆地滩涂为 16 线 32 炮 240 道中间对称观测系统，浅海 OBC 采用 8 线 64 炮 240 道中间对称观测系统，当这两种观测系统采用重复排列的拼接方式时，就能够使拼接处面元属性完全一致(图 2.1.3)。

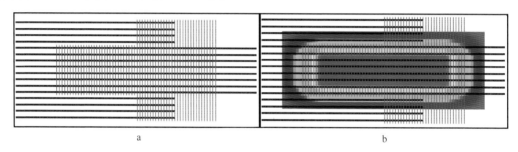

图 2.1.3　滩浅海观测系统拼接

a—滩浅海观测系统拼接炮检点图；b—滩浅海观测拼接覆盖次数图。红色为激发点，黑色为接收点

为了形象说明这种炮检点互换设计的面元属性等效特点，我们将陆地滩涂用的 16 线 32 炮的排列进行拆分，一分为二，变成两半，即 2 个 8 线 32 炮观测系统(图 2.1.4a)，之后将上下两个观测系统位置互换，将排列重叠，即为浅海 OBC 采用的 8 线 64 线观测系统(图 2.1.4b)。

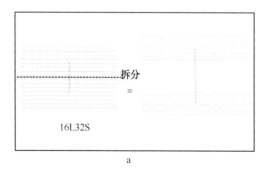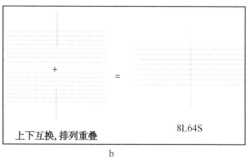

图 2.1.4　炮检点互换图解

a—拆分观测系统，一分为二；b—上下位置互换，重叠排列。红色为激发点，黑色为接收点

2.1.1.2.3 拼接方法

滩浅海观测系统拼接一般由观测方向确定。当观测系统方向垂直海岸线时，采用纵向拼接方法；当观测系统的方向平行海岸线时，采用横向拼接法。

2.1.1.2.4 纵向拼接

根据排列的变化，纵向拼接可分为转变拼接法和渐变拼接法。

（1）转变拼接法，即滩浅海观测系统过渡时，陆地炮点用陆地观测系统对应的排列接收，海上炮点用海上观测系统对应的排列接收，滩浅海观测系统及排列瞬间发生转变。转变拼接法的最大特点是能够最大限度地保持滩浅海不同部分的面元属性的一致性。不足是在实施陆上炮点时需要占用较多的海上资源,实施海上炮点时陆上资源出现闲置(图 2.1.5)。

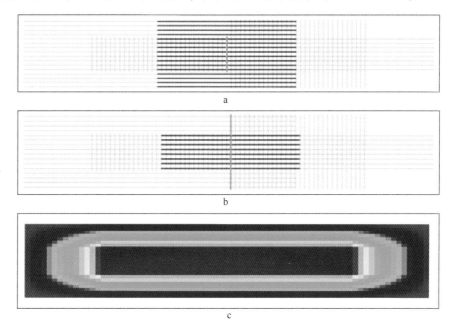

图 2.1.5　排列转变拼接观测系统图

a—陆上观测系统;b—海上观测系统;c—覆盖次数图。红色为激发点,黑色为接收点

(2)渐变拼接法,即在指陆海观测系统过渡时,不管是陆上的炮点还是海上的炮点,陆地部分用陆上的排列,海上部分用海上排列,过渡部分观测系统及排列、接收道数逐渐变化。渐变拼接法的最大特点是能够充分利用滩浅海资源,方便施工。不足是滩浅海结合部接收道数变化、覆盖次数不均匀(图 2.1.6)。

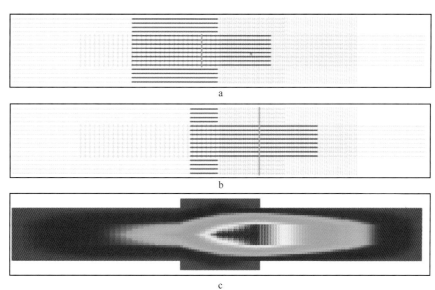

图 2.1.6　排列渐变拼接观测系统图

a—陆上观测系统;b—海上观测系统;c—覆盖次数图。红色为接收点,绿色为激发点,灰色为未激活模板

2.1.1.2.5　横向拼接

横向拼接较纵向拼接要简单一些，但需要考虑束线间排列滚动及共用排列等因素。图2.1.7是一个简单的横向拼接示意图。由于陆上采用16线、海上采用8线接收，滩浅海接合部的8条排列是滩浅海两种观测系统的共用排列（蓝框）。很显然，为实现滩浅海观测系统拼接，需要对陆上或海上的观测系统进行调整。（1）陆上维持正常观测系统，海上排列不变、炮点减半（图2.1.7）；（2）海上维持正常观测系统，陆上排列减半、炮点不变（图2.1.8）。两种方法效果一样。至于是调整陆上观测系统，还是对海上观测系统进行调整，主要取决于当时的施工作业顺序、设备资源情况、作业难易程度等因素。

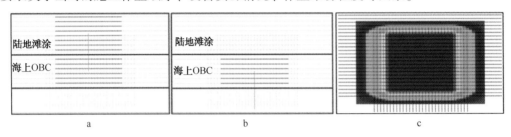

图2.1.7　横向拼接观测系统图（海上调整）

a—陆上正常观测系统；b—经调整的海上观测系统；c—覆盖次数图。

b图中红色为接收点，绿色为激发点，灰色为未激活模板；c图中红色为激发点，黑色为接收点

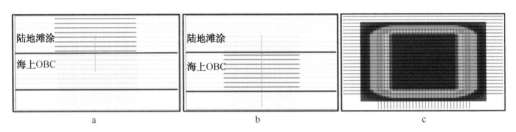

图2.1.8　横向拼接观测系统图（陆上调整）

a—经调整的陆上观测系统；b—海上正常观测系统；c—覆盖次数图。

b图中紫色为接收点，绿色为激发点，灰色为未激活模板；c图中红色为激发点，黑色为接收点

当然，也可以将滩浅海结合部的滩浅海观测系统合二为一（图2.1.9），即以陆上观测系统为基础，补充海上的炮点；或者以海上观测系统为基础，补充陆上的排列，道理和拼接效果是一样的。滩浅海合二为一的拼接方法，一方面可带来结合部位覆盖次数的增高，另一方面，经过拼接的观测系统需要两种或多种震源同时施工，一定程度上提高了野外施工难度和资源配备要求。

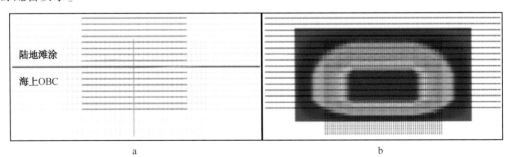

图2.1.9　横向滩浅海合二为一拼接观测系统图

a—观测系统；b—覆盖次数图（红色为激发点，黑色为接收点）

此外，一个实际滩浅海观测系统设计及拼接方案不仅要考虑海上作业、装备配备、观测方向等技术特点，还要综合考虑勘探区域的地震资料品质、激发震源能量强弱、海上噪声干扰程度等影响因素。通常，对于低信噪比、海上噪声发育的勘探区域，为改善激发效果，弥补气枪激发能量较炸药弱的不足，经常采用差异化的滩浅海观测系统拼接方式，即海上和陆上的观测系统的面元属性不一致。一般做法是提高气枪震源的炮密度，比如将海上气枪施工的炮线距设计为陆上炮线距的二分之一，海上覆盖次数为陆地的两倍(图2.1.10)。

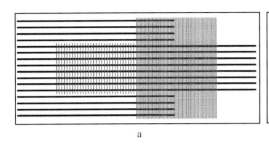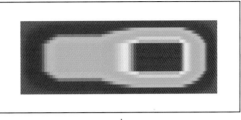

a   b

图 2.1.10   差异化观测系统拼接图

a—观测系统(红色为激发点，黑色为接收点)；b—覆盖次数图

2.1.2   接收参数一体化设计技术

滩浅海地区地表类型繁多、水深变化剧烈。地表类型不同，使用的检波器类型也不尽相同；水深不一样，对接收参数的要求也不一样。滩浅海接收参数一体化设计技术主要围绕滩浅海地区地表类型及水深变化，在检波器选型等接收参数设计上整体考虑，实现滩浅海一体化接收，改善接收效果(图2.1.11)。

图 2.1.11   滩浅海一体化接收示意图

滩浅海接收参数一体化设计技术主要有两项内容：一是针对地表类型的滩浅海一体接收参数设计；二是消除水深对地震资料虚反射影响的双检接收技术。

2.1.2.1   滩浅海一体化设计

2.1.2.1.1   设计原则

滩浅海有别，整体考虑，最大限度地减少接收参数不必要的变化。滩涂和陆地使用速度检波器，水深大于1.5m区域使用压力检波器或双检接收，水陆交互区域视潮汐变化等具体情况选择压力检波器或速度检波器。

2.1.2.1.2   设计方法

通常根据地表类型和水深的变化将滩浅海地区细分成陆地、滩涂区、浅水区和深水区等4个区域，之后对每个区域的接收参数提出指导性的设计要求(图2.1.12)。

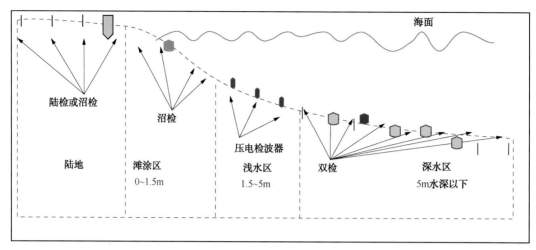

图 2.1.12 检波器类型设计图

这里，陆地一般指与海相连、正常潮汐作用下海水不能到达的陆上部分，主要分布有平地、沙漠、城区、岛屿、港口码头等地形。这类地区大都采用组合检波方式接收，组合参数视地表障碍物分布情况确定，如在空旷的平地和沙漠区域，通常选择检波器个数多的大面积组合接收方式。在城区、岛屿、港口码头区接收，需要考虑检波器耦合效果和排列铺设难度，一般选择检波器个数适中的小面积组合方式接收。检波器类型以速度检波器为主，由于不受海水影响，可以不防水。但是，如果涉及的陆地施工面积较小，设备资源充足，为了与滩涂区接收参数相匹配，一般采用防水型检波器，即通常所说的沼泽检波器。

滩涂区主要指潮间带及潮下带不大于 1.5m 水深的部分地区。该区域随潮汐的涨落时而淹没或露出，主要分布有盐田、卤池、沼泽、淤泥滩等地形。海水动力作业大，含盐度高，腐蚀性大，对检波器耦合、稳定性要求非常高。研究表明，地面检波器外壳振动系统的阻尼系数 $2H_1$ 和角频率 n_1 表达式为

$$2H_1 = (2.43\rho b^2 v)/(m_0 + m)$$
$$n_1 = \sqrt{(1.778\rho b v^2)/(m_0 + m)}$$

(2.1.1)

式中，m_0 为检波器质量，单位为千克(kg)；b 为检波器半径，单位为米(m)；m 为地面"谱振"质量，单位为千克(kg)；ρ 为地表岩土密度，单位为千克每立方米(kg/m³)；v 为地震波在地表岩土中的传播速度，单位为米每秒(m/s)。

为提高耦合效果，需要增大阻尼系数和角频率。通常的做法有：线性组合检波方式接收，以起到压制噪声和便于检波器收放为目的，每道的检波器数量不宜过多；避开软淤泥层，将检波器尽量插置在硬质海底；适当增加检波器外壳与海底的接触面积；检波器重量适中，太轻容易漂移。检波器类型多选用速度型沼泽检波器，密封、防水。

从地震资料接收的角度，浅水区通常指水深为 1.5~5m 的区域。在这类区域，检波器插置困难，无法使用沼泽检波器，一般采用压力检波器、单点接收方式。但是，如果涉及海域面积较大，需要与大于 5m 的深水区一起施工。为了与深水区接收参数保持一致，通常都是采用双检(即一个速度检波器和一个压力检波器)接收方式。

压力检波器的核心部件是经过极化处理的压电陶瓷片。经过极化处理后，陶瓷片内产生剩余极化强度，即在陶瓷片的一端出现正束缚电荷，另一端出现负束缚电荷。由于束缚电荷

的作用，在陶瓷片的电极面上吸附了一层来自外界的自由电荷，自由电荷与束缚电荷符号相反而数值相等，它起着屏蔽和抵消陶瓷片内极化强度对外界的作用，所以在一般情况下测量不出陶瓷片的极化强度。如果在陶瓷片上加一个与极化方向平行的压力，陶瓷片将产生压缩形变，片内正、负束缚电荷之间的距离变小，极化强度减小，这样，原来吸附在电极上的自由电荷，有一部分被释放而出现放电现象。当外力撤销后，陶瓷片恢复原状（这是一个膨胀过程），片内正、负束缚电荷距离变大，极化强度增大，因此电极上又吸附一部分自由电荷而出现充电现象。这种由于外力造成的压缩、膨胀机械效应转变为自由电荷充放电效应称为正压电效应。压力检波器是应用压电陶瓷片正压电效应制成的水中地震波探测器。

压力检波器需要沉放在大于 1.5m 水深的水中，在水下受到水的静压力作用才能正常工作。若静止不动或做匀速运动应该没有电压输出。当地震波传播到此压力检波器位置时，水的微粒之间就产生应力作用，如果是地震纵波，则这种形变造成的应力作用到压电陶瓷片上，就会使陶瓷片的两极产生交变的电压 U。可以证明，U 正比于水压的变化，即

$$U = Kp \tag{2.1.2}$$

式中，p 为水压；K 为常数。

压力检波器与速度检波器的振幅谱相似，理论上相位谱相差 90°。由于两者存在某种线性关系，可以将压力检波器视作准速度检波器。

相对浅水区而言，深水区指大于 5m 水深的水域。为消除虚反射对资料的影响，大都采用双检接收方式（有关双检接收技术将在后文专门叙述）。这类地区多数水深、流急，对排列、检波器的铺设要求较高，一般需要用专用放缆船只。

2.1.2.2 双检接收技术

海上勘探中存在一种"水柱混响"干扰，它是地震波在水层多次振荡造成的。由于海水表面是一个非常强的反射界面，上行波入射到海水表面时的反射系数近似为−1。如果海底也是一个良好的反射界面，地震波就会在海水表面和海底之间振荡。水柱混响极大地降低了地震资料的频宽，在频谱上会出现有规律的陷波。陷波点频率表达式为

$$f_n = \frac{nC}{2d} \tag{2.1.3}$$

式中，f_1 为第一个陷波点频率（n = 1，2，3，…，n）；C 为地震波在海水中的传播速度（C 约等于 1500m/s）；d 为水深。由（2.1.3）式可以看出，当水深为 5m 时，第一个陷波点频率为 150Hz 左右，对一般的地震勘探影响不大。但随着水深增加，陷波点频率越来越低，对资料影响将越来越大。

为了压制水柱混响干扰，可以采用双检接收，即在同一点采用速度检波器（陆检）和压力检波器（水检）同时接收。速度检波器对上行波和下行波会表现为相反的响应；而压力检波器感受压力的变化，它没有方向性，上行和下行波场在压力检波器的记录上表现是一样的（图 2.1.13）。资料处理过程中利用两种检波器对上行和下行波场的不同响应，将两种资料求和，使有效波得到加强，干扰波得到压制，从而达到消除水柱混响的目的。

2.1.3 激发参数一体化设计技术

滩浅海地震采集激发参数设计不仅要满足勘探需求，还需结合地表条件和运载设备能力。一般陆地用运载车辆、可控震源，滩涂用水陆两栖钻井设备、炸药震源，水域用机动船只、气枪震源。地表条件变化时，运载设备、船舶随之变化，激发参数也相应变化。滩浅海

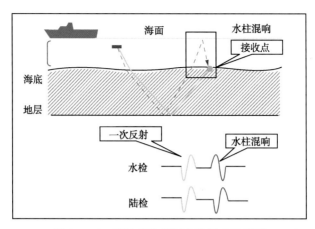

图 2.1.13 双检接收压制水柱混响示意图

激发参数一体化设计技术主要是在满足勘探技术要求的基础上,结合滩浅海地区地表条件、运载设备能力等具体特点,在震源类型等激发参数设计上整体考虑,实现滩浅海一体化激发作业,改善激发效果(图 2.1.14)。

图 2.1.14 滩浅海一体化激发作业示意图

2.1.3.1 设计原则

综合考虑不同类型震源激发能量差异,尽量采用能量较强的震源激发。陆上一般采用可控震源或井炮,沿海滩涂和潮间带地区多采用井炮,水域采用气枪激发。气枪、可控震源和炸药 3 种震源之间衔接,视具体地表类型及其变化和设备资源情况确定。

2.1.3.2 设计方法

围绕滩浅海地区地表特点及地震波激发技术要求,对可控震源、炸药震源、气枪震源等不同震源的激发参数及适用条件提出指导性建议和要求。

可控震源参数设计。可控震源主要应用于车辆能够通行的陆地部分,如平地、沙漠、城区、港口码头等地段。可控震源激发参数主要结合勘探任务、现场试验结果、震源性能等因素确定,具体参数设计与陆上可控震源勘探要求一致。

炸药震源参数设计。炸药震源主要应用在陆地车辆无法通行、气枪震源船无法施工的潮间带及水深一般小于 5m 的浅水区域,如盐田、卤池、沼泽、沉积池、淤泥滩、漫滩等地段。相比陆地来说,滩浅海地区的近地表结构较为简单,基本上第一层是滩涂和海水,海水速度为 1500m/s 左右;第二层为第四系现代沉积,速度为 1600~1800m/s。对于地震波传播来说,与正常压实的地层几乎没有差别,没有陆地低降速带对地震波产生的严重吸收衰减作用。因此,滩浅海区的井炮激发参数设计较陆地简单,一般以确保炸药柱在井中空间耦合为主,单井激发,井深较陆地浅,药量适中。这些年,渤海湾地区进行的滩浅海地震采集,一般选择井深9m、药量4kg的激发参数。

尽管滩浅海地区井炮激发参数设计较陆地要简单得多，但是施工效率低，对运载设备、钻井设备的要求较高，一旦海底底质(即海底表面的组成物质)、水深发生变化，运载钻井设备或船只就要随之进行相应调整和变化(图2.1.15)。通常在硬质海底的滩涂地区，可选择宽胎车载钻机；沼泽、淤泥区，通常采用气垫船钻机；沙质海底及水深一般不超过2m的极浅水区域可采用全地形赫格隆钻机；水深超过1m的浅水区需要采用船载钻机。

图2.1.15　地震钻井作业示意图

气枪震源参数设计。气枪震源因其环保、安全、高效等显著优点使其成为海上地震勘探的一个重要组织部分。特别在滩浅海勘探领域，随着技术和装备的进步，环保要求的提高，气枪震源施工领域越来越广，无论在枪型、枪阵、气枪容量，还是气枪收放方式、运载船只配套上都呈现出个性化、多样性的特点，能够基本满足从滩涂到深水海域全气枪震源施工要求。图2.1.16是一典型滩浅海勘探气枪配置及现场作业示意图，图中清楚地显示了水陆两用链轨车载气枪、船载侧吊式极浅水气枪、侧吊式浅水气枪、后拖式深水气枪及其适用水深和施工区域。

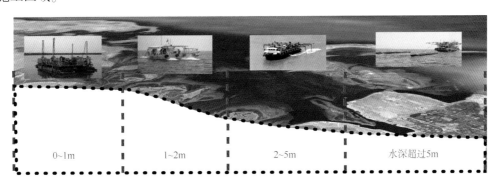

| 0~1m | 1~2m | 2~5m | 水深超过5m |

图2.1.16　气枪配置及现场作业示意图

通常，气枪容量和气枪沉放深度是气枪震源参数设计的两个重要参数，气枪激发能量与气枪阵列的压力、总容量、激发沉放深度成正比关系，一般遵循的经验公式为

$$A(P, V, D) \propto KPV^{\frac{1}{3}}D \tag{2.1.4}$$

式中，$A(P, V, D)$为气枪输出压力；K为比例常数；P为气枪阵列压力，单位为磅每平方英寸(lb/in^2)；V为阵列总容量，单位为立方英寸(in^3)；D为阵列激发沉放的深度，单位为米(m)。

目前，对于滩浅海勘探，气枪阵列的压力大多为 2000lb/in² ❶，容量的大小一般分为两个范围：适用于浅水海域勘探的阵列，大多在 1000~3000in³ 之间；适于深水勘探的阵列，容量大多在 3000~5000in³ 之间(根据目前全球在用气枪阵列统计)。

气枪的沉放深度主要根据勘探任务、气枪震源系统类型、水深条件等要求来确定，一般在水深 5m 左右的水域，枪深 2~3m；极浅水区域，受水深限制，枪深多在 1~1.5m；超过 10m 的区域，采用后拖方式，常采用 5m 枪深。当然具体沉放深度，还要结合现场试验最终确定。

2.2 导航定位

滩浅海地震勘探所涉及的地形包括滩涂、潮间带及浅海，滩涂、潮间带地区定位技术跟陆地相似，一般采用载波相位实时动态差分 RTK(Real-Time Kinematic)技术进行物理点的定位，而浅海地区导航定位具有实时性、动态性等特点和要求，一般采用星站差分、动态差分、声学、初至波等定位技术，结合 RGPS(Reference Global Positioning System)、电罗经等辅助定位系统进行物理点的导航定位，并通过高精度潮汐改正获取物理点的高程，同时采用高精度 GNSS(Global Navigation Satellite System)授时技术进行激发与接收系统同步控制。

2.2.1 GNSS 导航定位技术

2.2.1.1 载波相位实时动态差分 RTK 技术

RTK 定位技术就是基于载波相位观测值的实时动态定位技术，它能够实时地提供测站点在指定坐标系中的三维定位结果，并达到厘米级精度。在 RTK 作业模式下，基准站通过数据链将其观测值和测站坐标信息一起传送给流动站。流动站不仅通过数据链接收来自基准站的数据，还要采集 GNSS 观测数据，并在系统内组成差分观测值进行实时处理，同时给出厘米级定位结果，历时不到一秒钟。流动站在动态条件下直接开机，并在动态环境下完成周模糊度的搜索求解。在整周未知数解固定后，即可进行每个历元的实时处理，只要能保持四颗以上卫星相位观测值的跟踪和必要的几何图形，则流动站可随时给出厘米级定位结果。在沿海 20km 范围内的施工区域都可以采用 RTK 技术来对放缆船、定位船及震源船进行导航定位，物理点点位精度高。

目前滩浅海地震勘探中主要的 GSNN 接收机包括美国 Trimble(天宝)公司的 R10、瑞士 Leica(雷卡)的 GS15 和 BGP 的 GeoNavA308/318(图 2.2.1)。Trimble R10 在设计新颖的流线型机壳中集成了功能卓越的新技术，Trimble HD-GNSS 高精度定位处理引擎、Trimble Sure-Point™ 精密定点控制技术和 Trimble xFill™ 断点续测技术，能够更快、更容易地采集更准确的数据。Leica GS15 是全球首款四星 GNSS 接收机，采用智能检核技术保证 RTK 作业置信度优于 99.99%，业内首创内置天线技术，独有的热插拔技术保证永不间断供电。GeoNavA308/318 接收机是东方地球物理勘探有限责任公司(BGP)自主研发的三星座 GNSS 接收机，可以接收北斗、GNSS、GLONASS 卫星信号，该设备与国外主流设备(Trimble R10、Leica GS15)相比，定位精度相当，性能稳定。3 种 GNSS 接收机性能指标见表 2.2.1。

---

❶ 1in=2.54cm；1lb=4.4482N。

  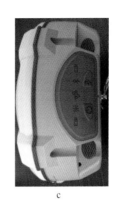

a   b   c

图 2.2.1　GNSS 接收机

a—Trimble R10；b—Leica GS10；c—BGP GeoNavA308

表 2.2.1　GNSS 接收机性能指标

接收机型号	生产厂家	GNSS	GLONSS	北斗	GALILEO	手簿软件	定位精度
R10	Trimble	3 频	2 频	2 频	无	通用 （WinCE）	水平 8mm+1ppm 垂直 15mm+1ppm
GS15	Leica	3 频	2 频	2 频	预留	通用（WinCE）	水平：10mm+1ppm 垂直：20mm+1ppm
GeoNavA 308/318	BGP	3 频	2 频	3 频	无	专为物探测量 定制（Android）	水平：10mm+1ppm 垂直：20mm+1ppm

1ppm = 10^{-6}。

2.2.1.2　GNSS 广域实时精密定位技术

广域实时精密定位技术采用精密单点定位技术获取分米级定位精度，精密单点定位是利用全球若干地面跟踪站的 GNSS 观测数据计算出来的精密卫星轨道和卫星钟差，对单台 GNSS 接收机所采集的相位和伪距观测值进行定位解算，以 GNSS 载波/伪距双频或三频观测量为基本观测量，采用实时非差处理模式实现。计算过程中需要精确考虑各项误差改正，包括卫星轨道、卫星钟差、区域电离层、对流层等。

目前有两种实时精密轨道和钟差，IGS RTS（Real-Time Service）是国际 GNSS 服务组织 IGS（International GNSS Service）的产品之一，为 PPP（Precise Point Positioning）、时间的同步和灾害监测在全球范围内提供免费的 GNSS 轨道、钟差的改正服务，是基于 IGS 全球跟踪网、数据处理中心、分析中心的能够提供高精度的 GNSS 产品。羲和系统是我国建立的室内外高精度定位导航增强系统，于 2013 年正式发布白皮书，开始服务。羲和系统提供的精密轨道和钟差产品分为两部分：星基精密轨道钟差和地基精密轨道钟差。实时高精度广域差分定位系统通过 GPRS 模块、WIFI 模块登陆广域精密单点定位原型系统服务器，通过网络接收服务系统发送的精密轨道及钟差数据，并进行实时解析后输入到精密单点定位模块，并将其按照 SP3 格式存储。

GNSS 数据处理中主要有电离层延迟、对流层延迟、相位缠绕改正、相对论效应、地球自转效应的误差，对于每一个误差采取了相应的改正模型。

采用双频消电离层组合观测模型消除电离层延迟的一阶项影响，其观测方程可表示为

$$P_{IF} = \frac{f_1^2}{f_1^2 - f_2^2}P_1 - \frac{f_2^2}{f_1^2 - f_2^2}P_2$$
$$= \rho + cdt_r - cdt^s + T + e_{P_{IF}} \tag{2.2.1}$$

$$L_{IF} = \frac{f_1^2}{f_1^2 - f_2^2}L_1 - \frac{f_2^2}{f_1^2 - f_2^2}L_2$$
$$= \rho + cdt_r - cdt^s + T - \lambda N + e_{L_{IF}} \qquad (2.2.2)$$

式中，P_{IF} 和 L_{IF} 分别为双频消电离层组合伪距和相位观测值；s，r 是卫星和接收机号；f_i 是第 i 个频率；P_i 和 L_i 是伪距和相位观测值，单位：m；ρ 是卫星至用户接收机的斜向距离；c 是光速；dt_r 和 dt^s 是接收机和卫星钟差；T 是卫星至用户接收机的斜向对流层延迟；λ 是波长因子；N 是相位模糊度；$e_{P_{IF}}$ 和 $e_{L_{IF}}$ 是伪距和相位噪声。

式 (2.2.1) 和式 (2.2.2) 消除了电离层延迟的一次项。

对流层延迟泛指电磁波信号在通过高度在 50km 以下的未被电离的中性大气层时产生的信号延迟，按式 (2.2.3) 在 GNSS 基线解算中进行改正，即

$$T = T_0 + M(z_r^s)\Delta ZTD \qquad (2.2.3)$$

式中，T_0 表示对流层延迟先验模型的改正值，采用萨斯塔莫宁（Saastamoinen）模型计算干延迟分量；$M(z_r^s)$ 表示湿延迟分量投影函数值；z_r^s 表示天顶角；湿延迟分量天顶延迟改正数 ΔZTD，该参数需要估计。

由接收机和 GNSS 卫星的天线旋转引起的载波相位测量误差称为天线相位缠绕（Phase Wind Up）误差，其改正方法为

$$d = e_1 - (v \cdot e_1)v - v \times e_2$$
$$\bar{d} = e'_1 - (v \cdot e'_1)v + v \times e'_2$$
$$\Delta\phi_{\text{wind-up}} = \text{sign}\left[k \cdot (\bar{d} \times d)\right]\cos^{-1}\left(\frac{d \cdot \bar{d}}{|d||\bar{d}|}\right) \qquad (2.2.4)$$

式中，v 是卫星至接收机的单位向量；e_1，e_2，e_3 是 GNSS 卫星坐标系单位向量；e'_1，e'_2，e'_3 是接收机 NWU（North-West-Up）局部坐标系单位向量；$\Delta\phi_{\text{wind-up}}$ 是天线相位缠绕误差改正量，单位弧度。

相对论效应是由于卫星和接收机所在位置的地球引力位不同及卫星和接收机在惯性空间中的运动速度不同等导致的卫星钟频率和接收机钟频率的视漂移。由轨道偏心率产生的周期部分 T_{rel} 及由地球引力场引起的信号传播延迟 T_{rel-p} 分别按下面的公式进行改正，即

$$T_{rel} = -\frac{2r^s \cdot v^s}{c^2} \qquad (2.2.5)$$

$$T_{rel-p} = \frac{2GM}{c^2}\ln\left(\frac{r^s + r_r + r_r^s}{r^s + r_r - r_r^s}\right) \qquad (2.2.6)$$

式中，r^s 和 v^s 分别表示卫星的位置和速度向量；r_r 和 r^s 分别表示接收机和卫星的地心距；r_r^s 表示接收机和卫星间的距离；GM 为地球引力常数；c 为光速。

地球自转效应误差是指导航信号在传输过程中由地球自转效应引起的地固坐标框架的旋转误差，改正方法是根据接收机和卫星位置计算等效距离修正误差，其公式为

$$T_{rot} = \frac{\omega}{c}\left[(X^s - X_r)Y^s - (Y^s - Y_r)X^s\right] \qquad (2.2.7)$$

式中，X_r，Y_r，Z_r 和 X^s，Y^s，Z^s 分别表示接收机位置和卫星位置；c、ω 分别为光速、和地球自转速度。

广域实时精密定位系统硬件部分包括主板、差分板、电台模块、4G 模块及 WIFI 模块。软件部分包括 GNSS 观测数据接收解码、GNSS 导航星历接收解码、差分信息接收解码及星历恢复、数据预处理、伪距单点定位、Kalman 滤波计算及成果输出。只要地震船队有网络支持，能够实时下载精密星历，就可以在任何海域使用该系统进行导航定位。

2.2.1.3 星站差分定位技术

星站差分定位技术通过在一个广大的区域范围内建立若干 GNSS 跟踪站组成差分 GNSS 基准网，利用 GNSS 跟踪站接收 GNSS 卫星信号并传输到数据处理中心，数据处理中心进行实时精密定轨，并提供预报精密星历、精确的卫星钟差改正、精确的区域电离层模型及对流层模型等，再通过地面上行站将这些信息传输到同步卫星，用户设备同时接收 GNSS 信号和同步卫星转发的卫星轨道、卫星钟、电离层的差分改正数，用户利用这些差分改正数削弱定位误差，得到分米级的定位精度(图 2.2.2)。星站差分单机即可定位，精度高，而且不受作用距离的限制，在南北纬 76°之间的任何海域都可以使用该系统进行导航定位。

图 2.2.2　星站差分示意图

海上星站差分导航定位系统主要有 Trimble 公司的 OmniSTAR、Fugro 公司的 Starfix 和 Veripos。各系统性能指标见表 2.2.2。

表 2.2.2　海上星站差分导航定位系统性能指标

序号	型号	生产厂家	卫星定位系统	定位技术	定位精度	服务区域
1	OmniSTAR HP	Trimble	GNSS	双频载波相位差分定位	小于 10cm	沿海 15km 之内的海域
2	OmniSTAR G2	Trimble	GNSS、GLONASS	双频载波相位差分定位	小于 10cm	沿海 16km 之内的海域
3	OmniSTAR VBS	Trimble	GNSS	单频差分定位	小于 1m	沿海 17km 之内的海域
4	Starfix. G2	Fugro	GNSS、GLONASS	精密单点定位	小于 10cm	全部海域
5	Starfix. G2+	Fugro	GNSS、GLONASS	双频载波相位精密单点定位	小于 3cm	全部海域
6	Starfix. G4	Fugro	GNSS、GLONASS、Galileo、北斗	精密单点定位	小于 10cm	全部海域
7	Standard	Veripos	GNSS	单频差分定位	小于 1m	全部海域
8	Standard2	Veripos	GNSS、GLONASS	单频差分定位	小于 1m	全部海域
9	Ultra	Veripos	GNSS	双频载波相位精密单点定位	小于 10cm	全部海域

序号	型号	生产厂家	卫星定位系统	定位技术	定位精度	服务区域
10	Ultra2	Veripos	GNSS、GLONASS	双频载波相位精密单点定位	小于10cm	全部海域
11	Apex	Veripos	GNSS	双频载波相位精密单点定位	小于10cm	全部海域
12	Apex2	Veripos	GNSS、GLONASS	双频载波相位精密单点定位	小于10cm	全部海域

Trimble 公司生产 OmniSTAR 卫星差分定位系统，主要用于陆地和距海岸线 15km 的海域，提供不同定位精度的服务，包括小于 10cm 精度的 OmniSTAR HP 和 OmniSTAR G2(图 2.2.3)，以及小于 1m 精度的 OmniSTAR VBS。

图 2.2.3　OmniSTAR G2、XP 定位系统

Fugro 最新推出的 Starfix. G2+可以接收 GNSS 和 GLONASS 卫星信号，同时接收来自于 Fugro 的 G2 控制网的基于载波相位的卫星时钟和轨道改正数，提供 3cm 精度的定位服务。 Starfix. G4 可以接收 GNSS、GLONASS、Galileo 和北斗卫星信号，同时接收来自于 Fugro 的 G4 控制网的卫星时钟和轨道改正数，提供 10cm 精度的定位服务(图 2.2.4)。

Veripos 提供以下几种服务：Standard, standard2, Ultra, Ultra2, Apex, Apex2。其中 Standard 是采用单星(GNSS)单频差分定位技术，其定位精度为 1m；Standard 是采用双星 (GNSS、GLONASS)单频差分定位技术，其定位精度为 1m；Ultra 和 Apex 都采用单星 (GNSS)双频载波相位精密单点定位技术，其定位精度为平面 10cm，高程 20cm；Ultra2 和 Apex2 都采用双星(GNSS、GLONASS)双频载波相位精密单点定位技术，其定位精度为平面 10cm，高程 20cm。Veripos 采用 7 颗海事卫星进行信号广播，其中 4 颗为高频，3 颗为低频，低频卫星为用户提供另一个高精度的数据备份(图 2.2.5)。

2.2.1.4　移动参考站动态差分定位技术

动态差分定位技术要求把基准站架设在移动载体上，该基准站能够实时获取精确的坐

图 2.2.4　StarFix 定位系统

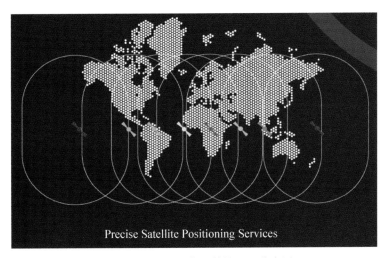

图 2.2.5　Veripos 信号传输卫星分布图

标，将其观测值和坐标信息传送到流动站。架设在放缆船、定位船、震源船上的流动站接收来自基准站的数据并采集 GNSS 观测数据，跟 RTK 技术一样，进行差分解算，从而得到高精度位置信息。获取移动基准站的准确坐标有 3 种方式：一是采用常规 RTK 技术，该方式作业距离为 15km+15km；二是采用实时高精度广域差分技术，但需要网络支持；三是接收国外星站差分信号。

2.2.1.5　RGPS 技术

RGPS 是用差分方法获取两个接收机之间的相对位置，包括距离、方位及高差等，一般用于推算海上地震勘探震源拖枪枪阵中心的位置。RGPS 通常包括船载设备和尾标。船载设备包括 GNSS 接收单元、通信单元、电源、数据处理单元。船载 GNSS 接收机和尾标 GNSS 接收机同时接收卫星信号，通过有线或无线通信手段传输到船载数据处理单元，进行实时动态差分解算，解算出船载 GNSS 天线和尾标之间的相对方位和距离。

RGPS 定位系统主要有 Furgro 公司的 StarTrack、Kongsberg 公司的 SeaTrack 和 Seamap 新推出的 BuoyLink 4DX。它们的主要性能指标见表 2.2.3。

表 2.2.3 RGPS 主要性能指标

序号	型号	生产厂家	卫星定位系统	定位技术	定位精度	电台天线	最大作业距离
1	StarTrack	Fugro	GPS/GLONASS	精密单点定位	绝对 10cm，相对 3cm	内置	12km
2	SeaTrack	Kongsberg	GPS	载波相位差分定位	分米级	内置	20km
3	BuoyLink 4DX	Seamap	GPS/GLONASS	载波相位差分定位	分米级	内置	12km

（1）Fugro 公司的 StarTrack RGPS 定位系统。

StarTrack 是绝对精度为 10cm、相对精度为 3cm 的高精度的无线数据传输的 Gun float 和尾标跟踪定位系统(图 2.2.6)。

图 2.2.6　StarTrack RGPS 定位系统

（2）Kongsberg 公司的 SeaTrack RGPS 定位系统。

SeaTrack RGPS 定位系统内置 GPS 和 UHF 天线，采用码和相位数据计算相对位置，能提供分米级的定位精度，最远作业距离能达到 20km(图 2.2.7)。

图 2.2.7　SeaTrack RGPS 定位系统

（3）Seamap 公司推出了新的 RGPS 定位系统(BuoyLink 4DX)。

BuoyLink 4DX 是 Seamap 公司新推出的 RGPS 定位系统(图 2.2.8)，内置 GPS 和电台天线。该系统能为 Gunfloat 和尾标提供分米级的定位服务，Gunfloat 采用双星（GPS、GLONASS）双频(L1/L2)，尾标采用单星（GPS）双频，采用 900MHz 电台传输数据，可用于多船，最多可以 4 条船，并可允许很多个 Gunfloat 和尾标同时使用。

2.2.1.6　综合导航定位技术

在浅海地震勘探中，综合导航定位系统获取高精度 GNSS 天线位置、电罗经数据、RGPS 数据、声学定位数据、测深仪数据等，精确计算枪阵中心、放缆节点、声学换能器的位置，对放缆船和震源船进行导航定位。

Source Module   Tailbuoy/Master Module

图 2.2.8   BuoyLink 4DX 定位系统

目前，浅海地震勘探主要的综合导航系统有英国 Concept 公司的 Gator Ⅱ 和 BGP 的 Dolphin，其功能见表 2.2.4。

表 2.2.4   Gator 与 Dolphin 功能

功能 \ 产品名称	Gator	Dolphin
放缆导航	√	√
放炮导航	√	√
声学定位	√	√
声学定位数据后处理	√	√
测量导航数据后处理质量控制		√
坐标系统	√	√
分布式	√	√
中央集中控制和远程控制作业	√	√
地震标准格式的数据记录	√	√
作业船只生产作业监控及 HSE 管理	√	√
支持多种导航定位传感器	√	√
PDF 格式 QC 报告	√	√
GPS 原始数据数据记录	√	
实时潮汐改正和潮汐预报	√	√
综合导航定位质量远程监控技术	√	√
双震源船作业同步控制技术		√
船舶姿态实时获取与矫正算法	√	√
基于无尾标 GPS 的枪阵列定位算法		√
基于尾标 GPS 的枪阵列定位算法	√	√

Gator Ⅱ 综合导航系统能够为 TZ、OBS 及重磁力施工提供导航和控制，能够兼容新的实时控制单元 PowerRTNU，主要包括集中管理和远程控制、多船操作、诊断和警告、记录和质量控制等功能(图 2.2.9)。

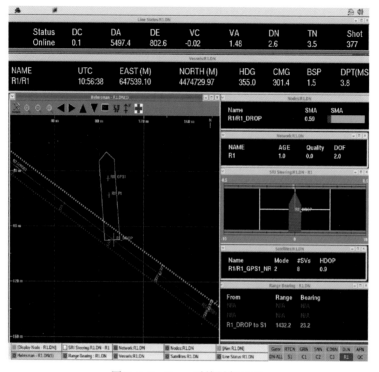

图 2.2.9　Gator 系统导航显示

　　Dolphin 海上综合导航系统是一套综合集成了 GNSS、测深仪、电罗经、声学定位系统等导航定位设备，能够进行水深测量踏勘、放缆导航作业、声学定位作业、野外数据同步采集作业，能够满足复杂工区条件下的施工作业和野外作业生产管理的要求，具有分布式结构的OBS 远程作业指挥监控系统。该系统具有中央集中控制及远程控制、OBC 放缆和放炮导航定位、多震源船实时导航控制、地震同步采集、声学定位采集及处理、OBC 地震作业实时QC 控制、地震标准格式的数据记录、作业船只监控及 HSE 管理等功能(图 2.2.10)。

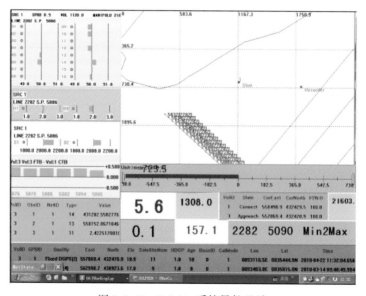

图 2.2.10　Dolphin 系统导航显示

2.2.2 潮位测量

2.2.2.1 RTK 验潮

RTK 实时动态差分法采用了载波相位实时动态差分方法,能够在野外实时得到厘米级的定位结果。在距岸 20km 区域的滩浅海地震勘探中可以采用 RTK 技术实时获取海水面瞬时高程,从而得到潮位,用于物理点高程求取,一般有两种验潮方式。

一是母船验潮,即在岸上的已知点上架设参考站,在母船上架设流动站,精确量取 GNSS 天线到水面的高度并输入到流动站中,采用 RTK 技术实时测量海水面的高程,建立与观测时间相对应的水面高程数据库,水深船测量物理点的水深并记录时间,以时间匹配与数据库建立关联,得到相应的水面高程,再减去测量的水深就得到物理点的高程。

二是 RTK 无验潮模式,即在岸上的已知点上架设参考站,在水深船上架设流动站(图 2.2.11),GNSS 的接收天线安装在测深仪换能器的同一铅垂线上方,精确量取 GNSS 天线到水面的距离 h_1 和换能器到水面的距离 h_2(图 2.2.12)。

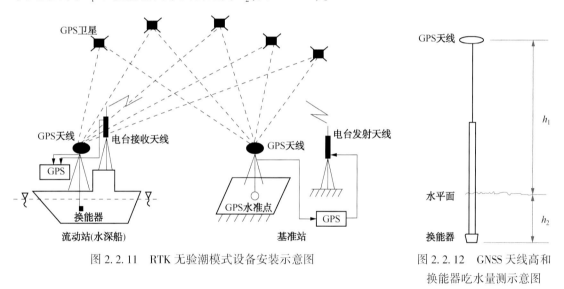

图 2.2.11　RTK 无验潮模式设备安装示意图　　图 2.2.12　GNSS 天线高和换能器吃水量测示意图

每天测深开始前,首先用声速仪测量声速,然后将声速参数输入测深仪,然后水深船沿测线测量物理点的水深(换能器到海底的高度),同时记录 GNSS 天线位置的高程。物理点的高程用公式(2.2.8)计算,即

$$H = h - h_1 - h_2 - d \tag{2.2.8}$$

式中,H 为物理点的高程;h 为 GNSS 天线位置的高程;h_1 为 GNSS 天线到水面的垂直距离;h_2 为水面到换能器的垂直距离;d 为物理点的水深(换能器到海底)。

采用 RTK 无验潮模式测量物理点高程,基本消除了由于海底地形复杂、风浪、验潮点与水深船之间距离较远等原因造成的验潮点与水深测量点所处位置的水面高程差异,提高了海底高程的测量精度。

2.2.2.2 验潮仪验潮

验潮仪验潮是将验潮仪固定在水下,验潮仪以固定间隔自动记录或打印潮位高度,采用水准联测的方法得到验潮仪位置的海拔高,从而计算出水面的瞬时海拔高。该方法使用设备自动采集记录数据,而且观测精度高,最常用的是压力式验潮仪。

压力式验潮仪由压力传感器、温度传感器和一根中空的电缆组成。压力传感器和温度传感器被固定在水下,通过中空的电缆与计算机相连,相关软件控制压力式验潮仪测量、记录潮汐数据(图2.2.13)。其工作原理是通过水中的压力传感器测量水柱和大气的压力,另一头通过有通风孔的电缆直接暴露在空气中,测量大气压,两者相减,得到水柱的压力,计算出压力传感器到水面的距离(图2.2.14)。

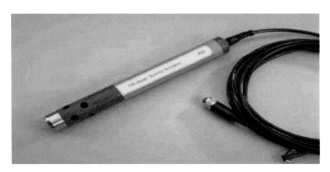

图 2.2.13　压力式验潮仪

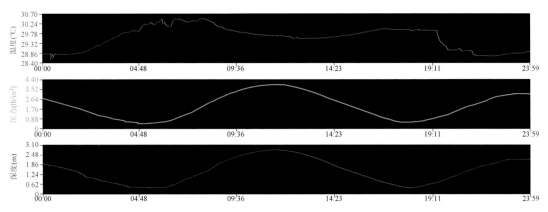

图 2.2.14　潮汐数据

工作中,借助竹竿等工具把验潮仪固定在水下,要求在全施工期最低潮时验潮仪都在水下,采用水准方法或 RTK 方法测量压力传感器位置的高程,该高程加上验潮仪深度得到水面高程,再用水面高程减去物理点水深值得到物理点高程(图2.2.15)。

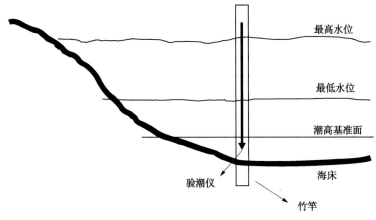

图 2.2.15　验潮仪验潮示意图

2.2.2.3 星站差分系统验潮

利用星站差分系统可以得到分米级的基于 WGS1984 椭球的水面高程，用于物理点海底高程的计算。

施工中，在水深船和震源船上安装星站差分系统，验潮过程如下：

（1）量取 GNSS 天线到水面的垂直距离 d_h，输入到导航系统中；

（2）记录星站差分系统提供的 WGS1984 椭球高 H 和水深，根据公式（2.2.9）计算 GNSS 天线位置的海拔高程 h，即

$$h = H - \xi \qquad (2.2.9)$$

式中，ξ 为该点的高程异常值，根据该点的位置和 EGM2008 地球重力场模型求取。

（3）按照公式（2.2.10）进行姿态改正，消除因船只摇摆导致的高程误差，即

$$\begin{bmatrix} dx \\ dy \\ dz \end{bmatrix} = \begin{bmatrix} \cos(heading) & -\sin(heading) & 0 \\ \sin(heading) & \cos(heading) & 0 \\ 0 & 0 & 1 \end{bmatrix} \begin{bmatrix} \cos(pitch) & 0 & -\sin(pitch) \\ 0 & 1 & 0 \\ \sin(pitch) & 0 & \cos(pitch) \end{bmatrix}$$
$$\begin{bmatrix} 1 & 0 & 0 \\ 0 & \cos(roll) & -\sin(roll) \\ 0 & \sin(roll) & \cos(roll) \end{bmatrix} \begin{bmatrix} 0 \\ 0 \\ d_h \end{bmatrix} \qquad (2.2.10)$$

式中，d_x、d_y、d_z 为天顶三维直角坐标系下的坐标改正量；$heading$、$pitch$、$roll$ 分别为船艏方向角、纵摇角和横摇角。

（4）根据公式（2.2.11）计算物理点的高程 E，即

$$E = h - d_z - h_水 \qquad (2.2.11)$$

式中，h 为 GNSS 天然位置的海拔高程；d_z 为天线高改正数；$h_水$ 为水深。

2.2.2.4 PPP 验潮

基于非差的精密单点定位技术是利用单台接收机的载波相位观测值和伪距观测值，以及 IGS 等组织提供的精密卫星轨道与精密卫星钟差，综合考虑各项误差模型的精确改正，利用非差载波相位观测值实现高精度单点定位的方法。在 GNSS 定位中，主要的误差来源于轨道误差、卫星钟差和电离层延时。PPP 定位技术利用 LC 相位组合，消除电离层延时的影响，利用卫星的精密轨道和精密钟差，采用精密的观测模型，单机计算出接收机的精确位置、钟差、模糊度和对流层延时参数。在海上地震勘探中，主要采用 IGS 超快速精密轨道和钟差产品、IGS RTS 产品进行 PPP 验潮。

IGS 发布的超快速星历和钟差 IGU（IGS Ultra_ rapid）产品包括实测和预测两部分数据，其中实测部分的轨道误差约为 3cm，卫星钟差误差约为 0.15ns，能够满足海上动态 PPP 的精度要求，且其时延较短，只有 3~9h（表 2.2.5）。

表 2.2.5　IGS 精密星历和钟差产品

星历类型	精度	延迟时间	更新率	采样间隔
超快速（预报）	5cm/3ns	实时	4 次/天	15s
超快速（实测）	3cm/0.15ns	3~9h	4 次/天	15s
快速星历	2.5cm/0.075ns	17~41h	1 次/天	5s/15s
事后星历	2.5cm/0.075ns	12~18 天	1 次/周	15s/30s

IGS RTS 是 IGS 的产品之一，为 PPP、时间的同步和灾害监测在全球范围内提供免费的

GNSS 轨道、钟差的改正服务。

图 2.2.16 是利用动态 PPP 技术进行准实时 GNSS 验潮的基本流程。首先，在测船重心位置架设双频 GNSS 接收机，进行船载动态 GNSS 观测；同时采用 BNC 客户端软件实时接收 RTS 产品，对广播星历计算的实时卫星坐标和钟差进行改正得到精密卫星轨道和钟差；然后，进行 RT-PPP 处理，利用 IGS 精密轨道和钟差产品（IGU），基于 GNSS 双频消电离层组合观测模型，采用序贯最小二乘估计方法和前—后滤波（Forward and Reverse Filter）的处理策略，得到 GNSS 天线的瞬时大地高程；扣除 GNSS 天线至海面的垂直高度，并顾及船体姿态改正，得到海面的瞬时大地高程；再根据 EGM2008 地球重力场模型进行高程基准转换，得到海平面的海拔高程，经过上述高程转换，得到海面的瞬时海拔高程，可描述为

$$H = H_{\text{GPS}} - h_k + \Delta h_k - \xi \qquad (2.2.12)$$

式中，H 为海面的瞬时海拔高程；H_{GPS} 为 GNSS 接收机天线的瞬时大地高程；h_k 为 GNSS 接收机天线至海面的垂直距离；Δh_k 为船体姿态改正；ξ 为由大地高程转换为正常高程的改正值（高程异常）。公式中物理单位均为米（m）。

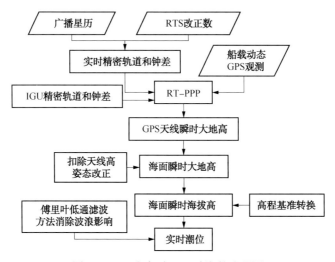

图 2.2.16　准实时 PPP 验潮的流程图

由 PPP 得到的海面瞬时海图高是多种信号的综合结果，其中包括长周期的潮位变化、短周期的波浪变化及测量噪声的随机变化等。通常可采用滑动平均法、傅里叶变换法、门限滤波法、小波去噪等方法去除波浪等短周期项影响，进而提取测船处的实际潮位信息。

采用基于 IGU、IGS RTS 的 PPP 验潮方法计算水面瞬时高程，再通过傅里叶低通滤波消除波浪影响。潮位测量绝对误差均小于 30cm，标准偏差均小于 15 cm。通过实际生产应用，该方法的验潮精度高，能够满足海上地震勘探导航数据处理实效性需求，在远程海上地震勘探项目中可代替其他验潮方法，提高了检波点和激发点的高程精度。

2.2.3　检波点二次定位

在滩浅海地震勘探采集施工过程中，需要将检波器投放到海底。在实际投放过程中，考虑到船的行驶状态，以及检波器在沉入海底过程中受风浪、潮流、海底地形等影响，当检波器沉入海底以后，需要获取检波点在海底的实际位置，这就是检波点二次定位。目前，检波点的二次定位方法有两种，声波定位技术和初至波定位技术。

2.2.3.1 声波定位技术

声学定位技术是用水声设备确定水下目标的方位、距离，结合船载 GNSS 和姿态传感器的数据得到水下目标在大地几何坐标中的位置。在滩浅海地震勘探中主要采用长基线声学定位技术、多换能器短基线声学定位技术和超短基线声学定位技术。

2.2.3.1.1 长基线声学定位技术

在海洋地震勘探作业过程中，检波点长基线声学定位通常有两种方式：一种是走航式，即定位船沿测线两边分别测量；另一种是浮标式，即在一定范围内布设 4 个浮标。

（1）走航式长基线声学定位。

走航式长基线声学定位是定位船沿一定航线航行，多次测量船载换能器与海底下的应答器之间的声呐通信所得到的二点之间的声呐信号走时（Δt），得到换能器和应答器之间的距离，再结合舰载 GNSS 的位置参数、姿态传感器的姿态参数等，进而计算应答器的空间坐标。

如图 2.2.17 所示，T_1，T_2，…，T_i 为布设在海底电缆或单个检波器上的水声应答器，$P_k(t)$ 为声学定位系统测距时换能器的瞬时位置。定位船在定位航行作业中，水声换能器以一定的时间间隔发射询问信号，应答器接收后发回响应回波信号，换能器接收到回波，计算出换能器发射到接收信号之间的时间差，再根据公式（2.2.13）计算得到换能器与应答器之间的距离 s，同时，通过高精度差分 GNSS 和姿态传感器测量换能器的瞬时位置，根据公式（2.2.14）计算得到换能器与应答器之间的距离 $s_{ki}(t)$。

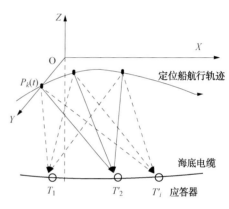

图 2.2.17　走航式长基线声学定位原理图

$$s = \frac{ct}{2} \qquad (2.2.13)$$

$$s_{ki}(t) = \sqrt{\left[X_k(t) - X_i\right]^2 + \left[Y_k(t) - Y_i\right]^2 + \left[Z_k(t) - Z_i\right]^2} \qquad (2.2.14)$$

式中，$(X_k(t)，Y_k(t)，Z_k(t))$ 为 GNSS 接收机的坐标；$(X_i，Y_i，Z_i)$ 为应答器的待定坐标。

定位船航行过程中对应答器进行多次观测，当有 3 个以上观测结果时便可以通过平差的方法确定海底应答器的位置。由于测量过程中存在定位船姿态测量误差、换能器位置测量误差、时延测量误差、声波传播路径、多径效应和多普勒频移等众多误差的影响，因此，通常采用最小二乘估计进行平差估计。其测量方程为

$$\begin{cases} (x_1 - x)^2 + (y_1 - y)^2 + (z_1 - z)^2 = \left(\frac{1}{2}ct_1\right)^2 \\ (x_2 - x)^2 + (y_2 - y)^2 + (z_2 - z)^2 = \left(\frac{1}{2}ct_2\right)^2 \\ \dots \\ (x_i - x)^2 + (y_i - y)^2 + (z_i - z)^2 = \left(\frac{1}{2}ct_i\right)^2 \end{cases}$$

式中，x_i、y_i、z_i 为换能器的位置；x、y、z 为应答器的待定位置；c 为声速；t_i 为换能器发射、接收声呐信号之间的时间差。

声学定位系统主要由 GNSS 接收机、计算机、主控机、应答器、编码器等组成（图2.2.18）。差分 GNSS 接收机用于获取换能器精确位置；计算机（安装有控制及定位软件）主要负责数据库、坐标系统、测线、定位系统等参数设置，采集声学定位数据、GNSS 位置数据、电罗经方位数据、姿态数据及测深数据，实时计算和显示应答器的位置，具有系统设置、导航定位控制、舵手显示、标准数据输出、数据后处理等功能，是整个定位系统的核心，协调着整个系统的运行；主控机是定位软件与应答器相联系的桥梁，接收定位软件设置的参数，根据不同的参数改变信号发射功率和接收增益，换能器接收到回波；应答器是布放于海底的全密闭式低功耗系统，包含声信号处理装置和射频信号处理装置，每一个应答器具有唯一的组号和 ID 号（地址码），采用射频信号处理装置接收组号和 ID 的设置。当应答器检测出是呼叫自己这一组的信号问询时，利用声信号处理装置发出回应信号。

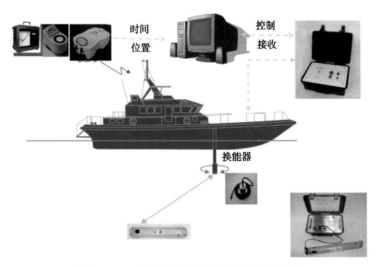

图 2.2.18　走航式长基线声学定位系统组成

走航式长基线声学定位操作流程包括系统安装与设备连接、软件设置、数据采集和数据处理 4 个步骤。首先安装定位设备和换能器，换能器安装在船底或船侧，一般要求超过船底，量取换能器到水面之间的距离。根据地震勘探项目要求的间隔将应答器捆绑在海底电缆上，应答器的声头部分靠近需要定位的检波器，记录应答器编号与检波点桩号的对应关系。然后在定位软件中设置坐标系统及投影，装载理论测线，匹配应答器与检波点的对应关系。配置 GPG、姿态传感器、测深仪及声学定位设备的接口，控制定位船沿测线双边进行声学定位作业。实时显示船与测线的相对关系、偏航信息、作业船信息、应答器实际位置和偏移等。记录 GNSS 状态信息的 QC 文件，包括声波传输时间和声学探头坐标等原始数据文件、P2/94（英国海上作业者协会规定的一个数据格式）海上定位原始数据。最后读入原始数据，进行平差，查看每个应答器的回应情况和解算质量，输出 SPS、P1/90、观测值质量等成果文件。

目前，世界几家大的地球物理勘探公司用得较多的长基线声学定位系统主要是 Sonardyne 公司的 OBC12 和中国 BGP 的 BPS（图 2.2.19），它们的主要性能指标见表 2.2.6。

表 2.2.6　长基线声学定位系统性能指标

序号	对比项目	Sonardyne OBC 12	GeoSNAP-BPS
1	系统容量(个)	3600	4000
2	工作深度（m）	200	200
3	测距范围（m）	1500	小于 700
4	定位精度(m)	小于 1	小于 1
5	最高船速(kn)	5	5
6	换能器指向性	全向	全向
7	换能器声源级(dB)	185	175，180，185，195 四档可调
8	接收灵敏度(dB)	−195	−195
9	最大接配电缆(m)	60	60
10	重复周期设定(s)	1.0~2.0	1.0~2.0
11	电源	支持交、直流供电	支持交、直流供电
12	工作温度(℃)	−20~40	−20~40

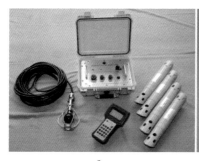 

a　　　　　　　　　　　　　　b

图 2.2.19　长基线声学定位系统

a—BPS；b—OBC12

（2）浮标式长基线声学定位。

基于浮标阵列的长基线水下定位方法是利用多个海面浮标实现对海底电缆的长距离声学定位。与传统的走航式水下定位方法相比较具有较明显的技术优势：①能够实现对海底电缆的实时跟踪及定位，有利于铺缆船调整路线，使海底电缆铺设到理想位置；同时可以在任意时刻测定电缆铺设在海底的具体位置，不受环境限制，从而可以明显提高地震勘探数据质量；②基于浮标阵列的水下定位方法基线可控，定位精度高，实时性强，定位结果稳定可靠。

浮标式长基线声学定位系统包括船基控制中心、一个主浮标站和多个从浮标站(图2.2.20)。船基控制中心的网络电台在系统启动时发射定位命令给主浮标站与从浮标站，主浮标站启动声学设备发射声信号，应答器接收到声信号后发射信号到各个浮标，浮标上的控制系统将声学定位数据、换能器坐标数据、姿态数据打包发送到船基控制中心，船基控制中心对数据进行解算，得到应答器坐标。计算机接收各枚浮标的数据来求解水下应答器的空间位置，同时还要监视浮标、水下应答器的工作状态，并与它们进行数据传输和通信等。主浮标单元主要是接收 GNSS 差分数据、姿态改正数据，根据控制中心的命令触发 BPS 声学采集系统，采集结束后将声学定位数据、换能器坐标数据、姿态数据回传到船基控制中心(图2.2.21)。

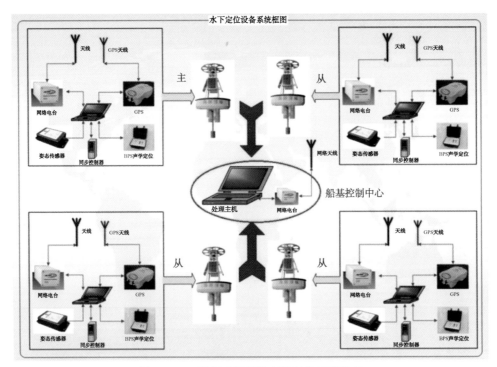

图 2.2.20　浮标式长基线声学定位系统组成

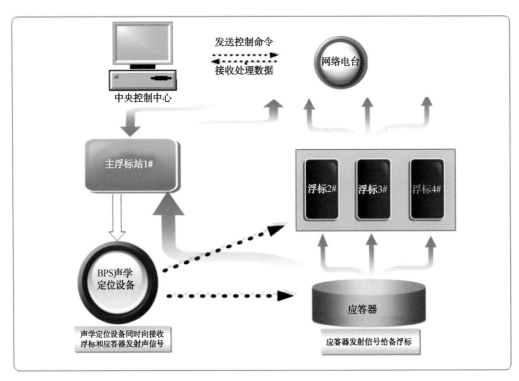

图 2.2.21　浮标式长基线声学定位系统工作流程

2.2.3.1.2　多换能器短基线声学定位技术

如图 2.2.22 所示，多换能器短基线声学定位系统由主控机和 4 个以上换能器组成。换能器的阵形为四边形，分别安装在定位船的不同位置，它们之间的距离一般不超过 50m。

GNSS 天线和换能器分别安装在船体甲板上、下方，并且 GNSS 天线中心距离换能器中心有一段偏心距离，所以换能器位置可由 GNSS 天线位置和两者之间的相对位置关系推算出来的。然而计算结果会受到船体横摇(倾斜变化)、纵摇(平衡变化)、偏离(船艏向变化)运动的影响，所以必须使用 MRU(Motion Reference Unit)测量横摇和纵摇，电罗经测量艏向以进行改正。

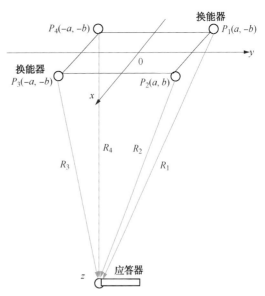

以 GNSS 天线相位中心为原点，根据基阵相对于船坐标系的固定关系，经过 GNSS 天线天顶坐标系统中三维姿态改正和天顶坐标系统到 WGS-84 坐标的改正，计算出换能器的坐标。多换能器短基线定位系统的测量方式是由一个换能器发射，所有换能器接收，得到至少 4 个斜距观测值，根据换能器的坐

图 2.2.22　多换能器短基线定位系统示意图

标和斜距观测值就能计算出应答器的位置。一般同时只需 3 个观测值就可计算应答器的位置，所以该系统能够得到冗余观测值，可计算出最优估计值。

多换能器联合定位采用由一个换能器发射，所有换能器接收的工作模式。其中的激发换能器发送询问信号，而接收换能器接收来自固定在海底电缆上的应答器的应答信号，其测量方程可定义为

$$R_j = c \cdot T_j = f(X_j,\ X) \tag{2.2.15}$$

式中，R_j 为第 j 个换能器的航迹点和水下应答器之间的距离；c 为声波在水中的传播速度；T_j 为第 j 个换能器测量到的其与水下应答器之间的单程声波传播时间；$X_j = (x_j,\ y_j,\ z_j)$ 为第 j 个换能器的坐标。

设海底应答器的坐标为 $T(x,\ y,\ z)$，有 4 个换能器安装在定位船上边长为 $2a$ 和 $2b$ 的矩形顶点(图 2.2.22)。不考虑声线弯曲时，换能器到应答器的距离的平方分别为

$$\begin{cases} R_1^2 = (x - a)^2 + (y + b)^2 + z^2 \\ R_2^2 = (x - a)^2 + (y - b)^2 + z^2 \\ R_3^2 = (x + a)^2 + (y - b)^2 + z^2 \\ R_4^2 = (x + a)^2 + (y + b)^2 + z^2 \end{cases} \tag{2.2.16}$$

则解为

$$\begin{cases} x = \dfrac{(R_4^2 - R_1^2) + (R_3^2 - R_2^2)}{8a} \\ y = \dfrac{(R_4^2 - R_3^2) + (R_1^2 - R_2^2)}{8b} \end{cases} \tag{2.1.17}$$

将式(2.2.17)代入式(2.2.18)可得到 4 个可能的深度值，即

$$\begin{cases} z_1 = \sqrt{R_1^2 - (x-a)^2 + (y+b)^2} \\ z_2 = \sqrt{R_2^2 - (x-a)^2 + (y-b)^2} \\ z_3 = \sqrt{R_3^2 - (x+a)^2 + (y-b)^2} \\ z_4 = \sqrt{R_4^2 - (x+a)^2 + (y+b)^2} \end{cases} \qquad (2.2.18)$$

通过计算 4 个深度的平均值可得到应答器的深度，即

$$z = \frac{1}{4} \sum_{i=1}^{4} z_i \qquad (2.2.19)$$

解出的位置是相对于船体坐标系的。为了获得了应答器地理坐标下的坐标，必须结合作业船参考点处给出的地理坐标及测量船的当前方位，通过归位计算，即可获得应答器的地理坐标。

多换能器联合定位系统在静态定位过程中，应答器能够进行可靠定位，达到了技术性能指标，测试的定位精度在 4m 以内，测试的结果基本满足要求。在动态定位过程中，测试结果表明该方法能够确定应答器的动态位置变化，实时性强，而且定位结果准确可靠，能够满足深海 OBC 地震勘探电缆沉放施工的要求。另外，同超短基线定位系统相比，多换能器联合定位系统成本低廉，操作简便容易；换能器体积小，安装简单，是一种可以替代海底电缆现有走航式定位和超短基线定位的一种方法。

2.2.3.1.3 超短基线声学定位技术

超短基线声学定位系统 USBL(Ultra Short Base Line)由声阵和应答器组成。声阵包括 1 个发射换能器和多个接收换能器。声阵安装在船上，应答器固定在海底电缆或单个检波器上。阵列中的发射换能器发出一个声信号，水下应答器接收到该声信号后，发回应答信号给接收换能器基阵，从而测量出 x、y 两个方向的相位差，得到声阵和应答器之间的方位，并根据声波的到达时间计算出水下应答器到声阵的距离 R，最终计算得到水下应答器在声阵列坐标系上的位置和深度。

一般采用正交阵定位方法对超短基线定位系统在作业前进行校正。如图 2.2.23 所示，X_a、X_b、Y_a、Y_b 是 4 个接收换能器，它们到原点 O(发射换能器)的距离是 d。

如图 2.2.24 所示为一个右手坐标系，它以基阵的中心为坐标原点 O，以 X_a 的方向为 x 轴正向，以 Y_a 的方向为 y 轴的正方向，然后按照右手法则定出 z 轴的方向。P 是固定在海底

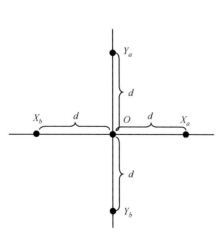

图 2.2.23　正交声阵

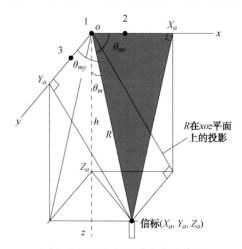

图 2.2.24　超短基线定位示意图

电缆或单个检波器上的应答器。P 到 X_a、X_b、Y_a、Y_b 的距离分别是 S_{X_a}、S_{X_b}、S_{Y_a}、S_{Y_b}，P 到基阵中心 O 的距离是 S。θ_{mx}、θ_{my}、θ_m 分别是 OP 与 x、y、z 的夹角。

测量 Y_a、Y_b 的相位差可以求得 θ_{mx}、θ_{my}。

$$\theta_{mx} = \cos^{-1}\left(\frac{\lambda\Delta\phi_x}{2\pi d}\right) \qquad (2.2.20)$$

$$\theta_{my} = \cos^{-1}\left(\frac{\lambda\Delta\phi_y}{2\pi d}\right) \qquad (2.2.21)$$

测量每个换能器到应答器的声波传播时间，由公式 $S = ct/2$ 求得它们之间的距离 S_{X_a}、S_{X_b}、S_{Y_a}、S_{Y_b}。t 为发出信号到应答信号的时间，c 为声速。

P 到基阵中心 O 的距离 S 为

$$S = \frac{S_{X_a} + S_{X_b} + S_{Y_a} + S_{Y_b}}{4} \qquad (2.2.22)$$

根据公式(2.2.23)至(2.2.25)计算应答器的坐标 X_a、Y_a、Z_a，即

$$X_a = \frac{\lambda\Delta\phi_x S}{2\pi d} \qquad (2.2.23)$$

$$Y_a = \frac{\lambda\Delta\phi_y S}{2\pi d} \qquad (2.2.24)$$

$$Z_a = \sqrt{S^2 - X_a^2 - Y_a^2} \qquad (2.2.25)$$

超短基线声学定位系统由甲板控制单元、水声接收基阵(声阵)、应答器组成(图 2.2.25)。甲板控制单元主要用于系统控制、数据处理和显示，通过声阵向应答器发送声波信号和接收来自应答器的应答信号，通过测时得到声阵与应答器之间的距离，通过相位测量测得声阵与应答器之间的相对方位，得到应答器相对于声头坐标系的坐标。再根据船载 GNSS 的位置信息、电罗经的船艏向数据和姿态数据，进行姿态改正和坐标转换，得到应答器的三维坐标。声阵一般由 4 个接收换能器和 1 个发射换能器组成，用于定位声信号的发射与接收、数据预处理、数据传输等。发射换能器根据来自甲板控制单元的命令向应答器发送声波询问信号命令，应答器接收来自声阵的信号，判断是否被询问，如是则回应声呐信号，接收换能器接收来自应答器的应答信号，并将应答信号送给甲板控制单元。

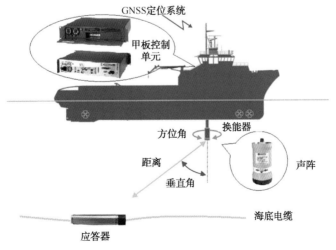

图 2.2.25 超短基线声学定位系统组成

USBL 声学定位操作包括设备安装、系统校准和数据采集 3 个步骤。施工前需要安装 USBL 定位系统，主要包括声阵和应答器的安装。声阵安装时一般采用船底安装和船舷安装两种方式。一些专用的物探船在船舶建造时留有安装孔，可以采用船底安装方式，而其他临时作业船均采用船舷安装方式。声阵安装在距离船尾 1/3 附近，必须探出船底，并将声阵零艏向与船艏向保持一致，同时要避开作业船侧面推进器。应答器与导缆器、节点设备、电缆上的检波器等捆绑在一起，并记录应答器与检波点的对应关系。声学基阵安装偏差对定位精度有很大的影响，故需要对 USBL 水下定位系统进行校正。一般需要对艏向、横摇和纵摆进行校正。校正分静态校正和动态校正，获得艏向、横向和纵向的改正数，将此改正数输入到导航定位软件中进行自动改正。安装和校正后，可以对应答器进行定位。首先设置坐标系统及投影，设计理论测线，匹配应答器与检波点的对应关系，配置导航设备及声学设备。然后连接导航定位设备，进行 USBL 声学定位作业的操作控制，对应答器进行定位，同时记录 P2/94 原始数据(姿态数据、电罗经船艏向数据、GNSS 坐标数据、原始测距值、测向值等)，最后显示应答器实际位置和偏移等，并保存 SPS 和 P1/90 成果文件。

超短基线声学定位系统主要有 Sonardyne 公司的 Ranger2、法国 iXsea 公司的 GAPS(图 2.2.26)、Applied Acoustic Engineering 公司的 Easytrak Alpha 和 Easytrak Nexus(图 2.2.27)、Kongsberg 公司的 HiPAP 系列产品(图 2.2.28)，它们的主要性能指标见表 2.2.7。

a   b

图 2.2.26　超短基线声学定位系统

a—Ranger2；b—GAPS

a   b

图 2.2.27　超短基线声学定位系统

a—Easytrak Alpha；b—Easytrak Nexus

图 2.2.28　HiPAP 超短基线声学定位系统

表 2.2.7　超短基线声学定位系统性能指标

序号	型号	生产厂家	操作距离（m）	定位精度（%）	频率（kHz）
1	Ranger2	Sonardyne	1~6000	斜距的 0.1	18~36
2	GAPS	iXsea	10~4000	斜距的 0.2	20~30
2	Easytrak Nexus 2690	Applied Acoustic Engineering	1~1000	斜距的 1	发射频率 17~26，接收频率 22~30
3	Easytrak Alpha 2665	Applied Acoustic Engineering	1~1000	斜距的 3.5	发射频率 17~26，接收频率 22~30
4	HiPAP 501	Kongsberg	1~4000	斜距的 0.2	27~30.5
5	HiPAP 451	Kongsberg	1~3000	斜距的 0.3	27~30.5
6	HiPAP 351	Kongsberg	1~3000	斜距的 0.3	27~30.5
7	HiPAP 351P	Kongsberg	1~3000	斜距的 0.3	27~30.5
8	HiPAP 101	Kongsberg	1~10000	斜距的 0.2	13~15.5

2.2.3.2　初至波定位技术

初至波定位法是在检波线两侧分别激发若干炮，然后利用这些激发点的坐标、相对应的地震数据的初至时间及地震波的传输速度，通过距离交会法计算获得检波点实际位置。目前，初至波定位大都采用圆圆相交定位法和基于线校初至拉平的搜索法。

圆圆相交定位法是利用初至时间和地震波速度计算出每个激发点到检波点的距离，再以激发点为圆心，以激发点到检波点的距离为半径画圆，多个圆的共同交点就是检波点的位置。由于初至时间、激发点位置等观测值存在误差，需要进行多点交会，冗余计算，再通过拟合计算确定检波点在海底的实际位置。如图 2.2.29 所示，R 为要求取的检波点的实际位置；S_1，S_2，S_3 是激发点位置；T_1，T_2，T_3 是激发点初至时间；v_1，v_2，v_3 是地震波速度。分别以 S_1，S_2，S_3 为圆心，以速度（v_1，v_2，v_3）乘以初至时间（T_1，T_2，T_3）为半径画圆，三圆相交的点就是检波点的实际位置。

虽然圆圆相交定位法简单，且易于操作，但参与计算的激发点较多，运算量大，费时多，而且定位精度不高。

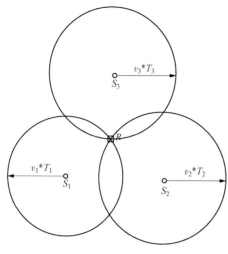

图 2.2.29　圆圆相交定位方法示意图

基于线校初至拉平的搜索法是利用假设的检波点位置坐标对检波点道集数据做线性动校正，通过分析初至拉平效果来确定检波点位置的方法。该点(要求取二次定位点)对检波点道集数据做线性动校正后初至拉平效果最好。该方法是建立在海上近地表没有明显的低降速带影响、初至波速度稳定的前提下的。首先在检波点一次抛缆点或设计位置周围划分三维立体空间网格，然后将每个网格节点坐标假设为检波点的位置坐标，对地震采集道集数据做线性动校正数据处理，检波点的实际位置坐标即是当初至波拉平效果最好时的空间位置。搜索法克服了传统的"圆圆相交定位方法"在算法实现过程中的缺陷，二次定位运算速度更快，定位精度更高。但对于低降速带发育、初至速度稳定性差的地区，搜索法存在一定的局限性。

以渤海西部的海洋地震勘探项目为例，采用初至波定位方法对海底电缆检波点进行定位。图 2.2.30、图 2.2.31 是初至波二次定位成果与一次放缆点在 x、y 方向的偏差，一次定

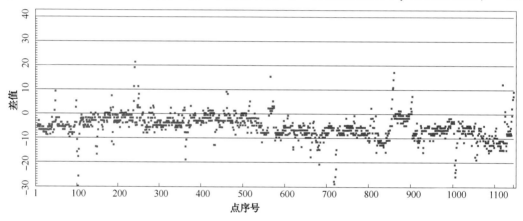

图 2.2.30　二次定位与一次定位点 x 方向的差值

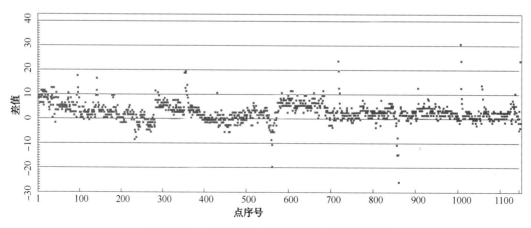

图 2.2.31　二次定位与一次定位点 y 方向的差值

位点与初至波二次定位点横纵方向上的误差基本都在 10m 以内，横向最大误差、纵向最大误差分别为 30m、25m 左右。

跟采用一次放缆点相比，采用初至波定位成果进行线性动校正和初叠加剖面能够改善和提高资料品质。从二次定位前后相邻 5 炮的炮记录线性动校正(图 2.2.32)来看，初至波二次定位前线性动校正初至明显不能拉平(a 图中的红色框中的部分)，初至波二次定位后初至拉平效果很好(b 图中的红色框中的部分)，说明二次定位后检波点的位置更准确了。从二次定位前后一束线叠加剖面(图 2.2.33)来看，初至波二次定位后，剖面的整体质量有了明显的提高，同相轴更加连续。

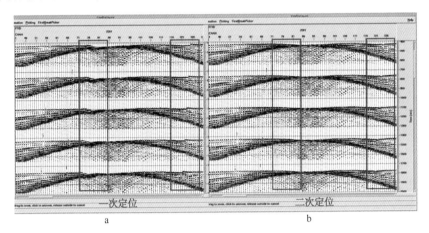

图 2.2.32　二次定位前后炮记录线性动校正对比

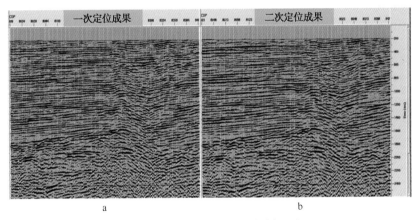

图 2.2.33　二次定位前后叠加剖面对比

2.2.4　激发与接收系统同步控制

激发与接收系统同步一般由综合导航系统依据 GNSS 授时技术来控制，主同步控制器(主控器)置于采集系统一方，与采集系统联机，控制采集系统的启动采集。从同步控制器(从控器)位于震源系统一方，与震源系统和导航系统联机，控制震源系统的激发和触发导航系统实时记录，从而实现导航实时定位、震源激发和采集地震数据的同步作业。

如图 2.2.34 所示，在震源船上，导航系统发送从控预启动信号给激发系统，使激发系统进入激发准备状态。激发成功后，导航系统接收激发系统激发时产生的从控 FTB(Field

Time Break)信号，使导航系统记录导航信息，并将从控 FTB 信号记录在导航记录头段上，同时将从控 FTB 信号发送给采集系统。在采集船上，首先，导航系统发送主控预启动信号给采集系统，使采集系统进入采集准备状态；然后，导航系统发送主控 CTB(Clock Time Break)信号给采集系统，启动采集系统采集数据，并将主控 CTB 信号记录在地震记录头段上；最后，导航系统将接收到的 FTB 信号(主控 FTB)发送给采集系统，采集系统将主控 FTB 信号记录在地震记录头段上，用于验证地震激发与采集的同步性。

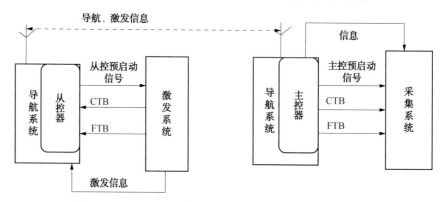

图 2.2.34 GNSS 卫星授时同步控制模式下系统连接示意图

激发系统的从控器与采集系统的主控器通过 GNSS 卫星的授时达到时序同步，同步时序如图 2.2.35 所示。

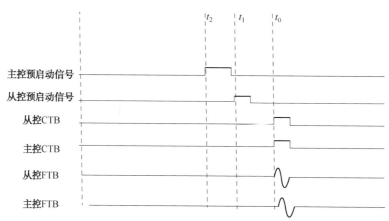

图 2.2.35 GNSS 卫星授时同步控制模式下的时序示意图

t_0 为震源船到达炮点位置的时刻，主控器产生 TB 信号启动采集系统采集数据，

从控器产生 TB 信号启动导航系统记录信息，此时刻设为"0"时刻，记为 t_0。

主、从控预启动信号：从控预启动信号是从 t_0 起算在激发系统固有延迟时间 Δt_1 前(此时刻记为 t_1)，从控器输出从控预启动信号，启动气枪控制器，进入预点火状态。主控预启动信号是从 t_0 起算在采集系统固有延迟时间 Δt_2 前(此时刻记为 t_2)，主控器输出主控预启动信号，启动地震采集系统，进入预采集状态。

主、从控 CTB：从控 CTB 是启动激发系统的 TB 信号，主控 CTB 是启动采集系统的 TB 信号。

主、从控 FTB：从控 FTB 是激发系统激发时的 FTB，主控 FTB 是记录在地震记录头段上用于验证激发与资料采集的同步性。

2.3 震源系统

对于滩浅海地区地震采集激发，需要根据地表条件的变化和采集技术要求，选择不同的激发震源。通常情况下，对于滩涂、潮间带和水深小于3m的极浅水地区，一般采用炸药震源激发，对于水深大于3m的海域，一般采用气枪震源激发。由于浅海地区水深变化大，需要根据具体工区海况条件和采集技术要求，设计和选配适合的气枪震源系统。本节重点介绍适合浅海地震采集的不同气枪震源系统。

2.3.1 泥枪震源系统

泥枪震源适用于0~1m水深的滩涂、沼泽等区域，采用泥枪作为激发源，激发参数重复性好，可采用多枪组合方式，多次激发。下面主要介绍旋进式泥枪震源及轻型泥枪震源。针对过渡带浅水水域地表松软的情况，选择接地比压小的运载平台。针对激发能量的问题，采用多枪组合。针对气枪维护的问题，采用枪钻一体结构。

2.3.1.1 旋进式泥枪震源

在水深0~1m时采用旋进式泥枪震源。泥枪震源主要由运载平台、驾驶室、钻机、空压机和发电机组成(图2.3.1，图2.3.2)。

图2.3.1 旋进式泥枪震源样机1

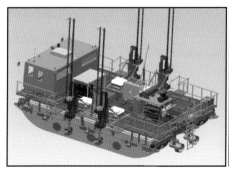

图2.3.2 旋进式泥枪震源样机2

运载平台选用ZCF浮箱链轨沼泽车底盘，该底盘为浮箱链轨和螺旋桨复合式行走机构，在沼泽、滩涂等过渡带极浅水水域具有良好的行走能力和通过能力。漂浮状态下由双螺旋桨推进航行，平静水域航行速度可达到6kn。行走时具有较小的接地比压，在硬地行走速度可达到5km/h。

驾驶室内安装驾控台、气枪控制设备、导航设备、空调等。所有导航设备和气枪控制设备安装时采取减震措施。

钻机安装在运载平台两侧，采用错开布置，可横向倾倒90°，由液压控制。钻机钻具内部放置泥枪。泥枪震源为四枪组合，最大阵列总容积1000in³（4×250in³），连续四次激发的最小激发间隔为10s，最大工作压力为3000lb/in²。

空压机产生高压气体，为泥枪震源供气。发电机为柴油发电机，为整系统供电。

2.3.1.2　轻型泥枪震源

轻型泥枪震源主要由底盘、钻机、空压机、发电机、钻机控制系统和气枪控制系统组成（图2.3.3）。

图2.3.3　轻型泥枪震源样机

底盘可选取宽胎沙驼，接地比压较小，在沼泽、滩涂等区域具有较好的行走能力和通过能力。

钻机动力取自底盘，全液压传动。钻具为枪钻一体结构，钻井深度为6m，井径500mm。钻头铸成锥体，外部铸出螺旋片，上面散射布置截齿。

空压机选取体积小，重量轻，排量要求为0.5~1m³/min，工作压力为2000~3000lb/in²，自带动力。

发电机为柴油发电机，可为气枪控制系统、空调等用电设备供电。

钻机操作设置在整车尾部、左侧，操控阀及仪表集中在操作台上，这种设计便于人员操控。

2.3.2　极浅水气枪震源系统

针对过渡带极浅水水域多为泥质、沙质表面，地表松软，水深小于1.5m的地表情况，选择具有良好的行走、通过能力的震源运载设备。针对激发能量的问题，气枪震源采用多枪组合方式，多次激发。针对运输的问题，模块化设计，整系统为可拆解结构，可采用标准集装箱运输。

2.3.2.1　气枪浮体模块震源

气枪浮体模块震源主要由浮体、连接结构和气枪组成。浮体为软式浮体，橡胶材质。连接结构连接浮体，中间嵌入气枪，气枪通过上气室卡瓦与连接结构相连（图2.3.4）。

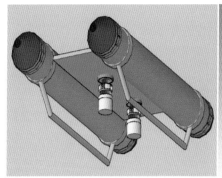

图 2.3.4 气枪浮体模块震源

2.3.2.2 后拖模块震源

后拖模块震源主要由气枪、空压机、气枪控制器、赫格隆前车、格赫隆后车和后拖模块震源组成(图 2.3.5)。后拖模块震源的底座为钢制箱式结构,支架为可解体结构。四枪组合,最大阵列总容积为 $1000in^3$。最大工作压力 $3000lb/in^2$。

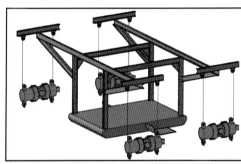

图 2.3.5 后拖模块震源

2.3.3 狭窄水域气枪震源系统

针对有些河流离入海口远,无法进行海上运输的问题,全系统采用标准集装箱化运输设计理念(图 2.3.6),双体可解体结构设计,拆装、运输方便,适合国际施工,整套系统可在简易码头完成组装。

针对河流水深较浅,海豚气枪震源系统(图 2.3.7)采用小型深设计,便于人员上下船及对气枪震源系统进行维护;双体设计既满足了集装箱化运输的要求,又提高了航迹的稳定性。采用双挂机作为推进器,具有较高的机动性。

针对河道狭窄,海豚气枪震源系统采用 3 浮体紧凑设计,吃水浅、运载能力大、航行稳定性高,可通过 7m 宽的桥墩,适合于狭窄的河流施工(图 2.3.8)。

针对狭窄水域水道弯曲,要求整个系

图 2.3.6 标准集装箱运输

统具有较高的机动性，海豚气枪震源系统创新地采用拖曳平台与阵列收放平台分离结构设计（图2.3.9）。

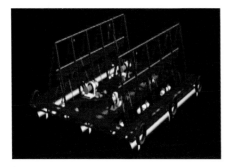

图2.3.7 海豚气枪震源系统示意图

图2.3.8 狭窄水域气枪震源系统
（采用了浮体紧凑设计）

图2.3.9 狭窄水域气枪震源系统（采用平台分离结构设计）

适用于河流等狭窄水域的海豚系列气枪震源系统为吃水浅、小型深、双船体的结构，标准吃水为0.8m。吃水浅设计适合于河流水深的具体情况；小型深设计便于人员上下船和对气枪震源系统维护；双船体设计既满足了集装箱化运输的要求，又提高了航行的稳定性。

2.3.4 封闭水域气枪震源系统

针对类似于新疆博斯腾湖、中亚里海等封闭水域无法实施气枪震源作业的行业难题，可解体气枪震源船创新地采用了可解体设计理念。整个震源船可解体为7块，每块均能实现陆路运输。

针对类似东非大裂谷众多湖泊无法实施气枪震源作业的行业难题，可解体气枪震源船采用气囊上下水工艺，组装、拆解不依赖于码头船。

设计时采用多功能设计理念，可实现单空压机小阵列、双空压机大阵列和单空压机拖缆3种作业功能（图2.3.10）。

适用于封闭水域的可解体气枪震源系统，采用模块式可解体结构，解体后经陆路运输可进入封闭水域，最大阵列总容积4000in^3。

2.3.5 浅海海域气枪震源系统

针对复杂水域频繁上下线激发作业的问题，采用大间距、双机推进系统设计理念，加大了舵的表面积，从而具备了良好的机动性能。

针对部分水域水深较浅的问题，船体结构采用小平底可坐滩结构设计，使作业水域可推进到2m水深。

针对单一作业模式无法适用多种海况的问题，采用多种作业方式集成设计技术，可根据海况实施侧吊、侧拖、后拖复合作业模式施工（图2.3.11），兼顾了侧吊模式的高机动性和后拖模式的高施工效率，从而可替代通常情况下由两艘不同类型的气枪震源船实施作业，节约了设备资源。在水深3~5m、浪或涌小于1m的海域施工时，采用侧吊作业模式；在水深大于4m、施工区域海面障碍较多、浪或涌大于1m的海域施工时，采用加装浮体的侧拖作业模式；在水深大于4m、施工区域宽阔、浪或涌大于1m的海域施工时，采用后拖作业模式。

 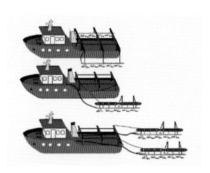

图2.3.10 封闭水域气枪震源船　　　　　图2.3.11 复合作业模式示意图

针对施工项目遍布全球，需要海豹气枪震源船进行全球运输的问题，该系统采用整体吊装结构设计，整船可实现全球海运（图2.3.12）。

适用于浅海海域的海豹系列气枪震源船具备整体吊装功能，可实现全球运输（图2.3.13）。船舶吃水不大于2.5m，可在2m水深激发作业。机动性能好，施工时上线快速，航线稳定。

图2.3.12 吊装作业　　　　　图2.3.13 浅海海域气枪震源船施工作业

2.3.6　模块化气枪震源系统

模块化气枪震源系统由7个功能模块组成，组装运输便捷，适于全球作业（图2.3.14）。在全球范围内，从接到震源系统需求指令至现场达到施工状态可在4个月内完成。

为了降低待工期间的成本消耗，可在待工期间解除船舶租赁合同，不需支付船舶费用，

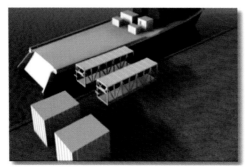

图 2.3.14　深海海域气枪震源系统示意图

大幅度节约了成本。

针对不同项目技术要求，可根据不同要求配置阵列模块和收放模块，改变各模块中子阵的数量和气枪的容积，适应具体项目的技术要求(图 2.3.15)。

模块化气枪震源系统利用高压空压机实现气动收放，工作可靠，操控平稳，节省液压动力系统(图 2.3.16)。

租赁的船舶在当地检验、核准，省去了船员签证问题，易于取得开工许可。

图 2.3.15　深海海域震源系统模块　　　　图 2.3.16　深海海域气枪震源系统施工

2.4　质量控制

一个典型的滩浅海地震数据采集项目是一个多系统联合协同作业的、复杂的系统工程。需要综合运用陆地、过渡带、浅海地震采集技术与装备，应用滩浅海两种地震记录仪器、多震源系统(气枪震源、炸药震源、可控震源)、多种检波器(陆检、沼检、水检及双检检波器)。同时，海上部分需要采用不同于陆地的导航定位系统，各工序的质量控制数据量大、要求高。

滩浅海地震数据采集质量控制技术主要有导航定位质量控制技术、气枪激发质量控制技术和地震数据质量控制技术，分别针对导航定位数据(GPS 定位数据、激发点定位数据、激发点误差、检波点定位数据等)、气枪激发数据(分析气枪压力、单枪及阵列总容量、沉放深度、激发同步性、是否存在自动触发等)、地震记录数据(检波器的阻值、仪器系统噪声、漏电、外界噪声、有效信号的强度、频率变化及排列的初至等)进行的在线监控和现场质控工作，可以确保综合导航、气枪激发和地震数据记录等关键工序的施工质量。

2.4.1 导航定位质量控制

综合导航定位系统是滩浅海地区海上地震作业的控制中心,除了控制气枪船作业导航、激发点定位、放缆船放缆定位等施工作业以外,还负责对其进行实时和现场监控,监控的内容主要有 GPS 定位精度监控、激发点点位误差控制和检波点点位误差控制等。

2.4.1.1 在线监控技术

导航定位的在线监控主要通过综合导航系统来完成。综合导航系统向用户提供了一套功能强大的质量控制手段。在每一条独立的作业船上用户可以根据作业船类型的相关模块记录质量监控所需要的数据。在作业母船上,可以定制每条作业船只的质量监控窗口及其对应的显示屏幕。这样,在母船上就能在线监控各条作业船只的作业及质量情况。图 2.4.1 是对放缆船只的在线监控窗口,图中清楚地显示放缆船坐标等信息。

此外,综合导航系统还提供了气枪控制系统的质量监控的接口。不管在气枪震源船或母船,都可以对气枪的激发时间同步情况、枪的沉放深度、枪压等数据进行实时显示(图2.4.2)。

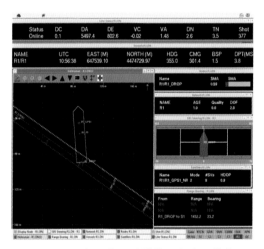

图 2.4.1 导航系统对放缆作业在线监控窗口　　图 2.4.2 导航系统对气枪作业在线监控窗口

具体到导航数据的在线监控,主要有定位数据质量控制、水深数据质量控制和 FixBox 质量控制等内容。

2.4.1.1.1 定位数据质量控制

定位数据质量控制主要从两个方面来控制数据质量:采集质量的控制和计算质量的控制。

(1)采集质量的控制。系统能够先解析由定位设备采集的位置数据质量参数,然后通过设备监控窗口实时将这些质量参数显示给用户,用户可以通过查看这些参数来评估当前的位置数据质量。系统能够对某些关键质量控制参数设置阈值,当参数当前值超过阈值的时候,系统会以报警的颜色通知用户,用户可以通过该报警了解导航状况。对于定位系统,一般配有两套定位系统,如果主定位系统的某些关键参数值在一定的时间内一直处于不良好状态,那么系统自动将当前的辅助定位系统转为主定位系统,然后当原主定位系统的定位数据质量稳定后,系统又自动重新将主定位系统由辅助定位系统转到原主定位系统上。

(2)计算质量的控制。控制参数主要包括当前位置数据与目标点位置数据之间的差值、当前位置数据沿着测线方向与目标点之间的数据的差值、当前位置数据沿着垂直于测线方向与目标点之间的数据的差值、当前速度与在沿着测线方向的速度分量、当前位置到目标点位置剩余的时间、主定位系统与辅助定位系统之间的实际位置差等。在导航过程中，用户可以为导航测线设置一个有效区域，当前船在有效区域外的时候，系统会报警。系统为舵手提供舵手窗口，该窗口显示当前位置沿着垂直于测线方向与目标点位置的差值，刻度可以动态调整，使得任意偏值都能够显示在舵手窗口中。

2.4.1.1.2　水深数据质量控制

水深数据质量控制指对当前测深仪采集的水深数据进行质量控制。一般导航定位系统提供水深窗口来绘制当前水深数据值，该窗口能够绘制最近一定时间内的所有水深数据。用户可以为系统设置一个最小水深值，如当前水深值低于最小值时，系统能够以不同的颜色对当前水深超限报警。同时在设备监控窗口中，用户可以查找关于当前水深值的质量参数。

2.4.1.1.3　FixBox 质量控制

FixBox 设备主要用于给枪控系统提供脉冲信号，传回枪控系统传给导航系统的关于当前激发成功的信息。FixBox 质量控制能够根据返回的数据实时报告给用户当前气枪激发情况，分为成功准时激发、延时成功激发、超时记录数据等。成功准时激发是表示气枪激发位置是在目标点正点上激发的；延时成功激发是表示气枪激发是在枪控给的延时时间段内激发的；超时记录数据是指 FixBox 在气枪震源正常激发后，没有收到枪控返回信号。导航系统在设置的延迟时后自动记录气枪震源位置，并报告用户当前记录是超时记录数据。

2.4.1.2　离线监控技术

2.4.1.2.1　GPS 定位精度质量

气枪震源船作业，一般同时启用两套定位设备，一套为主，另一套为辅，记录文件同时记录下两套定位数据，以及它们的差值，使定位导航的精度得到严格的控制。另外，当一套设备发生故障时，还可及时调整两套设备的主次关系，使导航放炮不中断，提高作业时效，为施工的顺利进行提供可靠的保证。当然，当两套设备的定位数据差值较大时，就要进行全面检查，查明原因并进行处理后方可正常施工。图 2.4.3 为双 GPS 定位精度监控图形显示，两个 GPS 定位相对误差均在±1m 范围内。

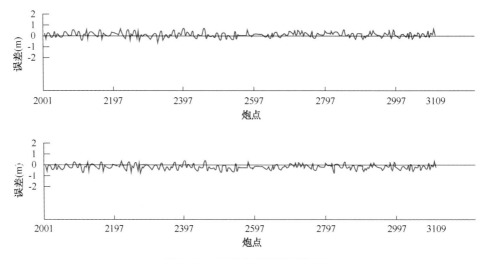

图 2.4.3　双定位系统坐标检查

2.4.1.2.2 激发点点位误差控制

实际数据采集作业过程中，气枪震源船可能会由于潮汐、水流、风浪等因素影响偏离设计航线，造成实际气枪激发点位偏离设计坐标。因此需要将理论设计坐标与实际坐标进行对比分析，根据分析结果将误差大的点位(超限点)进行标注，并进行补炮处理。如图2.4.4所示，图中有3个炮点超出了允许误差。

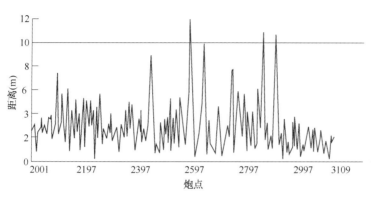

图2.4.4　点位误差图显示

2.4.1.2.3 检波点点位误差控制

OBC施工过程中，接收电缆(检波器)投放坐标为海面位置坐标，由于水深、潮汐、风浪、水流等因素影响，造成检波器放置在海底的实际位置偏离理论设计点位。施工过程中需要对海底检波器进行定位，确定检波点实际位置，并且对海底检波器的点位精度进行及时分析。图2.4.5为检波点实际位置与设计位置的误差显示，图2.4.6为检波点实际坐标与设计坐标的误差比较。

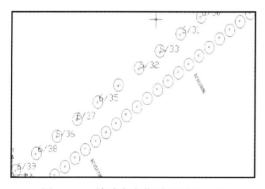

图2.4.5　检波点点位误差图形显示

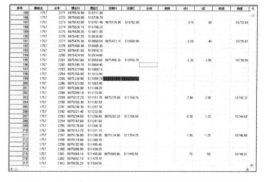

图2.4.6　检波点理论坐标与实际坐标的比较

2.4.2　气枪质量控制

在滩浅海地震勘探中，对气枪质量进行控制十分重要。通常，气枪质量控制主要包括对气枪工作性能，气枪子波特性，以及气枪与仪器、导航等系统联机与同步等方面的监控。下文重点介绍对气枪工作性能和气枪子波特性的监控。

2.4.2.1　在线监控技术

气枪震源在施工过程中，由于震动比较大，难免会出现机械故障，从而造成枪漏气、不同步等质量问题。另一方面，气枪震源工作在动态的环境中，由于海浪、潮流等因素的影响，往往会造成沉放深度的变化，从而影响气枪的激发能量。为了监控气枪在生产过程中是否正常运行，气枪枪控系统通过采集多种传感器的数据，实时处理和显示。如出现问题，系统会自动提出警告信息，以便实时了解枪的工作状况，发现问题及时解决。当然，枪控系统不同，在线监控的内容略有不同，但一般包括下面的内容。

2.4.2.1.1　气枪同步

气枪阵列在激发过程中，由于每个气枪的机械摩擦、气枪控制器系统精度不同，使得所有的气枪并不能完全确保在统一的基准点时刻激发，从而导致阵列的子波和频谱发生变化。

随着同步误差的加大，气枪阵列性能将随之变差。图2.4.7展示了气枪阵列子波、振幅谱随同步误差不同而产生的变化。从子波变化上看（图2.4.7a），随着同步误差范围的增大（±0ms，±0.5ms，±1.5ms），子波的峰—峰值及气泡比都相应降低；从振幅谱上看（图2.4.7b），随着同步误差范围的变化（±0ms，±1.5ms），较大的同步误差造成高频能量的降低。因此，控制气枪同步误差，尽量确保同步激发是保证地震资料品质的重要方面之一。

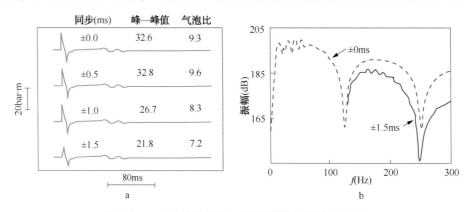

图2.4.7　气枪阵列子波、振幅频谱随同步误差变化

2.4.2.1.2　气枪容量

气枪阵列容量即为所有单只工作气枪的容积总和。根据不同工作容积的单只气枪具有不同气泡周期的特点，将选定工作容积的气枪按照优选的位置，组成气枪阵列。每个项目开始前，要依据气枪阵列的数字阵列对每只气枪进行检查核对。气枪激发过程中，气枪容量由枪控来进行在线监控，一般情况下容量保持不变。

2.4.2.1.3　气枪激发工作压力

气枪激发工作压力是指气枪在激发时工作气室的压力。施工中，由于各种原因，例如空压机供气、气管漏气等，使得气枪工作压力不能满足额定工作压力的要求范围。因此，气枪工作时，每个子阵列至少安装一个气路压力传感器。气路压力传感器靠近每个子阵列中最大容量气枪处。传感器读取的压力数值，可以显示在电脑屏幕上用于监测，在线监控阵列在施工过程中的压力大小。当压力低于额定值时，系统报警。一般额定工作压力为2000lb/in²，气枪的工作压力范围是额定压力的±5%。

2.4.2.1.4　气枪沉放深度

气枪沉放深度是指气枪的出气口与水面的距离。一般要求每个子阵列应至少有两个深度传感器，两端各安装一个。这样，气枪工作时，可以对深度传感器数值进行实时记录、显示和保存，还可以记录在地震数据道头中，当传感器的平均值超出要求的范围之外时，系统报警。

通常，气枪沉放深度由整个震源所有的深度传感器的平均值确定，用于监控震源深度的深度传感器精度不低于±0.05m。

2.4.2.1.5 阵列几何尺寸

阵列几何尺寸是在设计阵列时确定的。在每个子阵中，枪杠上的吊点位置是确定的，这就确定了每组气枪之间距离。为了提高阵列几何尺寸控制精度，通常按照合同中所规定的阵列大小设计出阵列，设计好气枪阵列进行机械安装，然后测量出实际几何尺寸，再根据实测的几何尺寸提交阵列设计图。

在实际施工中，整个阵列要沉放在水中。由于受到波浪及水流的影响，子阵之间的间距会发生变化，每个子阵装有 RGPS 定位装置，用于监测子阵间距大小。一般要求，统计炮线和排列平均的子阵列间距应保持在标定值的±5%范围内；整个炮线或排列上的子阵列间距保持在标定值的±10%的范围内的炮点达到 90%。

2.4.2.1.6 气枪阵列关枪标准

在实际作业中，气枪阵列往往配备了几十条气枪，现场随机性出现的气枪故障问题，会造成作业人员很难根据关枪标准立刻做出定量的判断。所以，这就有必要在作业前对阵列中所有枪及任意组合的枪进行关枪的定量评估分析，也就是要进行关枪分析，从而形成一份全面的统计数据报告。这样，野外作业时不管哪支枪或哪几支枪出现问题，都可以在该报告中即时地查询到，并能够立刻明确出现问题的阵列指标是否还在关枪标准的范围内，指导野外现场作业。

图 2.4.8 展示的是一份关枪报告的一部分。作业人员可以在关枪报告中迅速地查询到任何一支枪或任意几支枪关掉后阵列的性能指标，包括主峰值、气泡比等，同时还可以查询到关枪后的阵列与原设计阵列的变化情况。

关枪号		容量	主峰值	变化率	气泡比	变化率	归一化相关系数	平均绝对偏差	最大绝对偏差
全阵列			23.97	0.0	20.99	0.0	1.00000	0.00	0.00
1		100	23.17	-3.3	22.76	8.4	0.99939	0.36	1.20
2		50	23.60	-1.6	20.76	-1.1	0.99990	0.14	-0.40
3		30	23.60	-1.6	20.99	0.0	0.99991	0.14	-0.40
4		40	23.59	-1.6	22.54	7.4	0.99985	0.17	-0.57
5		40	23.59	-1.6	22.65	7.9	0.99987	0.17	-0.53
6		70	23.47	-2.1	17.83	-15.1	0.99926	0.32	-1.25
7		70	23.46	-2.1	18.23	-13.1	0.99931	0.31	-1.20
8		100	23.51	-1.9	20.23	-3.6	0.99933	0.29	1.57
9		100	23.48	-2.0	20.43	-2.6	0.99939	0.29	1.44
10		80	23.55	-1.7	20.37	-3.0	0.99979	0.20	0.63
11		80	23.52	-1.9	20.53	-2.2	0.99983	0.20	0.67
12		80	23.54	-1.8	20.44	-2.6	0.99982	0.19	0.71
13		180	23.20	-3.2	20.07	-4.4	0.99969	0.44	2.45
14		180	23.18	-3.3	20.02	-4.6	0.99969	0.44	2.42
15		180	23.14	-3.5	20.15	-4.0	0.99981	0.45	2.32
16		80	23.11	-3.6	23.29	10.9	0.99941	0.37	2.43
1	2	100 30	22.74	-5.1	21.39	1.9	0.99939	0.49	1.79
1	3	100 30	22.74	-5.1	21.52	2.5	0.99942	0.49	1.84
1	4	100 40	22.78	-5.0	21.30	1.5	0.99882	0.56	2.16
1	5	100 40	22.78	-5.0	21.30	1.5	0.99883	0.55	2.17
1	6	100 70	22.66	-5.5	20.48	-2.4	0.99859	0.58	-1.49
1	7	100 70	22.66	-5.5	20.99	0.0	0.99869	0.58	-1.43
1	8	100 100	22.70	-5.3	22.33	6.4	0.99916	0.51	1.32
1	9	100 100	22.68	-5.4	22.36	6.5	0.99916	0.52	1.28
1	10	100 80	22.75	-5.1	22.94	9.3	0.99926	0.49	1.32
1	11	100 80	22.72	-5.2	22.89	9.1	0.99936	0.48	1.26
1	12	100 80	22.74	-5.2	22.89	9.1	0.99933	0.48	1.26

图 2.4.8 关枪报告部分内容实例

现场的气枪操作人员可根据施工技术标准中的关枪标准，根据故障气枪的实际情况来实施关枪作业。我国石油行业标准对气枪关枪标准要求：

（1）关掉坏枪后，只允许由阵列中与其相同容量的备用枪来替换；

（2）关掉某只或某几支枪后，峰—峰值不小于额定容量峰—峰值的 85%；

（3）关掉某只或某几支枪后，气泡比不小于额定容量气泡比的 85%；

（4）关枪后的频谱与原阵列频谱相关系数不小于 0.998。

2.4.2.2 离线监控技术

在气枪激发过程中，尽管枪控系统能够对气枪的同步、枪压等参数进行在线监控，但是系统界面只显示当前激发炮点信息。因此，除了对气枪的实时质控以外，每天生产结束后，技术人员还需要对气枪激发参数进行系统的分析和控制。

2.4.2.2.1 气枪激发参数分析与检查

气枪的各种激发参数，如气枪的压力、单枪及阵列总容量、气枪沉放深度、各气枪激发的同步性、是否存在自动触发等一般保存在枪控系统的一个二进制过程文件中，现场技术人员通过读取该二进制过程文件，可以对气枪激发参数进行数据分析和研究。如统计分析相关炮线或束线的激发点气枪激发信息，对整条炮线或束线的激发点信息进行明确判断；连续显示水深数据，系统了解水深变化趋势，以及水深数据的缺失情况；显示气枪同步统计数据，及时掌握气枪同步数据变化规律；系统掌握因导航定位等原因引发的漏炮、空炮等现象。检查分析的方法主要有单一参数分析与检查，以及多参数的综合分析与检查等方法。

图2.4.9是单一气枪激发参数分析显示实例。横坐标表示炮序号，序号从1到100、共100炮。纵坐标是所要分析的气枪激发参数，分别表示气枪压力、气枪容量、气枪点火时间和气枪沉放深度等。理论设计要求，气枪压力2000lb/in²、气枪容量1200in³、气枪点火时间50ms、气枪沉放深度2.5m。经过分析，可以清楚看出，两个子阵（分别以string1和string2表示）的实际施工中的气枪压力为1800～2200lb/in²（图2.4.9a）、气枪容量约1200in³（图2.4.9b）、每条枪或相干枪（分别以A1、A2、A3……表示）的气枪点火时间为50～52ms（图2.4.9c）、每条或相干枪（分别以A1、A2、A3……表示）的气枪沉放深度2～3m（图2.4.9d）。分析结果显示，这100炮的气枪激发参数合格，达到施工要求。

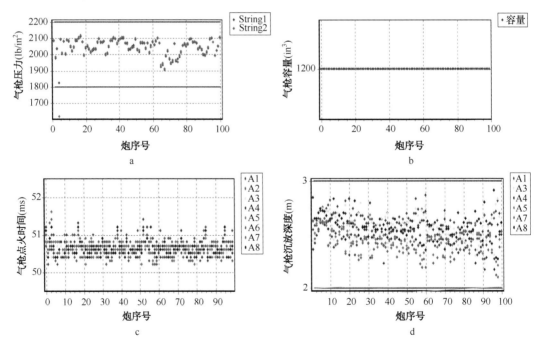

图2.4.9 单一气枪激发参数分析显示图

a—气枪阵列压力统计分析图；b—气枪容量；c—气枪点火时间；d—气枪沉放深度

除了上面所述的单一、分类分析方法，实际生产时有时采用编程的方式对气枪激发参数进行综合分析。图2.4.10将气枪压力、点火时间（时差）、气枪沉放深度（水深）、炮点位置

(桩号)显示在一个视窗中。这种分析方法的好处是，可以综合对比分析，特别是对于气枪激发参数超标的炮，通过参数与参数之间的对比分析，可以很容易找到问题所在。

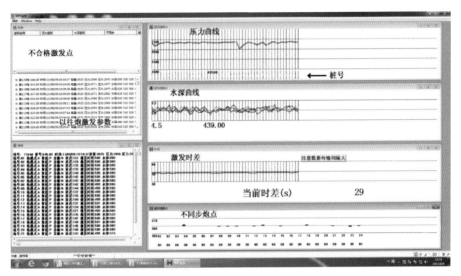

图2.4.10 气枪激发参数综合统计分析图

2.4.2.2.2 近场子波一致性分析与检查

气枪阵列中的单枪或相干枪一般都要配一个近场检波器，单个阵列组件通过检波器响应接收近场子波信号。近场检波器应安装在距离对应气枪中心或组合枪中心1m处。在气枪激发过程中，气枪近场信号保存在枪控系统中或记录在地震记录辅助道中，以便每天生产结束后对其进行及时的分析。

通过检查气枪近场子波，及时了解气枪工作的同步、稳定性，炮与炮之间的一致性，以及近场检波器本身的工作状态。现场分析方法和步骤是，输入HYD文件，分选输出子波数据，数据显示，检查近场子波一致性。子波数据分选方法主要有两种：（1）相同近场检波器不同炮近场子波数据分选，然后排齐显示，主要用来检查炮与炮之间的子波差异，以及气枪工作性能的稳定性（图2.4.11a）；（2）同一炮、同一枪阵内不同近场检波器的近场子波数据分选，分析不同近场检波器接收的近场子波的差异，间接了解枪与枪之间的同步情况（图2.4.11b）。最后根据技术标准要求，及时发现不符合技术标准的近场检波器或炮。

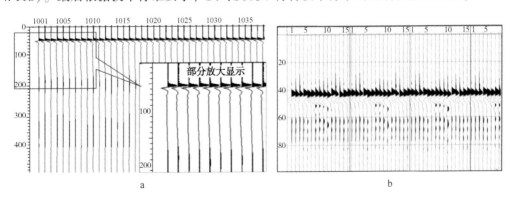

图2.4.11 近场子波一致性检查记录

a—同一近场检波器不同炮气枪近场子波排齐记录；b—同一枪阵内不同近场检波器气枪子波

2.4.3 地震数据质量控制

滩浅海地区地震数据质量控制主要有在线监控和现场监控，在线监控是指在作业过程中对地震数据进行的实时控制和分析，如仪器对野外排列的噪声、漏电、点位等在线监控，以及仪器 QC 软件对原始地震数据的实时分析等。现场监控主要指在每日生产结束后，技术人员对仪器 log 文件、地震原始资料等进行的及时检查与分析，以便及时发现、解决问题，指导第二天的生产。

2.4.3.1 在线监控技术

仪器在线监控是滩浅海作业(尤其是海上 OBC 地震数据采集过程)中是最重要的质控环节，贯穿整个过程控制。仪器监控的好坏直接影响到采集质量。通常情况下，每天施工前，进行仪器的日检和电缆测试，合格后，进行环境噪声、漏电、点位检查等测试。施工中，仪器对野外各环节，诸如噪声强度、漏电阻值、点位偏移、水深变化、开关枪等情况进行全方位监控。施工后，将仪器日检、磁带、班报，以及仪器 log 文件等相关资料整理归档。

2.4.3.1.1 环境噪声的在线监控

滩浅海作业环境是动态而时刻变化的，环境噪声是影响采集质量的一个重要因素。通过环境噪声的实时监测，现场技术人员可以实时了解作业环境的变化、噪声的干扰程度，及时发现问题，并及时解决，以确保采集质量。

滩浅海作业对环境噪声监控主要有定量监控和定性监控两种方式。定量监控主要是通过仪器实时检测野外排列每道的振幅值，一般以 μV 或 dB 表示。实际操作时，一般设立门槛值如 $60\mu V$，对噪声干扰严重超标的道进行标注或特殊颜色显示。图 2.4.12 是 OBC 作业仪器实时噪声监控显示窗口，绿色显示的是噪声干扰较大的排列道，红色显示的是超标的排列道。

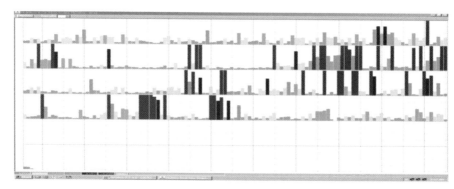

图 2.4.12 环境噪声监视

定性监控主要是通过仪器监视地震记录的面貌和品质，综合分析环境噪声对资料品质的影响。图 2.4.13 是地震监视记录，图 2.4.13a 和图 2.4.13b 分别是屏幕和记录显示方式，从图中可以清楚地看出环境噪声对资料品质的影响程度。

2.4.3.1.2 检波点点位的在线监控

由于地表的复杂性及海水动力作用等因素的影响，往往导致检波点的位置不准确。对检波点点位的在线监控主要是通过实时显示的单炮记录的初至初步判断检波点点位的准确性。在施工过程中如果初至出现较大的偏差，则需要进行检波点的重新定位。

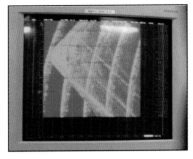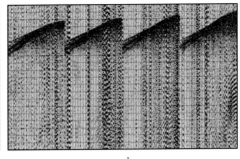

图 2.4.13　地震记录监视

a—监视记录屏幕显示；b—监视记录

2.4.3.1.3　检波点漏电的在线监控

对检波点漏电阻值的检查是施工中在线监控的最重要参数之一。仪器在采集过程中实时计算每个检波点的漏电阻值，并通过图形显示的方式显示出来。如果检波点的漏电数量超出规定的范围，则需要更换检波器。

2.4.3.1.4　其他参数的在线监控

仪器在采集过程中还实时计算检波器的阻值、地震记录的能量强弱、频率、信噪比等。这些参数一般都可以在仪器监控屏幕上实时显示。

2.4.3.2　离线监控技术

每天野外采集的数据，现场技术人员都要进行及时检查与分析。与陆上地震勘探不同的是，滩浅海作业除了关注施工质量、资料品质外，对专用设备使用、性能指标等关键要素的质控要求比较高。

2.4.3.2.1　检波器接收性能检查

滩浅海地震资料采集对野外检波器接收效果质控要求高，除了放炮过程中实时质控以外，每天收工以后，现场技术人员还需要对野外布设的检波器的电阻率、漏电率、噪声等进行重点分析。表2.4.1是渤海湾某三维OBC采集项目检波器接收性能数据分析统计表。表中详细地统计分析了每天野外接收排列的漏电、噪声、阻值等情况，以及是否满足作业标准和要求。

表 2.4.1　渤海湾某三维 OBC 采集项目检波器接收性能数据分析统计表

排列线号	漏电			检波器个数				噪声				总道数
				9999 开路		阻值超标						
	不大于 0.2MΩ	不大于 0.1MΩ	不大于 0.05MΩ	水检	陆检	水检	陆检	不大于 60μV	60～ 100μV	100～ 200μV	大于 200μV	
1	21	19	16	3	2	9	4	446	30	2	0	239
2	24	20	14	6	4	13	7	455	18	1	4	239
3	36	27	21	7	3	11	4	449	21	4	4	239
4	26	23	20	4	2	6	2	452	19	4	3	239
5	32	23	18	2	2	6	3	458	13	2	1	239
6	41	34	24	8	2	13	7	440	30	3	5	239

排列线号	漏电			检波器个数				噪声				总道数
				9999 开路		阻值超标						
	不大于 0.2MΩ	不大于 0.1MΩ	不大于 0.05MΩ	水检	陆检	水检	陆检	不大于 60μV	60～100μV	100～200μV	大于 200μV	
7	27	17	16	5	5	13	8	445	27	3	3	239
8	25	17	12	6	4	10	7	444	29	3	2	239
9	26	20	13	4	2	9	4	437	34	6	1	239
10	33	26	22	9	3	16	7	439	21	15	3	239
11	33	28	26	3	4	6	6	393	60	23	2	239
12	27	23	19	3	3	3	3	414	44	17	3	239
合计	351	277	221	60	36	115	62	5272	346	83	31	2868
占比	6.12%	4.83%	3.85%	2.09%	1.26%	4.01%	2.16%	91.91%	6.03%	1.45%	0.54%	50.00%

除了分束线或排列的数据统计分析，现场一般还要对检波器接收效果逐一分析。通常采用曲线图的方式，图 2.4.14 是相同排列不同检波器接收效果逐点分析图，横坐标表示检波器的点号或桩号，纵轴对应是检波器性能指标值。图 2.4.14a，b，c 分别显示的是检波器的漏电、阻值和噪声等。这样，每个检波器工作状态就非常清楚，对指标异常的检波器进行整改也十分方便。

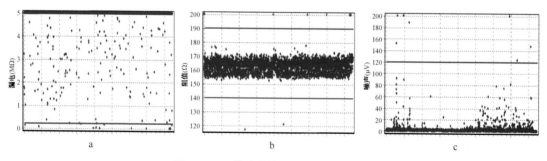

图 2.4.14　检波器接收效果逐点分析图
a—漏电；b—阻值；c—噪声

2.4.3.2.2　海底检波器接收点位检查

滩浅海作业通常需要将检波器放置在海底，这样对海底检波器接收位置的检查就显得尤为重要。在施工现场通常有两种检查方法：一是统计分析法；二是资料处理分析法。

统计分析法：其检查分析方法与检波器接收性能检查相雷同，采用数据统计和逐点分析两种方法。数据统计法主要针对某一束线或某一排列，重点检查点位偏差是否满足作业标准和施工要求。逐点分析法主要就某一具体检波器位置进行分析。图 2.4.15 是检波器接收位置逐点分析曲线图，横坐标表示海底检波点桩号或点号，纵坐标表示检波器偏移量，纵轴 0 线指示的是检波器理论设计位置，粉红色是一次定位位置，蓝色表示二次定位位置，即海底检波器位置。从图 2.4.15 中可以非常清楚地看出每个检波器的点位偏移情况。

资料处理分析法：一般应用现场处理系统的线性动校正、初至拟合及共偏移距道集等处理模块或功能来进行检查。

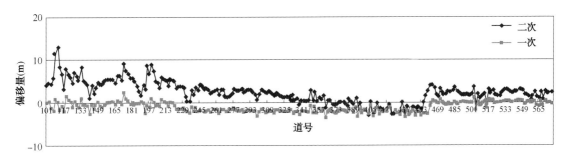

图 2.4.15　检波器接收位置逐点分析曲线图

滩浅海勘探炮点定位大都与激发同步，位置准确。线性动校正多用于检查电缆位置的准确性。图 2.4.16 是线性动校正、拟合记录，图中显示经线性动校后的记录初至平缓，呈规则性变化，拟合度好，说明电缆位置准确，检波点点位偏移小。

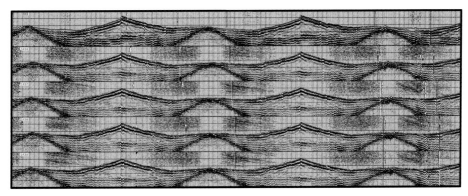

图 2.4.16　线校、初至拟合记录

初至拟合主要是利用初至拟合模块，显示拟合曲线，快速检查炮点或检波点位置正确与否。拟合曲线与初至拟合越好，说明位置越准确。图 2.4.17 是初至拟合记录。其中，图 2.4.17a 是初至拟合用来检查炮点的记录，由于气枪激发点位置准确，单炮记录的拟合效果非常好。图 2.4.17b 是用于检查电缆位置的初至拟合记录，通常放大显示，这样当电缆位置发生偏移时，通过初至拟合方法便很容易发现。

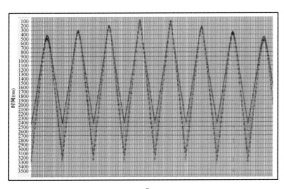

a

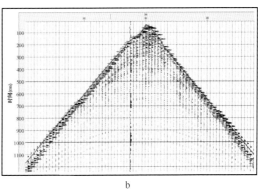

b

图 2.4.17　初至拟合记录

a—检查炮点位置；b—检查电缆位置

2.4.3.2.3 干扰波分析

滩浅海勘探始终处于一动态的作业环境，噪声干扰严重，对设备要求高，通过分析噪声可以及时了解作业环境的变化及设备工作状态，指导施工。

图2.4.18是滩浅海勘探常见的干扰波分析记录。图2.4.18a记录面貌因枪自激影响，存在明显的多初至现象；图2.4.18b噪声干扰严重，结合当时的作业条件、潮汐变化规律，便可了解到潮汐变化对资料品质的影响程度；图2.4.18c记录左侧存着明显的相干噪声，结合当时海上船只情况，可以推断出这种规律的相干噪声是由于接收排列上有船只航行、螺旋桨转动造成的；图2.4.18d是海上施工常见的侧反射干扰记录，一般是由海防堤坝、海防路、海沟及过往船只影响形成的。

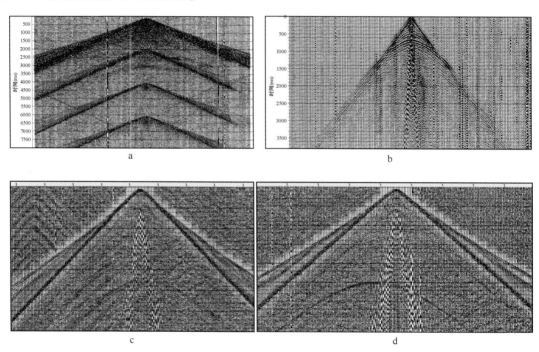

图2.4.18 滩浅海勘探常见的噪声干扰分析记录

a—枪自激；b—潮汐干扰；c—船只干扰；d—侧反射

2.4.3.2.4 信噪比分析

地震记录信噪比的高低是衡量地震记录品质的重要指标之一。特别是滩浅海勘探，施工作业现场经常需要对原始地震资料进行信噪比估算来评价地震记录的质量。

信噪比估算方法很多，滩浅海勘探经常采用有效信号的均方根振幅值和背景噪声的均方根振幅相比来估算信噪比。为方便分析，一般先对单炮记录作线性动校正，然后针对线性动校后的地震记录作分析，这样便可将初至前的视为背景噪声，初至后视为有效信号。

图2.4.19为某一实际项目连续3天的地震记录信噪分析曲线图。为了更为直观地显示与比较，将气枪和炸药激发记录的信噪比数据分成两条曲线分别显示：蓝色区域表示气枪激发记录的信噪比曲线；红色区域表示炸药的信噪比曲线。图中清楚地显示这3天地震资料的信噪比变化，以及炸药和气枪记录信噪比的差异。炸药记录信噪比明显高于气枪记录，与实际记录的信噪比变化趋势一致。值得注意的是，图中标注的文件号为219的炮点信噪比值出现了较大的异常，经过核查，该炮在放炮过程中炸药爆炸不充分，能量弱。

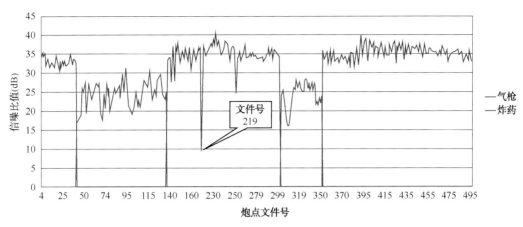

图 2.4.19 信噪比分析图

2.4.3.2.5 叠加近道数据体检查

束线与束线之间、接收条件、潮汐的变化等影响带来的采集痕迹或资料的缺失，有时需要借助叠加近道数据体来分析。其常规处理方法是，定义工区大网格，加载观测系统，提取近道数据，速度分析，初叠加，生成时间切片，抓图输出 gif 文件（图 2.4.20）。施工现场通过叠加数据体主要用来检查采集数据是否完整，以及束线与束线之间的资料变化，一般按照 Inline、Crossline、Time slice 三个方向提取数据形成剖面，检查原始数据体的质量。

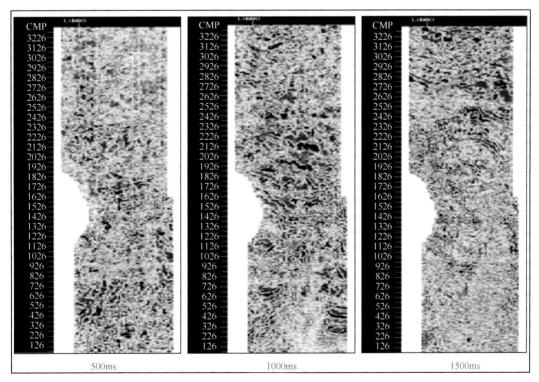

图 2.4.20 近道叠加数据体时间切片

2.4.3.2.6 SPS 数据的整理与检查

滩浅海地震勘探通常使用多类型接收设备、多种激发震源，且海底检波器点位时常发生偏移，因此，滩浅海勘探的 SPS 数据整理除了陆上常规步骤以外，还需要关注两点：

（1）炮点索引。如果观测系统设计时炮点有重叠，把炮点文件中第一次完成的炮点索引修改为1，第二次重复的炮点索引修改为2，依此类推。同时要把 X 文件中对应的炮点索引修改一致。

（2）检波点索引。在滩浅海施工过程中，检波点往往会受到海流或船舶的拖带等因素的影响而发生偏移，此时检波点需要重新定位。每重新定位一次，检波点的索引值就需要人为地修改，此时在 X 文件中相应文件号的检波点索引值及通道号也需要修改。

2.4.3.2.7　辅助道检查与分析

辅助道主要用于验证气枪震源与仪器同步性、气枪震源各枪之间的同步性。一般抽取辅助道中的气枪 TB 信号和仪器脉冲信号，来检查各气枪和仪器之间的同步性。图2.4.21是一气枪与仪器之间的联机响应分析记录，图中显示气枪 TB 信号清晰稳定，与仪器同步较好。

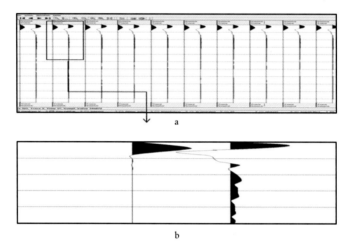

图2.4.21　气枪与仪器之间的联机响应分析记录

b 图是 a 图中相邻道的放大显示

2.5　发展展望

2.5.1　滩浅海宽频带、宽方位、高密度三维地震勘探技术

随着地震勘探技术、装备的进步，宽频带、宽方位、高密度三维地震勘探技术得到快速发展。与常规三维地震勘探相比，宽频带、宽方位、高密度三维地震勘探能够获得更高分辨率、更高信噪比的地震数据，同时为储层的各向异性研究、油气识别提供了数据基础，解决地质、构造问题的能力明显提高。近年来，陆上（尤其是以陆地可控震源高效采集技术为支撑的）宽频带、宽方位、高密度三维地震勘探技术在一些地区的勘探项目中已得到推广应用，深海拖缆（多船联合作业）宽方位、高密度采集技术也得到快速发展，并将成为深海拖缆高精度地震勘探的主要技术手段。

作为滩浅海地区地震勘探的重要组成部分，浅海 OBS 地震采集技术向宽频带、宽方位、高密度三维地震勘探技术方向发展成为必然。但滩浅海地区特殊复杂的地震勘探作业环境和作业特点，给宽频带、宽方位、高密度三维地震勘探技术在该类地区的实现提出了更为严峻的挑战。

2.5.1.1　宽频气枪震源

宽频气枪震源是实现海上宽频带地震数据采集的基础。近年来，为改善气枪震源激发子波频谱特征，国际上开展了立体气枪阵列、延迟激发气枪阵列的研究。利用双检(陆检、水检)相位特征和陆检响应的方向性可以有效压制接收点端虚反射的影响。同样，利用立体或延迟激发气枪阵列中不同单枪或子阵列激发的地震波到水面的时间差可以减弱或消除炮点端虚反射的影响，改善资料品质。另外，随着气枪制造技术及气枪阵列设计技术的进步，有效降低气泡振荡对气枪子波频谱的影响、减小气枪阵列子波频谱低频端振荡、提高低频(例如5Hz左右)能量(图2.5.1)，同时拓展高频将成为可能。

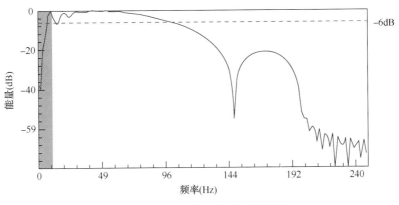

图 2.5.1　相干气枪阵列子波频谱
气泡引起低频端振荡，低频端能量弱

2.5.1.2　宽频检波器

与宽频气枪震源配套的宽频检波器是实现海上宽频带地震数据采集的另一重要装备。目前，国际上数字检波器已经应用到海底地震数据采集中(如Sercel公司的SeaRay海底电缆地震数据采集系统)。与模拟陆检相比，数字检波器动态范围大(90dB)、频带宽(理论上为0~500Hz)，低频端3Hz以上都有较好的频率响应，可满足宽频地震勘探要求。但目前用于海底地震数据采集的压力检波器低频端响应一般为10Hz，不能满足宽频地震勘探需要。因此，宽(低)频压力检波器将是未来几年发展的重点，配合宽频气枪震源，可以有效拓宽海底地震数据宽频宽度。

2.5.1.3　高性能地震采集仪器系统

实现以大道数为基础的宽方位、高密度地震数据采集，需要有性能优异的地震采集仪器系统作保障。目前法国Sercel公司的SeaRay海底电缆地震数据采集系统可实现100000道(2ms采样率实时采集)数据采集。对于4分量，单线最大可管理400个接收点的数据(2ms采样率，25m点间距)。通过增加大线控制接口单元，可以实现更多接收点的数据采集。美国ION公司生产的新一代海洋海底电缆(OBC)采集系统Calypso，其单缆、基于浮标记录系统(每条电缆一端配一个浮标，仪器主机、供电系统等置于浮标内)的独特设计，可实现灵活的排列配置，根据需要配备道数，满足大道数、宽方位采集需要。随着大道数、宽方位、高密度地震勘探需求的增多，实时带道能力更强、排列布设更灵活的海底地震采集仪器装备将会得到快速发展。

2.5.1.4　海底高密度三维地震勘探技术

地震数据采集的高密度是一个相对概念，一般以单位面积道密度为衡量指标。但单纯考虑单位面积道密度存在一定缺陷，当检波点间距与接收线间距，或炮点距与炮线距相差较大时(目前一般为4~8倍)，则造成空间采样的不均匀，直接影响叠前成像效果。因此，高密度地震数据采集需要充分考虑叠前成像处理对空间采样的要求，即需要更加注重空间采样的均匀性和连续性，而不是简单的单位面积道密度指标。理想的高密度地震数据采集方案应该满足空间均匀、充分采样，即检波点、炮点在平面上均匀分布，且检波点密度与炮点密度相同，检波点间距、炮点间距、接收线间距、炮线距相等，且间距大小均满足最高频率无假频采样，即充分采样的要求。

实现理想高密度地震数据采集，需要投入巨大的成本，从经济角度考虑可行性小。因此，实际应用时应考虑技术要求和作业成本。海底地震数据采集在这方面有其独到的优势。海底地震采集最大特点之一就是气枪激发效率高，作业成本低，而排列(检波器)铺设效率低，作业成本高，且设备购置成本高。利用气枪激发效率高、作业成本低的特点，优化采集观测系统，采用多放炮的方法，实现炮点均匀、充分采样，将检波点稀疏、均匀布设在海底，实现检波点均匀采样。随着气枪震源高效作业技术的发展，这种相对简化的高密度海底地震数据采集技术必将发挥重要作用。

2.5.2 气枪震源高效激发技术

对于高密度海底地震数据采集，与常规采集相比，气枪震源激发工作量将会成倍增加。因此，要更经济地实现高密度海底地震数据采集，必须从技术上解决气枪震源高效作业问题，提高作业效率，降低采集成本。目前陆地可控震源高效采集技术(如滑动扫描 Slip-Sweep、滑动扫描同步激发 DSSS+Slip-Sweep、距离分离同步激发 DSSS、独立同步扫描 ISS 等)极大地提高了陆地可控震源高密度采集的作业效率。借鉴陆地可控震源高效采集技术理念，结合气枪震源作业特点，双气枪震源交替激发、双气枪震源距离分离同步激发、4 气枪震源距离分离同步交替激发等高效激发技术应该是可行的。

实现气枪震源高效激发，与高效激发作业方式相适应的导航协调控制技术是基础。对于"双气枪震源距离分离同步激发"、"4 气枪震源距离分离同步交替激发"或更高效的激发技术，除了与高效激发作业方式相适应的导航协调控制技术，还需要可靠的重炮数据分离技术。如果重炮数据分离技术可以适应不同情况(如更近距离的重炮)下重炮数据的分离需要，上述气枪震源高效激发技术的应用条件或许可以放宽，并且可能有更加高效的作业方式。

2.5.3 泥枪震源

目前，对于潮间带(或沼泽)地区地震数据采集，除了炸药震源，还没有其他可行的解决方案。受作业环境的限制，陆地可控震源不能进入，普通气枪震源由于水浅不满足激发条件，炸药震源似乎成了唯一的选择。但炸药震源会带来环境和安保问题，对于环境敏感地区或安保高风险地区，一般很难取得炸药许可。因此必须寻找一种炸药震源的替代震源，以解决该类地区地震数据采集激发问题，泥枪震源可能是比较现实的选择之一。

泥枪震源是应用大容量气枪在一定深度的井筒内激发地震波的一种震源。对于泥枪震源的研究应用可以追溯到 20 世纪 80—90 年代，但由于配套系统的稳定性差、作业效率低等原因，其后期的发展一直处于停滞状态。2013 年，BGP 在前人研究的基础上，开展了泥枪震源激发试验，明确了在一定条件下泥枪震源系统可以获得满足地震勘探要求的激发效果。

由于单枪激发能量有限，为提高激发能量需进行多枪组合。泥枪在井筒内激发，不会对水生物造成大的影响，因此可以通过提高枪压进一步提高激发能量。随着环保、安保要求的提高，必将推动泥枪震源系统的进一步发展和完善，以满足潮间带(或沼泽)地区地震数据采集工业化生产需要。

随着技术的进步和勘探精度要求的提高，除了推动上述技术快速发展外，与滩浅海地震勘探特点和精度相关的精确的检波点布设与定位、精确的海底调查、高精度潮汐校正、基于叠前成像数据处理要求的采集设计等技术也必将得到进一步发展和完善。

3　海底地震数据采集(OBS)技术

海底地震数据采集(OBS)是一种把地震数据接收传感器直接布设在海底进行地震数据采集的方法。根据其接收设备的不同,可分为海底电缆地震数据采集(Ocean Bottom Cables 简称 OBC)和海底节点地震数据采集(Ocean Bottom Node 简称 OBN)。海底地震数据采集装备一般配备多分量检波器,可实现多分量地震勘探,能提高一些特殊区域(气云区)的成像问题,双检接收(压力检波器和垂直分量的速度检波器)能压制海底鸣振提高地震资料品质。相对于固定道距的拖缆,检波点布设更灵活,能更好地满足海上油田设施区等复杂海况条件下地震采集作业。与拖缆地震采集相比,检波点可重复性好,可更好地满足海上四维地震采集需要。通过增加炮密度、合理布设检波点,可更经济地实现海上高密度、宽方位地震勘探。由于上述特点和优势,海底地震数据采集技术逐渐被油公司所认可。

海底电缆(OBC)地震数据采集技术是将布设在海底地震数据接收器得到的数据通过电缆的方式实时传输到远程的数据储存设备中的一种地震数据采集方式。图 3.0.1 为海底电缆(OBC)地震数据采集作业施工示意图。该技术的发展也有其特殊的需求背景,早期主要是用来填补过渡带地震勘探技术和深海拖缆地震勘探技术在特定区域不能作业的空白区(例如,在有一定水深并存在采油平台或钻井平台等障碍物的勘探区域)。由于水深的原因,过渡带地震勘探的设备在漏电指标上不能满足技术要求,而且平台等对拖缆地震采集存在极大的安全风险。为解决上述特殊地区地震勘探问题,推出了海底电缆地震勘探装备。随着技术装备的发展和应用,海底电缆地震数据采集技术逐渐分支出来成为单项地震勘探技术。

图 3.0.1　海底电缆地震数据采集作业施工示意图

海底节点(OBN)地震数据采集技术是把海底地震数据接收器(检波器)及相应的时钟单元、数据储存和电池等集成在一起具备独立记录数据单元(简称节点,Node)布设在海底进行地震数据采集的方式。图 3.0.2 为海底节点地震数据采集施工示意图。随着海洋地震勘探对地震资料成像精度的不断提高,要求获取宽方位、高覆盖次数的海底接收地震资料。由于海洋特殊环境导致海底电缆(OBC)地震数据采集操作难度大、作业安全风险高,而 OBN 以其分散式易布设且独立轻巧的数据采集单元弥补了 OBC 的不足，且能满足宽方位、高覆盖等技术要求，因此，OBN 得到认可，逐步取代了 OBC 作业模式，特别是在深水区其优势更为明显。

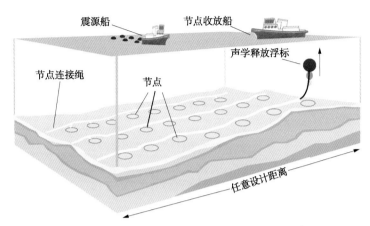

图 3.0.2　海底节点(OBN)地震数据采集施工示意图

从图 3.0.1 和图 3.0.2 上可知，不论海底电缆(OBC)还是海底节点(OBN)地震数据采集模式，它们都是把接收器按观测系统设计要求布设在海底进行接收，不同的是 OBC 把记录的数据实时传输到远程的记录单元，OBN 是把数据直接记录在与接收器在一起的存储单元中，在收起节点时再卸载地震数据。气枪船(激发设备)在海面上按观测系统设计要求激发地震波，从而达到地震勘探的目的。另外，由于其接收设备布设在海底，检波点的定位问题是海底地震数据采集中非常重要的问题之一。

从表面上看，海底地震数据采集(OBS)方法是陆上地震数据方法向海洋的延伸，但由于海洋作业环境、装备等与陆地不同，导致其与陆上地震数据采集方法相比有其不同的特点。

(1)观测系统的设计理念。由于数据接收设备投入大，布设困难，而气枪激发的成本低，因此观测系统设计是要利用炮检点可互换的特点，多布设炮点，少布设检波点，最终达到 CMP 覆盖次数的平衡。

(2)接收点的定位问题。海底地震数据采集(OBS)作业所使用的接收设备是沉放到海底的，在接收设备布设的过程中由于受海洋潮流的影响，每个接收设备(检波器或节点)到达海底的位置与投放前在水面的位置都会发生偏移。这种偏移量的大小与使用的接收设备布设类型和方式、工区水深和潮流等因素有关，因此检波器落到海底后需要对其位置进行重新定位测量。实践表明，水面使用 GPS 定位，水下使用声学测量检波器位置的方法是一套行之有效的措施，其定位精度相对于其他方法(如地震波初至波定位方法)较高，但该方法需要在位于海底的接收检波器上配置声学应答器。

(3)多分量接收。由于接收设备位于海底，检波器和海底是直接接触的，因此在陆上用于接收纵波和横波的三分量检波器能安装在海底接收单元上。同时，海底接收单元又与海水直接接触，压力检波器可以装配到海底接收单元上，因此可以配置四分量检波器。四分量检波器已成海底地震数据采集(OBS)的标准配置。

3.1 采集设计

海底地震数据采集(OBS)的基本技术设计思想是从陆上地震数据采集的模式延伸过来的,针对地下成像的技术论证与陆上地震数据采集技术设计没有区别,因此有关地下成像对采样间隔、道距、排列长度、接收线距、炮点距、炮线距等方面的技术论证在此不再论述。

3.1.1 海底地震数据采集(OBS)观测系统设计

考虑到作业环境不同,以及采集作业特点、成本等方面因素,同时考虑到海底地震数据采集(OBS)的接收设备比较昂贵,气枪激发相对陆上炸药激发成本低,同一个激发点可以多次重复激发等,在进行海底地震数据采集(OBS)观测系统设计时,要利用炮检对互换的原理,遵循多布设激发点和少布设接收点的原则。

海底地震数据采集(OBS)的观测系统,按照接收线与炮线之间的方向关系分为正交观测系统和平行观测系统,如图3.1.1所示,红色线代表炮线,蓝色线代表接收线。通常情况下,正交观测系统炮线间距较大、炮点密度稀疏、方位角宽、覆盖次数低,排列在纵向和横向方向滚动,一般全排列搬家,排列不重复。平行观测系统通常炮点密度高、方位角窄,多采用增加排列的条数或双边放炮的模式来改善方位角和偏移距的分布,在横向上常滚动一条排列,其余排列重复。实际上,不论是正交观测系统还是平行观测系统,属性优劣都是相对的,在进行观测系统设计时,要综合多方面的因素考虑,特别是地质任务需求和经济投入因素的限制。

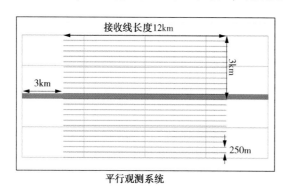
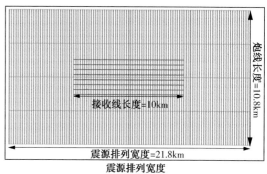

图3.1.1 海底节点地震数据采集的观测系统

3.1.1.1 正交观测系统的特点(非超深水)

图3.1.2为3种较典型的适用于非超深水作业的正交观测系统,具有接收点少,炮点分布稀疏、宽方位、覆盖次数相对低的特点。在作业过程中,倒排列与放炮会在时间上受到制约。对于正交的Patch观测系统在纵向上会产生大量的重复炮点,从而降低施工效率。为了提高施工效率,可以采用正交Swath的施工方式来消除重复炮点。同时,为保证连续作业,往往要增加海底节点投入的个数。接收线间距较小、接收线数少,且横向覆盖次数较低的正交观测系统的缺点是会产生大量的震源船的换线时间,从而大大地降低作业效率,值得引起注意。对于正交双炮线观测系统,震源船在一个航次可以采用双源交替(Flip-flop)的放炮方式,完成两条炮线的数据采集,从而提高工作效率。通常情况下,这种观测系统适用于项目成本投入低、技术要求不太高的海底节点地震数据采集项目。

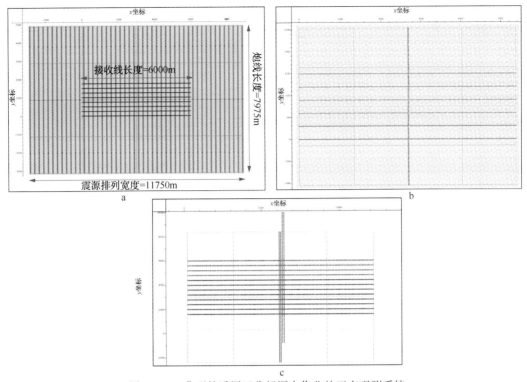

图 3.1.2　典型的适用于非超深水作业的正交观测系统

a—正交 Patch 观测系统；b—正交 Swath 观测系统；c—正交双炮线（Flip-flop）观测系统

3.1.1.2　正交观测系统的特点(超深水)

图 3.1.3 是一个典型的适用于超深水作业的正交观测系统，其主要特点是接收点稀疏，炮点密度大、宽方位、高覆盖次数。在海底节点地震数据采集过程中，超深水作业的难点是节点的收放，一般采用水下机器人进行节点的收放，这也导致了作业成本的增加。为了减少节点收放成本，一般采用稀疏的接收点距、密集的炮点方式以达到宽方位、长偏移距和高覆盖次数的目的。这种观测系统适应于项目成本投入大、技术要求高的海底节点地震数据采集项目。

3.1.1.3　平行观测系统的特点

图 3.1.4 是较典型的平行观测系统，其最大的特点是炮点密集，也可采用双源交替

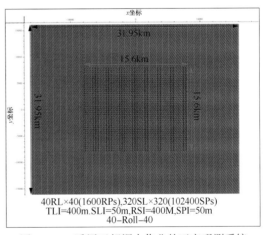

40RL×40(1600RPs),320SL×320(102400SPs)
TLI=400m.SLI=50m,RSI=400M,SPI=50m
40-Roll-40

图 3.1.3　适用于超深水作业的正交观测系统

（Flip-flop）放炮的模式进行地震数据采集。与相同接收线分布的正交观测系统相比，平行观测系统往往具有方位角窄、覆盖次数高的特点。为了改善方位角属性，通常采用双边的放炮模式，即双边多组炮线片的方式，或者增加接收线的线数的方式等，如图 3.1.4b，c 所示。在施工过程中，平行观测系统排列在横向的滚动通常为一条排列，设备利用率较高，同时，也能较容易实现连续放炮作业方式，从而消除了收放接收设备带来的等待时间。宽方位、高

密度、高覆盖次数的平行观测系统适用于地质要求较高、投入成本大、技术要求高的海底节点地震数据采集项目。

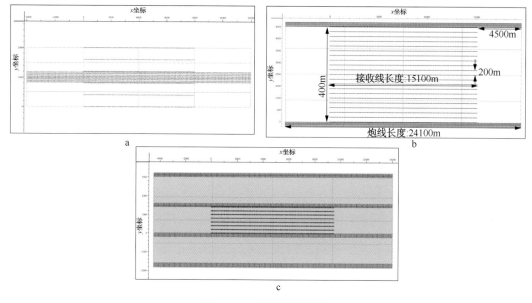

图 3.1.4 平行观测系统
a—中间炮线片平行观测系统；b—双边炮线片平行观测系统；c—双边多组炮线片平行观测系统

3.1.2 海底地震数据采集(OBS)气枪激发设计

经过多年的实践，海洋油气勘探使用的激发炸药和电火花等激发方式逐渐淡出，气枪组合激发以其在激发可控、环保、成本低等方面的优势占据了海洋地震勘探的激发震源方式的主导地位。现在的主流气枪类型有 Bolt 公司的 Bolt 枪、ION 公司的 Sleeve 枪和 Sercel 公司的 G 枪。气枪激发由最初的高压单枪激发逐步发展为满足环保要求低压多枪组合激发。气枪组合激发要在操作上有可实施性，在技术上满足子波特征及能量等的需求，在作业上满足环保的要求。气枪组合阵列设计及性能评价也存在诸多方面技术考虑。

3.1.2.1 气枪阵列设计的基本原则

气枪震源系统作为一种海洋地震数据采集的激发震源，其气枪组合阵列的设计需要考虑多方面的因素。

（1）气枪组合阵列远场子波从技术需求上要考虑：主峰值、气泡比、频谱、稳定性、方向性。

（2）气枪组合阵列设计需要根据工区的水深情况考虑其载体的通行能力与之相适应。这也是在第 2 章过渡带作业中介绍的多种气枪组合激发装备要与作业环境相适应。

（3）气枪组合激发设计还要考虑对海洋哺乳动物的影响，满足国际海洋环保作业的要求，即气枪的压力要小于 $3000\mathrm{lb/in^2}$。

3.1.2.2 气枪阵列设计的基本思路

3.1.2.2.1 气枪激发的原理

下面以 Bolt 枪为例介绍气枪激发的原理(图 3.1.5)。如图 3.1.5a 所示，当气枪充气时，顶部的电磁阀关闭，空压机将高压空气从进气口注入下储气室和弹簧气室，弹簧气室牢牢地把活塞压住，使空气密封在下储气室中；当点火激发时，电磁阀自动打开，下储气室内的高压空气迅速推动活塞向上运动，高压空气由出气口瞬间释放到海水中。完成一次点火激发之后，电磁阀自动关闭，活塞失去了向上的推力，高压空气继续向储气室中注入，等待下一次点火激发。高压空气在海水中瞬间释放形成强大的冲击力，图 3.1.5b 展示了激发后 7~30ms 的气泡在水下扩展的照片。

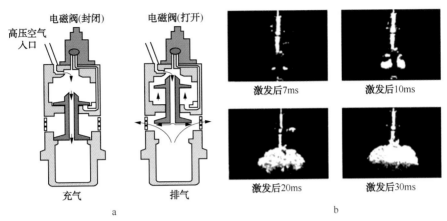

图 3.1.5　梭阀枪工作原理

a—气枪充气与激发；b—激发后 7~30ms 的气泡状态

如图 3.1.6a 所示，气枪高压空气进入海水中，迅速形成一个"球形"气泡。由于气泡内的压力远远大于周围海水的静压，气泡迅速扩张，瞬间产生第一个正的压力脉冲。随后气泡不断扩张，气泡内的压力也随之逐渐减小。当气泡内压力减小到与周围海水静压相等时，即达到平衡状态。但由于惯性作用，气泡会继续扩张增大，直到气泡内的压力远远小于周围静水压时，即达到临界状态。此时，气泡开始缩小，内部压力也随着气泡的变小而逐渐增大，达到等于周围静水压时，再次达到平衡状态。由于惯性作用，气泡继续减小，气泡小到内部压力远远大于周围静水压时，气泡再次迅速扩张，产生第二个压力脉冲。如此类推，将继续产生第三个、第四个压力脉冲……。这些脉冲是气泡脉冲，是干扰波，对于地震勘探来讲，需要设法加以压制。随着气泡的反复振荡，吸收衰减产生作用，气泡也逐渐消失殆尽。另外，在气枪子波脉冲与后续的气泡脉冲形成的同时，所有这些脉冲的虚反射也相继产生，成为后续相应的一系列负脉冲，这些正负脉冲的集合最终形成了如图 3.1.6b 所示的气枪单枪的子波形态。

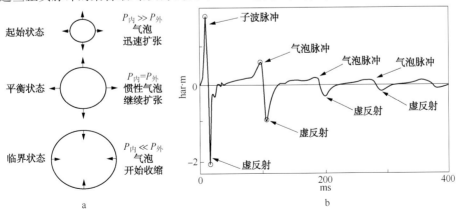

图 3.1.6　气泡震荡及单枪子波形态

a—气泡震荡；b—单枪子波形态

为了消除二次脉冲的干扰，20世纪70年代初，人们提出了相干枪（Cluster Gun）的概念。它利用气枪相干来提高压力输出及压制气泡脉冲，收到了较为理想的效果，气枪相干原理开始应用于气枪阵列设计。如图3.1.7所示，假设气体释放到水中为球状，当两枪距离较大，两个气泡达到最大时，气泡之间不相干，为传统的组合，或称为调谐关系，子波形态与单枪的相同，只是幅值为二者的调谐叠加；当两枪气泡距离较小，接近于气泡半径的2倍时（经验上，两枪距离接近气泡半径的2.35倍，气泡比提高到最大），两个气泡相切，产生抑制作用，延长气泡周期，也就因此制约了气泡的振荡，从而达到压制气泡效应的目的，同时子波又可以得到相干加强，成为相干枪；当两气枪间距过于接近时，气泡形成连通，失去了相干的意义。据上所述，两气枪间距和气枪容量决定了组合是否相干。相干枪主要优点包括：去气泡能力强、能量大、枪阵短等。相干枪阵对高分辨率地震勘探起到了较大作用。

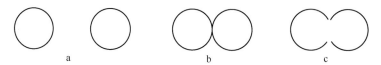

图3.1.7　两枪间距关系示意图

同等工作容积，不同气枪数量的能量对比如图3.1.8所示。图3.1.8a为一支600in³单枪的能量输出；图3.1.8b为2支300in³单枪组成的相干枪组合；图3.1.8c为3支200in³单枪组成的相干枪组合。从图3.1.8c中可以看出：3支200in³单枪组成的相干枪组合输出的能量最大，二次震荡的气泡小。在相同工作容积下，为了提高使用效率，通常用许多小容积气枪组合，而不是用大容积气枪。用几个小容积的气枪组合要比一个大容积气枪所产生的激发效果好，主脉冲值大，震源的能量大。但枪数过多，故障率会高，容易给施工带来一定的影响。

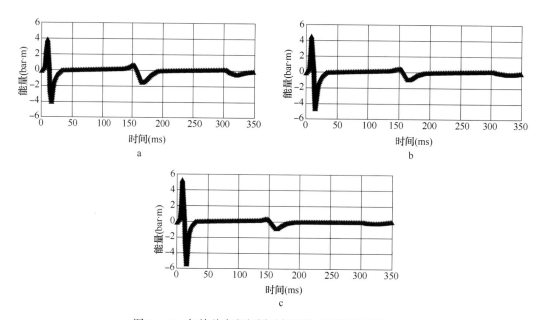

图3.1.8　气枪总容积相同时气枪数量不同的能量对比

3.1.2.2.2 气枪阵列的设计

3.1.2.2.2.1 气枪阵列的布设

气枪阵列的布设指一定数量的气枪在纵向上以单枪或相干枪组成阵列。气枪阵列往往是由一定数量子阵列在横向上按一定的间距进行布设形成的阵列。图3.1.9为由3个气枪子阵列组成的气枪阵列，其子阵列的长度及横向间距确定了整个气枪整列的空间展布大小。在气枪阵列设计时要同时考虑承载气枪阵列的船舶甲板空间大小，只能在甲板空间许可的情况下优化各子阵列的数量和长度。对于拖曳气枪阵列来讲，子阵列的间距要保证在操作过程中子阵列之间不缠绕，且间距最小化。对于侧吊气枪阵列来讲，由于施工时是侧吊于船舶的两侧，因此往往只是由两个子整列组成。

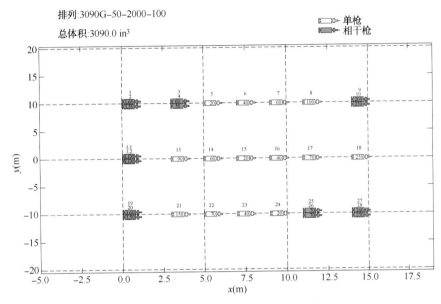

图 3.1.9 3 个子阵列组成的气枪阵列

3.1.2.2.2.2 气枪阵列中大枪与小枪的使用

根据理论研究，小容积气枪激发频率高，地层传播中能量衰减快。大容积气枪激发频率低，地层传播中能量衰减慢，穿透力大。为了得到丰富的频率成分，设计气枪阵列时往往大容积气枪与小容积气枪相互配合使用。

3.1.2.2.2.3 气枪阵列气泡比的调整

通过两个途径可以调节气枪阵列的气泡比。相同阵列，气枪沉放深度愈大，气泡比愈小。可以在浅于 2m 的水深取得很高的气泡比，但代价是损失了大部分低频能量。相干枪组合可有效提高阵列的气泡比。同时增加同组相干枪的个数可更加有效地提高气泡比，尤其是大容积的相干枪组合。

3.1.2.2.2.4 气枪阵列频谱特性的调整

气枪阵列由不同容积的单枪和相干枪组成。不同容积的气枪对有效反射信号频带中的频率成分的贡献不同，通常小容积的气枪提供的频率较高，大容积的气枪提供的频率较低。可以根据阵列频谱的具体形状，通过调整各单枪或相干枪的容积来平滑频谱形状。

一个理想的震源阵列，低频部分能量应尽量高，高频部分的频率要尽量高，有效反射频带内的频率成分连续光滑，且相对稳定。在大多数阵列设计模拟的子波频谱图中，低频端会有振荡，控制阵列中低频端振荡，主要是控制阵列中大枪提供的子波频率，使低频端处的能量尽量平滑，不低于-6dB。

3.1.2.2.2.5 气枪阵列方向性的调整

为了满足海洋宽方位地震数据采集的要求，在气枪阵列设计时，要考虑到气枪阵列震源激发的远场子波能谱平面分布和深度剖面上的分布，设计出的气枪阵列尽量让激发远场子波不存在方向性差异。

理论上最为理想的点震源阵列分布特征应该是：多个参数相同的气枪单元空间位置以圆形方式分布，整个气枪阵列由多组这样的圆形气枪组合以特定的间距组合而成。气枪阵列空间分布特征越接近圆环形，远场子波信号能谱图中各能量带就越对称，其能量分布方向性差异就越小，即越符合点源的远场信号分布特征。

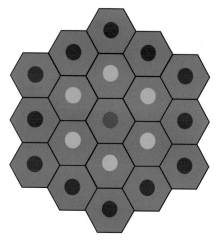

图 3.1.10 圆形阵列模拟设计示意图

如图 3.1.10 所示，在设计对称气枪阵列时，多个参数相同的气枪空间位置以圆形方式分布，整个气枪阵列由多组这样的圆形气枪组合而成。阵列中心为大容积的气枪，这是为了保证阵列远场子波信号的对称输出；不同层中的气枪容积不同，是为了压制气泡脉冲，提高子波气泡比；阵列整体旋转对称是为了满足点震源阵列的设计要求，使信号叠加能量不存在方向性差异。

改变阵列的平面排布位置，可以改变阵列的方向性，但是在实际生产应用时，由于受震源船船体尺寸的限制，这种圆环型的阵列布置不容易实现，所以在实际设计阵列时，要考虑震源船的甲板空间，合理设计阵列，尽量向着正方形形状进行气枪阵列设计。

3.1.2.2.2.6 气枪阵列稳定性的调整

气枪阵列震源系统在施工中气枪沉放深度会线性地随机晃动、气枪激发时序会随机变化。在实际生产中可以通过调整枪杠的吊点限定沉放深度的变化。对拖曳气枪阵列来讲，可通过调节拖绳的拖曳角度来调整，同时适当调整航速。激发时序只能提高气枪控制器的性能和改进气枪的机械性能。

3.1.2.2.3 影响气枪阵列工作特性的因素

通过实践研究发现，影响气枪阵列工作特性的主要因素有 5 个方面。下面以 Nucleus 软件为例，详细介绍阵列设计中，相关参数对阵列设计的影响。

设置基准阵列总容积为 3090in³，沉放深度 5m，3 个子阵，阵列间距为 10m，相干枪间距为 0.8m，枪压 2000lb/in²，枪型 G-Gun，如图 3.1.9 所示。

3.1.2.2.3.1 沉放深度

其他参数不变的情况下沉放深度分别为 3m、4m、5m、6m、7m、8m，得出模拟的子波对比图 3.1.11 和子波频谱对比图 3.1.12，以及参数表 3.1.1。

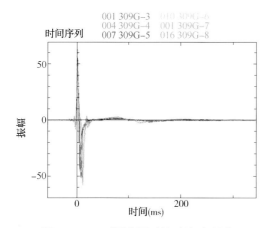

图 3.1.11　不同水深下的子波对比图

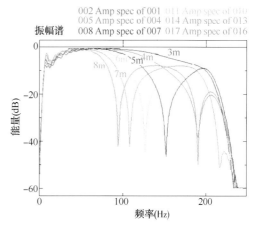

图 3.1.12　同一阵列不同水深下的子波频谱对比

表 3.1.1　同一阵列不同水深下的阵列子波参数

水深(m)	主峰值(bar·m)	峰峰值(bar·m)	气泡比
3	40.4	88.2	22.9
4	44.2	98.0	25.9
5	44.4	98.0	25.8
6	43.8	93.5	19.8
7	43.5	90.0	13.0
98	43.2	91.4	10.9

气枪沉放越浅，外界水压越小，高压空气的释放速度越快，子波的频率越高，子波越尖锐，频带变宽，高频效果好。沉放越浅，一部分能量散失到海水中，气泡能量变小，气泡比变大，主脉冲变小，低频成分变差，穿透力变弱。

资料显示：在 6m 以内时，随深度的增加，主峰值与峰峰值显著变大；气泡比显著下降。在大于 6m 时，随深度的增加，主峰值与峰峰值变化不大；但气泡比仍显著下降。为了得到较高的高截止频率，就要把气枪的沉放深度放得浅一些，但是过浅也会造成激发能量变弱，穿透能力变差。所以，在施工中要通过在不同深度下的能量和频率的对比，来最终确定合理的气枪沉放深度。在浅水区的施工中，气枪阵列的沉放深度通常在 2.5~3.5m 之间。在深水使用拖曳气枪阵列施工时，其气枪阵列的沉放深度在 5~10m 之间。

3.1.2.2.3.2　工作压力

在气枪阵列的其他参数不变的情况下，枪压的变化会对气枪阵列的远场子波产生影响。图 3.1.13 是对气枪压力分别为 1600lb/in²、1800lb/in²、2000lb/in²、2200lb/in²、2400lb/in²、2600lb/in² 时其远场子波曲线。图 3.1.14 为对应的频率响应曲线(a 为全频段，b 为低频部分的放大显示)。

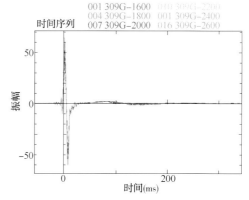

图 3.1.13　同一阵列不同气枪
压力下远场子波对比

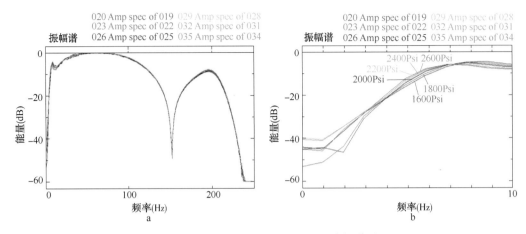

图 3.1.14　同一阵列不同压力下的子波频谱对比

a—0~250Hz 显示界面；b—0~10Hz 显示界面

表 3.1.2 为该气枪阵列远场子波关键属性的量化值。可以看出，工作压力升高后，频谱中低频输出增加，峰峰值和气泡比变大，气枪子波品质变好，穿透力增加。

表 3.1.2　同一阵列不同压力下的阵列子波参数

工作压力（lb/in²）	主峰值（bar·m）	峰峰值（bar·m）	气泡比
1600	38.1	84.7	21.7
1800	41.3	91.5	23.8
2000	44.4	98.2	25.8
2200	47.4	104.7	27.6
2400	50.4	111.0	29.6
2600	53.4	117.2	31.6

3.1.2.2.3.3　气枪阵列的容积

气枪阵列的容积是阵列中各个在用的单枪容积的总和。单枪容积与单枪激发子波的主脉冲存在一定的关系，具体为：$A = KV^{1/3}$（式中，A 表示主脉冲值；V 表示气枪的工作容积；K 值通常为 2.32）。由于单个气枪的主脉冲与气枪容积的立方根成正比，在气室容积达到一定值时，再增加工作容积对激发能量的提高不经济。有两种办法可以提高工作性能，即选用可以在较大容积下继续输出大能量的气枪或选用相干枪或多枪组合。

气枪阵列总容积的大小与气枪阵列的激发能量密切相关。在其他参数不变的情况下，总容积越大，激发能量越强。随着气枪阵列容积的增大，气枪阵列子波的主脉冲、峰峰值随着增大。

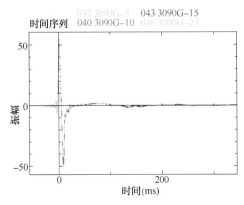

图 3.1.15　同一阵列不同水温下的子波对比

3.1.2.2.3.4　水温变化

在其他参数不变的情况下，水温的变化也

会导致气枪阵列激发的远场子波不同。图 3.1.15 为同一气枪阵列在不同水温情况下的远场子波(分别为 5℃、10℃、15℃和 25℃)。图 3.1.16 为对应的频率响应曲线(a 图为全频段，b 图为低频部分的放大显示)。

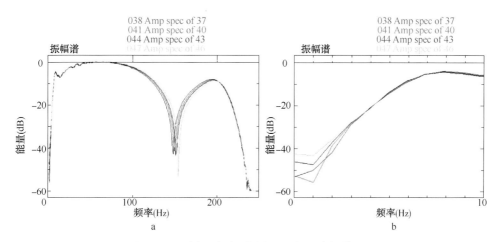

图 3.1.16　同一阵列不同水温下的子波频谱对比

表 3.1.3 为该气枪阵列远场子波关键属性的量化值。可以看出，水温对子波图的主峰、峰峰值影响不大，气泡比随水温的升高而变大，对频率带宽基本没有影响。

表 3.1.3　同一阵列不同水温下的阵列子波参数

水温(℃)	主峰值(bar·m)	峰峰值(bar·m)	气泡比
5	44.4	98.3	25.1
10	44.4	98.1	26.5
15	44.3	98.0	27.6
25	44.2	98.1	29.2

3.1.2.2.3.5　气枪类型

气枪枪口有节流作用，气枪激发时气泡内高压气体以一定速度释放，释放速度与气枪枪口面积有关。枪口面积越小，气体释放速度越慢，主脉冲就越小。表 3.1.4 列出几种 Bolt 公司的不同枪型枪口的数量以及枪口面积。

表 3.1.4　不同枪型出气口面积对比

枪型 \ 参数	出气口数量(个)	每个出气口面积(mm²)	总面积(mm²)
Bolt 2800LLX	8	35×20	5600
Bolt 1900LLXT	4	50×65	13000
Bolt 1500LL	4	65×70	18200
Bolt APG	8	65×70	36400

不同类型的气枪具有不同的容积范围和性能，应根据项目要求、施工环境来选择。图 3.1.17 是不同枪型在不同容积下释放的能量关系图。

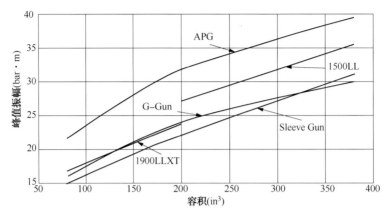

图 3.1.17　不同枪型在不同容积下释放的能量关系图

3.1.2.3　气枪阵列特性评价

气枪阵列设计过程中，激发能量、子波频谱、能量传播方向性及如何减少气泡效应等是需要考虑的主要因素。气枪组合激发阵列的优劣直接体现在其组合激发的远场子波的特性上，因此，在气枪阵列设计阶段，一般要通过应用气枪阵列优化设计专业软件进行模拟优化，从以下几个方面衡量气枪阵列优劣：模拟远场子波的特性曲线中的峰值和气泡比、子波对应的频谱、气枪组合激发的方向特性图、激发的同步性等（图 3.1.18）。

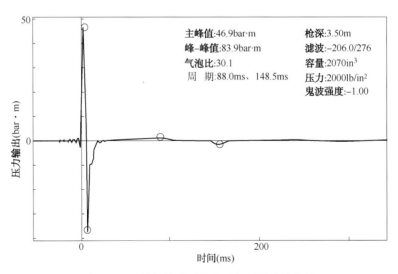

图 3.1.18　某气枪阵列模拟远场子波特性曲线

3.1.2.3.1　峰值

子波主脉冲能量即子波的主脉冲峰值，也就是高压气体突然释放后所产生的第一个正压力脉冲的振幅值；峰值是反应气枪震源子波能量大小的一个参数。峰值越高，意味着气枪震源输出的能量就越强。主脉冲峰峰值，即震源子波的第一个压力正脉冲和第一个压力负脉冲（由虚反射产生）之差，它与主脉冲峰值一样，是描述气枪震源能量的一个重要指标。气枪震源子波能量的大小与峰值及峰峰值的大小成正比。气枪激发所产生的主脉冲峰值 A 与气枪容量 V 的立方根是成正比的。图 3.1.18 中的峰值越大说明该气枪阵列激发的能量越强。根据经验，峰值主要受气枪阵列组合中大容量枪控制，在气枪阵列组合中小容量枪对峰值影响较小。

3.1.2.3.2 气泡比

气泡在振荡的过程中，产生第一个压力脉冲后会继续振荡产生多个气泡脉冲。子波气泡比，即子波信号第一个压力脉冲振幅值和第一个气泡脉冲振幅值之比。气泡比越大，说明气枪激发的信噪比越高，并且气枪震源子波及其频谱也越好。通常情况下，子波气泡比不能低于 10.0。当气枪容量增加时，震源子波气泡比也随之增大；当气枪沉放深度增加时，震源子波气泡比减小。气泡比的大小受气枪阵列的组合因素影响，在阵列中增加小容量的枪和相干枪就是为了压制气泡能量，增加气泡比。在图 3.1.18 中，该阵列的气泡比为 30∶1，说明该组合阵列产生的远场子波特性较好。

3.1.2.3.3 子波气泡周期

气枪产生的气泡在水中进行持续的振荡，这种振荡运动具有一定的周期性。子波气泡周期为子波主脉冲峰值时间与第一个气泡脉冲正峰值之间的时间差。气泡周期与气枪压力和容量正相关，而与气枪沉放深度负相关。

3.1.2.3.4 远场子波的频谱

子波的频谱直观地体现了子波的频带宽度及能量在不同频带范围的分布情况，并且反映出了气泡的振荡与虚反射作用对子波产生的影响。图 3.1.19 中低频端的曲线振荡是由于气泡振荡产生的。通常以 −6dB 来衡量子波的有效频带宽度，震源子波的频率主要与气枪容量及气枪沉放深度有关。气枪沉放深度增大，能量便向低频端移动。气枪容量增大，激发子波的视频率变低。气枪阵列的远场子波的频谱特性也是衡量其阵列组合优劣的非常重要的方面。根据地震勘探对子波频谱的要求，其曲线圆滑，频带宽，有足够的低频能量。因此，如何对气枪组合进行优化，尽可能地满足上述要求，是气枪阵列模拟非常重要的方面。频谱曲线的平滑度与阵列中小容量的枪数量、位置和容量大小有关。

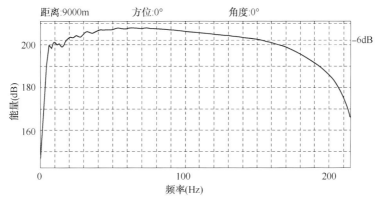

图 3.1.19　某气枪阵列远场子波的频谱

3.1.2.3.5 气枪组合激发的方向特性图

图 3.1.20 主要用来衡量气枪激发能量传播的方向，分别是某气枪阵列激发能量传播方

向特性曲线的俯视图和剖面图。在地震勘探设计中，一般根据作业模式来判断方向特性是否适合，气枪组合阵列的对称性影响其能量传播的对称性。

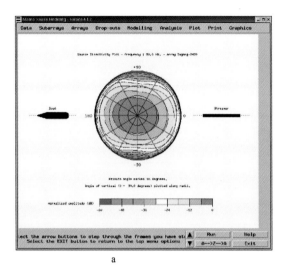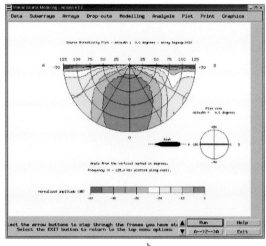

图3.1.20　某气枪阵列方向特性曲线的俯视图(a)和剖面图(b)

3.1.2.3.6　同步性

气枪阵列的设计基于多枪相干、组合理论，最佳的阵列子波和频谱是在所有气枪同时激发时经过气泡的组合后得到的。而实际气枪阵列在激发过程中，由于每个气枪的机械摩擦、气枪控制器精度不同，使得所有的气枪并不能完全确保在统一的基准点时刻激发，从而导致阵列的子波和频谱发生变化。图3.1.21展示了气枪阵列子波、振幅谱随同步误差不同而产生的变化。从子波变化上看，随着同步误差范围的增大($\pm 0 \mathrm{ms}$，$\pm 0.5 \mathrm{ms}$，$\pm 1.5 \mathrm{ms}$)，子波的峰峰值及气泡比都相应降低；从振幅谱上看，随着同步误差范围的变化($\pm 0 \mathrm{ms}$，$\pm 1.5 \mathrm{ms}$)，较大的同步误差造成高频能量的降低。总之，随着同步误差的加大，气枪阵列特性将随之变差。

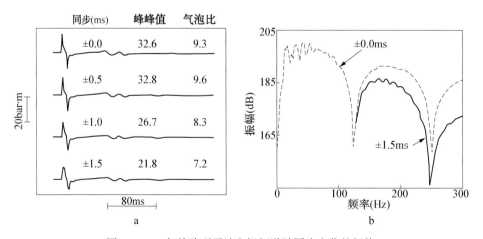

图3.1.21　气枪阵列子波和振幅谱随同步变化的规律
a—阵列子波随同步误差变化；b—阵列子波振幅谱随同步误差变化

3.2 OBS采集导航定位

海底地震数据采集(OBS)的导航定位主要是通过远程接收DGPS信号,对沿着设计地震测线进行地震作业船舶进行导航,同时对激发点和接收点的海面位置进行水面位置的定位。关于GNSS定位技术原理在第2章中有详细描述,在此不再赘述。由于海上激发使用气枪作业,因此对激发点的定位只需要确定气枪阵列的海面位置和气枪阵列沉放深度(往往是已知的,且在几米至十几米不等)。而对于接收点,由于潮流的影响,接收设备在海面的投放点与落到海底的位置偏差较大,因此还需要其他方法(如声学定位和地震波的初至波定位)来确定其水下的偏差。这个过程称之为检波点的二次定位。

3.2.1 激发点及接收点导航定位

海底地震数据采集(OBS)作业中的激发点和接收点的水面导航定位方法与第2章的过渡带地震数据采集作业中海上的导航定位方法基本相同,导航定位软件也可通用。以下主要介绍在OBS野外施工作业过程中确保接收点放到海底指定位置的具体措施和相关的定位方法。

3.2.2 OBS接收点释放

通过多年勘探项目的实践,为了确保接收点尽可能投放到海底预设的位置,探索出了一些具体的行之有效的措施。针对作业水深的不同总结出了两种对应的接收点的释放方法。

3.2.2.1 接收设备导航释放技术

利用声学定位设备研究开发了一套海底地震数据采集接收点铺设过程中的辅助定位导航技术。应用该技术可以提高海底电缆或海底节点铺设的精度,其基本原理是在海底电缆或海底节点布设的过程中,利用声学定位设备实时监测海底电缆或海底节点在海底的位置,并与设计的接收线位置进行比较,找出其偏差,然后发送给布设船,进行航线的调整。图3.2.1为海底电缆或海底节点布设辅助导航定位技术应用示意图。该方法适用水深一般在几百米的范围。如果水太深,由于洋流的存在,该方法释放到预定位置的难度大。

图3.2.1 海底电缆或海底节点铺设辅助导航实施示意图

3.2.2.2　水下机器人的接收点投放技术

在深水区从事海底地震数据采集往往都采取 OBN 的作业模式。由于水深，洋流变化大，从投放船到海底的路径远，为了减少接收设备投放的点位误差，往往借助水下机器人投放节点。具体的方法是，使用水下机器人通过远端船上的控制把接收设备（如海底节点）拖放到水下指定的位置。这种方法的接收设备投放点位准，但成本高，效率低。图 3.2.2 为水下机器人释放节点作业。

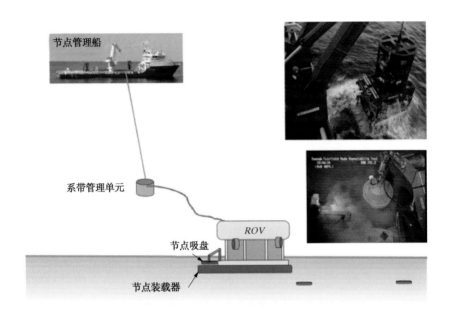

图 3.2.2　为水下机器人释放节点作业

3.2.3　OBS 接收点二次定位

在海底地震数据采集过程中，由于接收设备在放到海底的过程中往往会与水面的释放位置发生偏移，因此导航释放接收设备只是水面的释放点位置，要得到接收设备在水下的准确位置，往往需要对其进行定位。这种对水下设备海底定位的过程称之接收点的二次定位。经过多年的实践，行之有效的海底检波点二次定位方法主要有声波二次定位技术和初至波二次定位技术。前面章节对两种方法原理有详细介绍，以下就具体的实施方法进行介绍。

3.2.3.1　初至波定位技术

在海洋地震数据采集过程中，由于每个激发的位置是可以通过 DGPS 定位得到的，因此初至波定位方法是利用地震数据的初至波，通过多个炮点的数据拟合出水下检波点的位置，为此还开发了专门的软件系统。图 3.2.3 展示了初至波定位系统的有关界面。

3.2.3.2　声学定位技术

声学定位的原理和初至波定位的原理基本相同，但需要使用专门的硬件，把声波应答器与接收的检波器固定在一起，通过已知点的声波发射器发射声波，并接收来自每个声波应答器响应，从而确定检波器的位置。图 3.2.4 展示了声波定位系统的设备和原理。

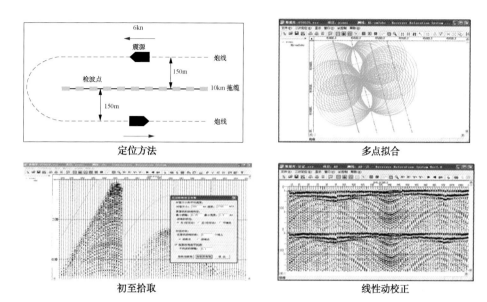

图 3.2.3　初至波二次定位系统界面

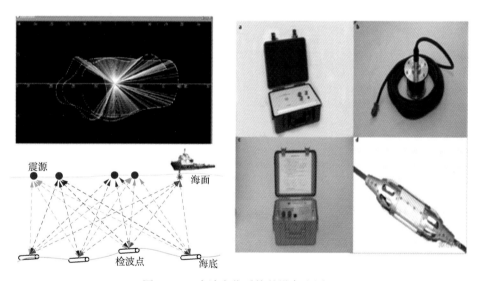

图 3.2.4　声波定位系统的设备和原理

3.3　OBS 采集激发

从激发上区分，OBC 和 OBN 地震数据采集没有区别。在 3.1.2 节中已经介绍气枪组合激发的设计技术。从施工作业方面区分，由于作业区的水深不同，在气枪作业方式上可分为拖曳式和侧吊式两种作业方式(如图 3.3.1 所示)。

拖曳式气枪作业方式一般将多个气枪按照气枪阵列的优化组合理论进行组合。考虑到现场施工的便利性，将气枪阵列拖曳在气枪船舶后面。在激发施工时，气枪、气枪炮缆及水面上悬浮的充气浮体等在船尾后受水阻力作用保持一定的拉力，使气枪阵列与船尾保持固定的距离，保证了水下螺旋桨不被船尾拖带的气枪炮缆等缠绕。与侧吊式作业相比，拖曳式作业可以有效减小大容积气枪阵列在船舷两侧产生对船体和内部机械电器设备的冲击振动。拖曳式气枪组合可以实现多个子阵列组合（例如6组子阵），提供大容量的气枪阵列组合（大于7000in³），一般适用于深水作业，对拖曳船的震动冲击较小。

侧吊式气枪阵列将成直线型组合布局的气枪阵列悬挂在船舷的两侧，并与船舷保持一定的距离，该距离一般为3.5~6m。这个距离应是悬挂侧吊式气枪阵列的悬挂臂机械强度所允许的。并且使气枪的激发口远离船舷，减小在气枪激发时对船体及船内电器设备和机械设备的强烈冲击振动，避免造成设备的非正常性损坏。由于气枪阵列用侧展臂的形式将气枪阵列悬挂在船舷两侧，在震源船以适当的大角度急转向或者急停船倒退时，气枪阵列都将与船舷保持原来的相对位置，不会与船舷发生磕碰或者缠绕螺旋桨。这是在浅水区施工时对震源船最基本的要求。采取侧吊方式，可以使气枪震源船更安全地靠近岸边的浅水区域，增大该船可采集面积，提高施工效率。一般采用气枪船两侧各吊挂一气枪子阵列的方式，气枪阵列的总容量较小（小于2000in³），激发时对船舶的冲击震动较大。

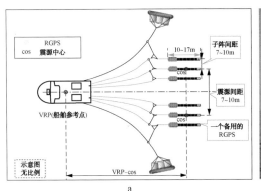 

图3.3.1　气枪阵列的安置方式
a—拖曳式气枪阵列；b—侧吊式气枪阵列

3.4　OBS采集接收

OBC/OBN地震数据采集接收技术的特点主要体现在接收装备的不同。由于海底电缆（OBC）和海底节点（OBN）的接收方式在数据记录、传输和存储上的不同，下面分别对其进行介绍。

3.4.1　海底电缆（OBC）地震数据采集接收装备

3.4.1.1　Sercel公司的408ULS系统

408ULS是Sercel公司推出的能适用浅水（水深小于50m）的采集系统，该系统通过电缆连接检波器、数模转换单元和数据记录系统（图3.1.1）。接收设备传输线比其他海底电缆轻得多，而且连接检波器的插拔接头的防水性受限，其他性能指标与陆上的408仪器系列一样。这也是现阶段过渡带地震数据采集的主要接收装备之一。

图 3.4.1　408ULS 数据采集单元及连接电缆

3.4.1.2　WesternGeco 公司的 Q-Seabed 海底电缆地震数据采集系统

Q-Seabed 海底电缆地震数据采集系统为西方奇科公司独有。Q-Seabed 海底电缆(图 3.4.2)不出售,不租赁。该系统主要参数如表 3.4.1 所示。

表 3.4.1　Q-Seabed 海底电缆地震数据采集系统参数

仪器	TRINAV
最大工作水深(m)	1500m
传感器类型	4C
陆检类型	加速度检波器(GAC-C)
道距	25m
最大电缆长度	32km
供电方式	集中式远程供电

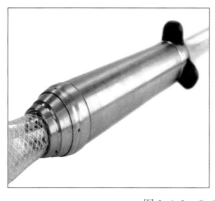

图 3.4.2　Q-Seabed 海底电缆

Q-Seabed 系统有如下特点:

(1)海底耦合。与传统海底系统在 X 和 Y 分量存在相位和频率差的海底耦合相比,独特的 Q-Seabed 的设计使其在各个方向均匀耦合,确保所有四分量之间的保真度。

(2)传感器。Q-Seabed 是由 1 个单一的校准水听器和 3 个加速度检波器组成的采集系统。Q-Seabed 振动传感器是一个固定轴地震检波加速计(GAC),它负责将表面位移转换成加速度信号。

（3）校准水听器。Q-Seabed 系统自动校准水听器，从而减少了引入扰动和噪声的灵敏度变化。

（4）综合定位。Q-Seabed 系统的特点是使用电缆内的传感器。水听器也可用于声学定位，从而提高安全性、效率和采集质量。

（5）仪器控制。TRINAV 系统有利于实时控制多个仪器和震源船的作业，实现安全、高效的操作。

Q-Seabed 系统在野外作业上有以下特点：

（1）灵活的勘察设计，超级大片蛇形排列灵活的地震勘探设计选项减少了 ZIP，提高了效率，降低了采集脚印对形状不规则区块的勘探影响，同时也提供了最大覆盖。

（2）多船作业。多船作业和滚动作业是 Q-Seabed 采集的一个组成部分，确保最高质量的浅水和深水作业成本效益。

（3）作业速度。Q-Seabed 具有独有的快速布设电缆技术，拥有最少的人工介入和实时定位系统。在保证效率和成本效益的同时，不危及安全或数据质量。

3.4.1.3 CGG 公司 SeaRay 海底电缆地震数据采集系统

在 2006 年，由 Sercel 公司推出了采取数字检波器的新型海底电缆地震数据采集系统 SeaRay（表 3.4.2）。2007 年 2 月，由 Geokinetics 公司初次投入生产利用。SeaRay 系统是专门设计的可从头收（放）的四分量海底地震采集系统（表 3.4.2）。其采取与 428XL 采集系统相同的体系构造，是 Sercel 公司技术创新的最新结果，装备的可靠性及数据质量都有进步。与以前的海底采集系统相比，具有更大的机动性和更高的分辨率，并具有全波采集功能。

表 3.4.2　SeaRay 海底电缆地震数据采集系统参数

工作最大水深	300~500m
传感器类型	4C
陆检类型	MEMS 数字检波器
道距	25~50m
电缆类型	铠装电缆
最大电缆长度	19.5~37km
供电方式	仪器船

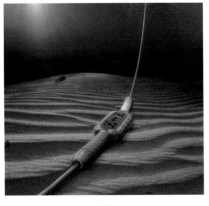
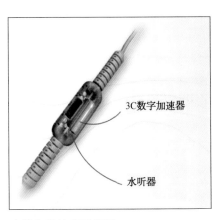

图 3.4.3　SeaRay 428XL 电缆和检波器示意图

SeaRay 428XL(图 3.4.3)地震作业水深能达 500m。SeaRay 428XL 也可被设计得更小和更轻，水深可小于 100m。其中，较小的浅吃水船通常部署相同的操作选项。全方位 SeaRay 428XL 三分量数字传感器单元提供卓越的传感器耦合和矢量保真度，采用内置多路系统的电源线和数据遥测冗余。SeaRay 428XL 在该领域具有无与伦比的灵活性、效率和可靠性：

（1）宽频采集，3C 加速度：0~400Hz；水听器：3~400Hz；最佳耦合，低噪声（即使在高电流条件下）。

（2）最有生产力。宽或窄方位角采集；电缆最大程度：37km；连续记录（无间断）。

（3）减少项目处理周期。实时地震数据质量控制，实时数据记录，可随时处理，实时 GPS 定时，不需时钟漂移校正。

3.4.1.4 GeoSpace 公司的 GeoRes 海底电缆地震数据采集系统

GeoSpace 生产先进的多分量海底电缆地震数据采集系统 GeoRes（表 3.4.3 和图 3.4.4），具有可扩展的系统架构，实现了成千上万的通道数的记录能力。该系统配置为永久性油藏监测或可回收采集。

表 3.4.3　GeoRes 海底电缆地震数据采集系统参数

工作最大水深	800m
传感器类型	4C
陆检类型	OMNI
道距	25~50m
电缆类型	铠装电缆
最大电缆长度	19.2km
供电方式	仪器船

图 3.4.4　GeoRes 铠装电缆

该海底电缆采集装备具有耦合好，集中式供电，多缆接收，实时质量控制和实时地震数据处理功能。

3.4.1.5 ION 公司 Calypso 海底电缆

VSOII/Calypso 是 ION 公司推出的新一代 VSO 可重复收放 OBC 地震数据采集系统，它能够使海底地震数据采集在更广的范围实现，在操作效率上实现了跨越性提升，并具有开启下一波海底地震勘探的潜能（表 3.4.4，图 3.4.5）。

表 3.4.4　VSO II/Calypso 海底电缆地震数据采集系统参数

工作最大水深	5～2000m
传感器类型	4C
陆检类型	MEMS 数字检波器
道距	25～50m
电缆类型	铠装电缆
最大电缆长度	12～24km
供电方式	浮标电池 96h

图 3.4.5　VSO II/Calypso 电缆

可重复收放的全波海底电缆系统所具有的新特点，进一步提高了采集效率并加强了 HSE 优势，具有与 VSO 相同的高密度和高品质成像，以及全方位角、宽频段、多分量数据，具有两倍检波器布放，两倍生产能力，两倍作业深度(5～2000m)。

VSO II/Calypso 与上一代 VSO 相比，不仅包括更宽的全波系统采集带宽，具有高保真的多分量(4C)地震数据，还增加了低频和高频的采集范围等优良属性，并改进了系统的作业效率，比传统 OBC 系统进一步提高了 VSO 健康、安全和环保方面的优势。其增加的功能主要有：

(1)通过克服在有障碍或者拥堵区域无线电传输不连贯所导致的采集数据中断问题来改进作业效率，进行连续的采集。

(2)利用先进的诊断手段和完整的报告工具来优化维护和隔离故障，使工作效率最大化，并且尽量减少要重新拉出电缆来解决故障的需要。

(3)增强电源输送系统来增加可采集的时间。

(4)VSO II 仍然是一个基于浮筒的采集系统。这种系统不需要专门的采集船，这样减少了人力需求，降低了作业复杂性和环境污染。加上 Gator ⓒ指令和控制系统，VSO II 的自动化简化了地震数据采集流程中的船只导航、排列定位、数据管理和质量控制。

通过提高作业效率，缩短了勘探周期时间。具有灵活的观测系统设计，有效采集连续记录缩短采集周期和维护数据的完整性，全新设计的、强大的三重铠装电缆(工作水深 5-2000m)，可在世界各地的最具挑战性的领域和条件下的海域提供灵活的作业。提供最佳的一流成像，VectorSeis 3C 的 MEMS 传感器记录 P 波和 S 波能量，具有超强的矢量保真度和增强的高频和低频响应，较宽的带宽提供高分辨率数据。专有的声学耦合技术可以提高信噪比，转换波数据处理可解决 P 波数据针对地球物理目标的气体或盐丘不能单独成像的问题。支持全方位的地震采集设计与无限的偏移距和高密度的空间采样技术。

3.4.2 海底节点(OBN)地震数据采集接收装备

3.4.2.1 Seabed Geosolution 公司的 CASE Abyss、Trilobit、Manta 海底节点技术

2012 年 9 月，Fugro(60%)和 CGG(40%)公司成立海底地球物理合资企业 Seabed Geosolution，整合了 Fugro 的海底节点技术和 CGG 的海底电缆、节点和过渡带的经验和操作。到目前为止，有 3 种类型的节点，分别为 CASE Abyss，Trilobit(图 3.4.6，其技术参数见表 3.4.5)，以及 Manta。

CASE Abyss 为老型号节点，必须借助 ROV 进行收放(图 3.4.7)，作业成本极高。综合记录系统和电源的脊状底部面板使节点与海底耦合效果好，为最大可靠性的记录系统。使用 ROV 节点高效地布设系统，速度为 6 个节点每小时，通过 ROV 海底上的时钟同步精度，精确的定位安置可为 4C/4D 提供最大重复性采集基础，具有新颖的用于改善耦合的传感器外壳。额定作业水深至 3000m 深处，具有 75 天的超长记录能力。

图 3.4.6   Trilobit(a)和 CASE Abyss(b)节点系统

表 3.4.5   Trilobit/CASE Abyss 海底节点技术参数

技术参数	Trilobit 和 CASE Abyss 海底节点
工作最大水深	3000m
传感器类型	4C
陆检类型	传统 10Hz 检波器
道距	根据需要
节点布设	ROV
最大排列长度	无限制
供电方式	电池

Manta 是最新研发的四分量节点(图 3.4.8)，浅水深水都能用，最大工作水深为 3000m，最浅能在陆上工作，目前还没有产品投放市场。这种完全自动化、模块化的节点系统，能灵活地为密集震源网格、全方位和长偏移距勘探安全无缝地提供高质量的地球物理照明，从而使密集障碍物区和油田油藏监测勘探达到理想的效果。紧凑模块化的 Manta 节点适用于具有挑战性的施工环境(从浅水区到过渡带，再到密集航道和障碍物的深水区域)。Manta 节点记录 PP 波和 PS 波地震波属性，能更好地描述碳氢化合物区域和地下岩性。

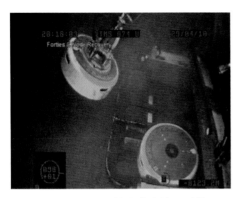 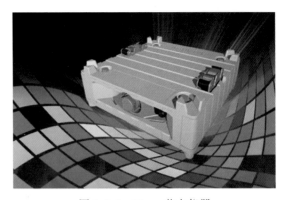

图 3.4.7　ROV 快速节点放置系统　　　　　　图 3.4.8　Manta 节点仪器

3.4.2.2　GeoSpace 公司的 OBX 海底节点技术

OBX 系列产品有 OBX300，OBX750，OBX3000 这 3 种类型，目前只有 OBX3000 装备了原子钟，前两种为石英钟。这 3 种类型的外形差别不大(图 3.4.9)。

Geospace OBX 系统是专为灵活的海底地震数据采集设计的高保真数字化 4C 传感器记录系统(表 3.4.6)。OBX 的传感器单元包含 GS-ONE OMNI 地震检波器和水听器(MP-18BH-1000 浅水型)或 DEEPENDER 水听器(深水型)配置。自备的 24 位记录装置提供 16GB 的内存和高容量电池。高速数据端口和电池快速充电器的启用为地震数据采集提供快速重新部署操作和较好的成本效益。

表 3.4.6　OBX 海底节点技术参数

工作最大水深	3450m
传感器类型	4C
陆检类型	OMNI 检波器
道距	根据需要
最大排列长度	无限制
供电方式	电池 30 天

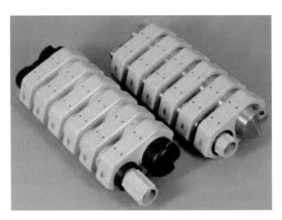

图 3.4.9　Geospace OBX 海底节点记录仪器

3.4.2.3　Fairfield 公司节点技术

Fairfield 公司享誉业界的节点技术提供了改变地震数据采集方式的海洋地震勘探技术。

目前，Fairfield 公司 Z 系列产品(图 3.4.10)为 Z100，Z700，Z3000 这 3 种类型(表 3.4.7)，它们都使用了原子钟技术。其中，Z100 Node 实际测试结果工作水深可以达到 300m。

表 3.4.7 Z 系列海底节点主要技术参数

技术参数	Z-100，Z-700，Z-3000
工作最大水深	100m，700m，3000m
传感器类型	4C
陆检类型	10Hz 传统检波器
道距	根据需要
最大排列长度	无限制
供电方式	电池 45~70 天

图 3.4.10 Z 系列海底节点

Z700 节点的地震数据采集系统适用于水深不超过 700m 的海底及过渡带环境。Z 系统还允许更长的偏移距、更丰富的方位角和更长的记录长度，产生高覆盖次数的地震数据。Z 系列的节点系统的灵活性，允许 4C 节点准确地放置在从海岸线到更深水域海底的任何地方，具有最大接收所需的距离。节点可以布设在海底障碍物的旁边，以确保数据缺失最小化。拖缆采集系统在有障碍物的地方工作，是非常困难的，迫使你放弃数据质量，并接受数据集的缺失。传统 OBC 系统不能放置在较浅的水深，以及接收线长度受限，从而导致偏移距受限。Z700 系统的每个节点完全独立，相互不存在依赖性，并且每个节点能够完成自动化作业，连续记录数据 15 天。作业仅需要 2 艘船，一艘用于节点系统的操作管理，一艘用于震源激发。对于接收器间隔与数量，以及测线的布设距离没有限制，适合进行全方位勘探。

Z3000 适用于深水海底采集，投放深度最深可达 3000m。作为业界首个深水节点，它已经取得很大成功。每个自动节点系统是一个独立的传感器，内置锂离子电池，采用远程操作运载装备(ROV)，直接将每个节点记录单元布设在海底。采集作业完成后，再将这些节点记录单元回收，取回数据，并更换电池。每个节点单元可连续工作 60 天。率先通过远程操作潜水器(ROV)的节点部署，并率先实行双遥控潜水器。Z3000 是一款 4C 自动化节点记录系统，数据信噪比较高，在信息提取、改善成像质量方面具有显著优势。目前不能代替海上拖缆采集进行大规模勘探，主要是用于提高某些特定区域的成像质量。通过专门的甲板设计和收放处理系统，单人最多可以管理 1200 个节点，并安全高效。采用 Z3000 系统大大减少了人工成本，作业人员仅为常规 OBC 采集人数的四分之一，并且，仅需要 2 艘船，一艘用于节点系统的管理，一艘用于震源激发。

3.4.2.4 MagSeis AS 公司的海底地震技术

MagSeis AS 是挪威地球物理公司，成立于 2009 年，在地质、地球物理和海洋地震作业方面有丰富的管理经验。该公司已经开发了专有的系统 MASS(表 3.4.8，图 3.4.11)。该系统的特点是 4C 钢绳链接节点，可以快速释放和回收，同时节点链接牢固，不容易丢失，道距可以任意调节，电池充电周期长，有利于野外施工。这个系统将显著提高海底地震（OBS）操作的工作效率。

表 3.4.8 MASS 系统技术参数

工作最大水深	3000m
传感器类型	4C
陆检类型	10Hz 传统检波器
道距	根据需要
最大排列长度	无限制
供电方式	电池 45~75 天

图 3.4.11　MASS 系统

目前该方法获得的海底地震数据被认为是所有地震数据中质量最高的。然而，采用 OBS 地震采集技术一直发展缓慢，主要原因是有关电缆的收放成本较高。因此，它主要被用于较小油田的勘探。E&P 公司在过去几年已经开始改变，为了解决越来越具有挑战性的地质问题，已经开始在更大的领域应用该项技术。MagSeis AS 公司已经开发出一种技术，与以前技术相比，它允许一个更大长度的海底电缆被部署。通过这一技术，目标是减少进行 OBS 地震勘探所需的时间，从而降低成本。MASS 系统的特点是 32 位 A/D 转换，能高速收放电缆。期望 OBS 地震勘探成本可以降低到一定的水平，使它成为一种广泛使用的工具，不仅能在油田开发领域使用，而且也能在油田勘探初期使用。

3.4.2.5　InApril 公司 Venator 海底节点系统

InApril 是新成立的一家挪威公司，从事新型节点的研发。正在研发的 Venator 海底节点系统（图 3.4.12），配备了精确的原子钟，工作水深可达 3000m，产品设计理念很先进。产品外形与 Seabed Geoslution 设计的产品极为相似，但它把二次定位的声呐装置集成到了节点中，在操作上就避免了节点外面单独悬挂一个二次定位装置，更轻便灵活，易于操作。从理念和功能看，这个产品将来会是最好的一种。

图 3.4.12　Venator 海底节点系统

3.4.2.6 新一代浅水自动机器人四分量节点(RoboNodes)SpiceRack 项目

CGG 公司与沙特阿美石油公司合作的新一代浅水自动机器人四分量节点(RoboNodes)SpiceRack 项目,其节点是通过遥控进行铺设和回收的。

该项目设计概念是不使用 ROV,设备本身具有自动布设、记录和回收的功能。这样可以大大提高效率,降低成本。与 ROV 相比(图 3.4.13),RoboNode 较小,大约 1.3m 长。

RoboNode 在水下航行的时候,可以沿着仔细设计的位置航线航行,同时可以自动避开障碍物。由于重量等其他原因,其航行速度较低,通常为 2kn 的速度。其独特的外形设计(图 3.4.14)可以使其受到的损坏最小化。更好的设计是其回收不需要搜寻,具有自动导航功能,可以自动回归母船位置(图 3.4.15)。

图 3.4.13 ROV 与 RoboNode 比较

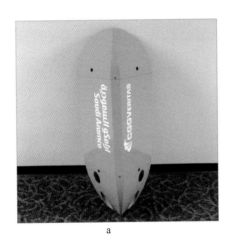

a   b

图 3.4.14 SpiceRack 项目

a—早期设计产品;b—2013 年 SEG 年会展示产品

图 3.4.15 RoboNode 水下作业场景示意图

另外一个特点就是这个节点的造价比较低，同时具有目前的节点所不能比拟的快速布设和回收技术。由于造价低，因此在很短的时间内，我们可以布设更多的节点，获得更多的地下面元覆盖，还可以快速轮换回收节点进行数据下载，并进行质量控制和设备维护(时钟漂移等问题)。这样的操作更近于实时，使得野外采集工作将非常忙碌。另外一个需要考虑的问题就是节点耦合问题，而 RoboNode 的耦合在设计中就加以考虑。与老式节点相比，其相对采集质量和速度将提高。目前该节点一般应用于约 300m 以上的浅水区，这样的水下自动采集系统是可以更快地提交、质量更好、性价比更高的资料。换言之，采用这个系统可以达到效率与拖缆一样，采集资料质量优于目前传统节点系统。

总之，RoboNode 的设计具有如下优点：
(1) 设备坚固、简单，布设敏捷，成本低；
(2) 更快的回收周期；
(3) 高效的采集作业；
(4) 适合于障碍区作业(水下管线、钻井平台和采油平台)；
(5) 自动布设、回收和船上的自动收放系统解放了双手；
(6) 提供高品质的地震资料(四分量宽频高分辨率采集)。

3.5 OBS 采集质量控制

海底地震数据采集(OBS)除具备常规地震数据采集质量控制的要素外，由于其特殊勘探装备和作业环境，在质量控制技术上有各自的特点。下面只对其质量控制的特殊要素进行描述。

3.5.1 海底接收点位

不论是 OBC 还是 OBN，其接收点都位于海底。由于受水层的影响，DGPS 方式不能直接确定水下接收点的位置，因此要用声学定位或地震波的初至定位方法进行水下定位。但对海底接收点定位精度的质量控制是非常重要的，不论是声学定位法还是初至波定位法，其方法直接影响到海底接收点定位结果的误差。

3.5.2 OBC 作业的漏电监控

由于 OBC 采用电缆插拔式连接接收器，长期使用会导致其接头的防水性能大大降低，漏电严重，影响地震数据采集施工质量，因此应将漏电情况的监测作为 OBC 地震数据采集重要的质量控制环节。

3.5.3 OBN 地震作业时钟漂移的质量控制

OBN 地震数据采集时每个节点是独立的记录单元，内部有精度比较高的时钟。从节点释放前与 GPS 时间进行校正后到节点收起再与 GPS 时间核校，节点都使用自身的时钟与记录数据匹配。如果自身的时钟精度 GPS 低，则时间会发生漂移。因此，对其连续数据的切割需要使用漂移进行校正。时间漂移的检查、数据的校正为质量监控的重点。

3.5.4 OBN 工作状态的检查

由于在使用节点进行地震数据采集期间，无法实时监控节点设备的工作状况和记录数据的准确性，因此节点数据下载后对与此相关工作状态属性(如时钟漂移，电池状态，方向性数据，Pitch，Roll，Raw 等)的质量检查也是 OBN 地震数据采集质量控制的重点。

3.5.5 OBS 地震数据旋转处理

OBS 地震数据采集都为四分量的数据，对于使用速度检波器(geophone)接收到的 3 个互相垂直方向的数据分量都要进行旋转处理。OBC 地震数据采集系统(如 GeoRes)可以提供两种模式的数据：旋转后的数据和没有旋转的数据。但其旋转投影权重参数都记录到数据的道头中了。对于 OBN 地震数据采集系统记录了节点放置姿态的参数(Heading，Pitch，Roll，Row)，需要数据下载后使用这些姿态参数对地震数据进行处理。

4 深海拖缆地震数据采集技术

为了适应海洋地震勘探的环境，拖缆地震勘探技术逐渐成为海洋油气勘探的主流方式之一。拖缆地震勘探技术以其作业效率高而得到快速应用，但是存在设备投入大、观测系统单一的问题，导致解决特殊复杂地下地质体能力差。

拖缆地震数据采集技术是将一定数量的接收地震数据的电缆和气枪震源阵列按一定展布规则沉放到一定的深度，再按一定的速度拖着震源和电缆行进时同时激发震源和接收地震数据的采集方法。拖缆地震数据采集方法一般应用于水深大 20m 的海域。由于其地震数据采集方法是地震数据接收的电缆浮在水中固定的深度，由船拖着电缆在行进中采集地震数据（如图 4.0.1 所示），因此其作业方式不受水深的(大于 20m)限制。同时，其特殊的作业方式导致了诸多特性，如只能使用端点放炮的观测系统、横向覆盖次数低(往往只有一次)、使用压力检波器接收数据、电缆的定位难度大等。

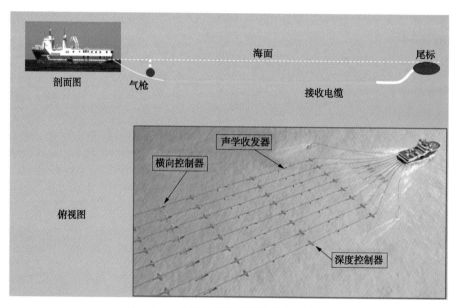

图 4.0.1　拖缆地震数据采集作业示意图

4.1　采集设计

深海拖缆地震数据采集技术作为地震勘探技术在深海区域的应用，既体现了地震勘探技术的基本原理，又不得不考虑与深海环境相适用的勘探技术的应用。所以在深海拖缆地震勘探观测系统设计中也体现了与深海作业区域相适应的思路和理念。

深海拖缆地震勘探观测系统设计的特点主要体现在与施工环境相关的方面。对于结合地下地质条件的工程技术论证方面(如地球物理参数的选取、时间采样率的确定，纵横向分辨率的计算、最大炮检距的选择等)的分析和陆上地震勘探工程设计是相同的，在此不再赘述。只对深海拖缆地震勘探观测系统设计特有的因素(如单源或双源激发与覆盖次数分布关系，震源和电缆深度的匹配，船速、记录长度和炮间距的关系等方面的内容)进行介绍。

4.1.1 双源激发与覆盖次数分布关系

海上拖缆地震数据采集的模式决定了其特点。所有地震数据采集装备都集中在一条船上，而且数据的激发和接收是在船舶的运动中进行的，因此在激发点和接收点的分布上就受到了限制。通常情况下，拖缆地震数据采集使用的都是单边接收的观测系统。在震源激发方式方面，早期采用的是单源激发。随着装备技术的发展，为了提高施工效率，改善 CMP 面元大小的分布，提高地震资料的分辨率，双源激发变得越来越普遍。现在大多数地震作业船，特别是三维拖缆地震作业船都配备了双激发源。双源激发使得 CMP 面元的尺寸在横向上减小了一半。但不论是双源激发还是单源激发，其覆盖次数在横向上总是只有一次。

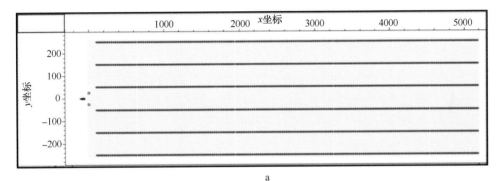

a

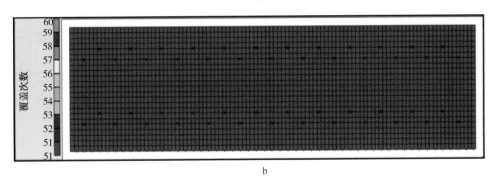

b

图 4.1.1　双源作业观测系统及其覆盖次数分布图

a—双源作业观测系统；b—双源作业覆盖次数分布图

图 4.1.1 是三维拖缆地震数据采集的双源激发观测系统和覆盖次数分布图的实例。图 4.1.1a 为三维拖缆地震数据采集的观测系统。图中蓝色横线所示的是该观测系统使用的六条电缆，每条接收电缆长度为 6000m，接收电缆间距为 100m，在排列的左端的两个黑色点代表两个震源，两震源的垂向距离为 50m，左侧中间蓝色的多边形代表气枪震源船。电缆为等间距分布(分布间距一般为 100m，对于横向面元小于 25m 的小面元，电缆的间距还可以减少。目前的电缆间距控制技术能达到 50m，电缆越长，电缆横向间距控制难度越大)。若船舶具有更大的拖带能力，配备电缆增加，只是在横向增加了接收电缆的条数，其炮检关系不会有太多的变化。

拖缆地震数据采集使用的双源由两个气枪阵列组成，位于拖缆船后部一定的距离(200～400m)，两源通过扩展器的作用在垂直于接收排列线上按一定距离(25～50m)分开对称分布。震源位于船舶后面的距离要考虑船舶噪声、最小偏移距、拖带电缆条数等多方面的因素。正常情况下，船舶拖带的电缆条数越多，震源离船的位置就越远。震源之间的分开距离主要跟地质任务对 CMP 面元在横向上的要求有关。若 CMP 横向面元为 25m，则两气枪阵列震源的横向距离为 50m；若 CMP 面元的横向面元为 12.5m，则两气枪阵列震源的横向距离一般为 25m。在施工过程中，考虑到地震数据的干扰，两气枪震源是交替激发的，交替激发的时间间隔与记录长度和船速等有关。

由于使用双气枪震源进行激发，使用多条电缆进行三维拖缆地震数据采集时，两个震源相对接收排列的位置是不完全一致的，因此最小偏移距和最大偏移距也是不一致的，在横向上都是呈周期性的非均匀分布。

图 4.1.1b 为图 4.1.1a 对应观测系统产生的覆盖次数分布。该图显示了相邻两个航线面元覆盖次数的分布。图中方格网代表面元，颜色代表覆盖次数，中间的黑色的虚线代表炮点激发的位置，显示了两条航迹线炮点的分布。每条航迹线均使用双源进行交替放炮，因此震源位置是不对称的。从图中还可以看出，由于炮点的分布不均，面元上最小炮检距的分布是不均匀的，航迹线之间的距离与船舶拖带的电缆缆数和横向面元的大小有关，电缆缆数越多，两航迹线的间隔距离就越大，其面元上最小偏移距的分布就越不均匀。也就是说，增加三维拖缆地震船拖带电缆数量可以增加施工效率，但面元上近炮检距分布会变差，对浅层目的层的影响会随电缆的增加而增加。

以往三维拖缆地震数据采集作业只能实现横向覆盖次数一次的原因是，拖缆地震作业船舶必须以一定的速度匀速行进，因此整个水下激发和接收数据的单元也随船舶均匀移动，激发点和接收点的相对关系不会随激发点位置的变动而发生变化。当要保持纵向有足够的覆盖次数时，即纵向炮点移动一个单元时，横向放炮的数量要足够多才能增加横向覆盖次数。由于船速必须在一定速度才能保持电缆平衡(后续章节介绍)，因此纵向炮点移动一个单元的时间有限。同时考虑记录长度等因素，即使不考虑装备的限制，横向上放炮的数量也受到限制，从而导致了横向覆盖次数一般仅为一次覆盖。

4.1.2 震源和电缆深度的匹配

拖缆地震数据采集气枪阵列的沉放深度和电缆的沉放深度是影响地震数据采集的一个很重要的方面。根据以往的研究，在使用相同气枪阵列的情况下，其沉放深度与气枪阵列的特性有如下关系：随着气枪阵列沉放深度的增加，用来衡量气枪激发能量的气枪阵列远场子波的峰峰值逐步增加，气枪阵列远场子波的频谱中的有效频带宽度越来越窄。

气枪阵列和电缆的沉放深度都会产生虚反射，如图 4.1.2a，b 所示。在图 4.1.2a 中所示为激发点(气枪)的虚反射，红色的射线为震源激发后经地下地层的反射正常传播到接收点的射线路径，黑色的射线为从震源激出的地震波首先向上传播，遇到水面(强反射界面)的反射，然后经地层反射后到达接收点。二者存在一个比较小的时差，大小与震源沉放深度和波在水中的传播速度有关。图 4.1.2b 中所示为接收点(电缆)所产生的虚反射，该图中红色的传播路径为正常的反射，黑色的传播路径是震源发出的反射波经地层反射后直接传到水

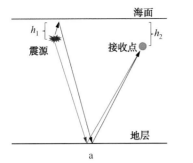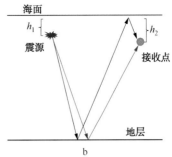

图 4.1.2 激发点与接收点产生虚反射的原理图

a—激发点产生虚反射原理图；b—接收点产生虚反射原理图

面，通过水面反射后到接收点形成虚反射。不论是激发点产生的虚反射，还是接收点产生的虚反射都对子波的频谱会产生影响。合理地选择震源和电缆的沉放深度不仅涉及激发能量问题，而且要考虑虚反射的存在对子波的陷波作用。通过优化激发枪阵和接收电缆的沉放深度，也可以减弱二者的虚反射对子波的陷波作用。

理论研究表明，影响气枪和电缆沉放深度的主要因素为水层虚反射，其频率响应 $H(f)$ 的公式为

$$H(f) = 2 \left| \sin\frac{\pi f h_1}{750} \right| \times 2 \left| \sin\frac{\pi f h_2}{750} \right| \tag{4.1.1}$$

式中，h_1 为气枪的沉放深度；h_2 为电缆的沉放深度。

不难看出，水层虚反射与初始地震波叠加的过程相当于一个滤波过程，这个滤波器是两个正弦波乘积，其滤波特性均为 $\left| \sin\frac{\pi f h_1}{750} \right| = 1$，其综合效应等于两者的乘积。

根据水层虚反射原理可知，不同气枪沉放深度的水层虚反射直接关系到地震资料的频率成分。当目的层深时，气枪沉放深度深一些，有利于接收深层反射波的信息。目的层浅时，气枪沉放深度可以浅一些，以提高地震反射波的频率。

提高激发子波的能量，拓宽激发子波的绝对频宽，是保证地震勘探野外采集质量的一个重要环节。多枪组合有着较宽的子波频宽，同陆上组合激发效应一样，有助于压制海上高频干扰。适当的沉放深度也有助于拓宽有效信号的频带，提高激发能量。图 4.1.3 显示了不同气枪沉放深度和电缆沉放深度所产生的虚反射在频率域的陷波作用。从图中可知，随着气枪沉放深度或电缆沉放深度的增加，其产生的虚反射在频率域会向低频方向移动，即气枪或电缆沉放越深，虚反射对低频的陷波作用越强。

图 4.1.4 为拖缆地震数据采集时不同的电缆沉放深度所获得的单炮记录及对应的频谱。从其频谱可以明显地看出：陷波点的存在及陷波点随电缆沉放深度的增加往低频方向移动；当电缆沉放深度为 8m 时，其第一个陷波点为 120Hz 左右；当电缆沉放深度为 9m 时，其第一个陷波点为 105Hz 左右；当电缆沉放深度为 10m 时，其第一个陷波点为 80Hz 左右。从图中还可以看出，当电缆沉放深度为 10m 时，陷波点的数量明显增多。这主要是由于该地震数据采集的震源沉放深度为 7m。由于激发点和接收点都存在着虚反射，当气枪沉放深度和电缆沉放深度相近时，其陷波点靠得很近，不易区分；当二者的沉放深度差别较大时，陷波点就分开了，因此容易区分开来。

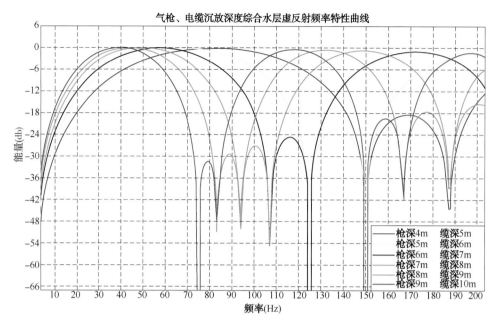

图 4.1.3　不同枪深缆深组合所产生虚反射频率特性的理论计算结果

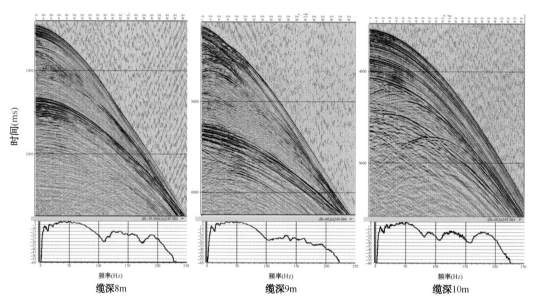

图 4.1.4　不同电缆沉放深度的单炮资料及对应的频谱

4.1.3　船速、记录长度和炮间距的关系

拖缆地震数据采集过程中控制触发放炮的方式不同于陆上地震数据采集的激发方式。陆上地震数据采集是在所有地震数据采集装备都准备好的条件下，由人工发指令给触发器，然后由触发器触发激发系统和记录系统启动，因此能人为地控制放炮的速度。但在海上拖缆地震数据采集过程中，触发器的启动是在放炮时自动进行的。在拖缆船按设计测线行进的过程中，整个地震数据采集装备都处于一个动态的过程中，拖缆船拖着所有的采集设备在匀速地行进，通过 GPS 确定激发源(气枪阵列)到达设计激发点位置的时间，

在到达的瞬间，触发气枪阵列激发并启动记录系统。当气枪阵列中心的坐标和设计激发点的坐标差在一定范围内时，导航系统给气枪系统发出激发信号，并给记录系统发出记录信号，所有这一切都是自动进行的。两炮点之间的间隔时间是由船速和两点之间的距离决定的，因此在拖缆地震数据施工设计工程中必须考虑船速、记录长度、炮间距三者之间的关系，确保两炮之间有足够的时间记录数据，而在数据记录上又不相互影响，公式(4.1.2)展示了三者之间的关系，即

$$V = D/T \qquad\qquad (4.1.2)$$

式中，V 表示船舶航行速度；D 表示炮间距；T 表示地震数据采集单炮的记录长度。

根据公式(4.1.2)，形成了图 4.1.5 所示的关系图。图中绘出了船速从 4kn、4.5kn、5kn、5.5kn 情况下炮点距与记录长度的关系。

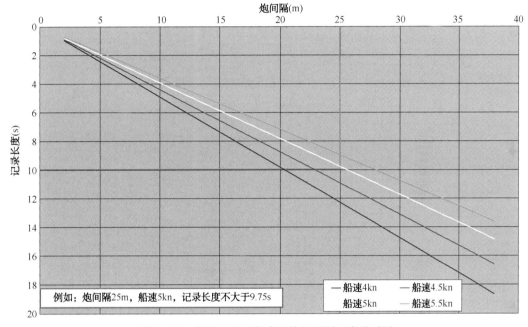

图 4.1.5　船速、记录长度和炮间距隔三者关系图

从图 4.1.5 中可以看出，船速是限定在一定范围的(4kn~5.5kn)，这主要是从拖缆地震数据采集过程的整体考虑的。所有水下设备的受力、船舶的拖力等都是根据此范围设计的，同时还考虑了洋流的速度(顺流和逆流时是不相同的)。另外，在此速度范围内和常规洋流条件下，拖缆船后的电缆既能拖直，又能保证产生的噪声在可接受范围内。而地震数据的记录长度是由勘探目的层埋深等因素决定的，炮间距直接影响着地震数据的覆盖次数。因此正确处理三者的关系是拖缆地震勘探工程设计中必须考虑的因素之一。

4.2　导航定位

深海拖缆地震勘探作业中的导航定位与其他地震勘探导航定位相比，在技术要求、质量控制、作业方法和生产组织等方面，既有许多相似之处又存在很多差异。

4.2.1　独特的施工环境

由于海水受在潮汐、海地地形、风等自然环境的影响和作用下，每时每刻都处在运动之

中，拖缆地震勘探的数据采集都是在动态中完成，这就要求我们作业船只能够在动态中进行准确的导航定位和地震数据的同步采集。同时拖缆作业的工区远离陆地，一般为十几千米到几百千米，目前陆地上使用的 RTK 定位技术和近距离差分技术已经不能满足需要。这也要求使用远距离差分技术和广域差分定位技术进行导航定位或多种差分技术相结合的方法来实现动态中的长距离实时定位，求出精确的 WGS84 坐标系的绝对坐标，保证导航定位数据的可靠性和准确性，以及地震勘探现场作业的连续性。

4.2.2 综合导航定位技术的应用

深海地震勘探中对于导航定位技术的要求一般包括：能够进行船舶位置的实时导航监控；能够进行水下设备(电缆、枪阵等)的实时定位；能够测定物理点的海底高程；能够做到同步放炮、同步导航控制、同步地震资料记录；能够控制船舶的行使和操控；能够进行统一的生产组织。要实现以上的要求，必须把定位、罗经、声学和测深等设备通过综合导航软件整合到一个统一的平台上，以满足物探生产和数据质量控制的需要。

因此在深海拖缆地震勘探中，综合导航技术是整个地震数据采集的中枢神经，它像一个链条一样把整个施工串联起来，并指挥和协调整个地震数据采集作业。综合导航系统是拖缆地震勘探的控制核心，其作用为：

(1) 为地震船行驶提供导航信息；
(2) 为地震震源、检波点定位；
(3) 控制点火放炮；
(4) 共反射点面元计算；
(5) 实时质量控制；
(6) 与地震勘探仪器交换信息。

4.2.3 差分 GPS 定位

综合导航系统实时采集所有定位传感器的数据，对其进行实时计算处理，在此基础上进行实时控制。海洋地震勘探对导航定位精度要求较高，三维勘探时要求更高。为了提高实时快速定位的精度，当前海洋地震勘探采用差分 GPS 定位，即 DGPS。差分 GPS 是在已知位置点上建立基准站，连续跟踪所有可见卫星进行定位，通过已知卫星位置，分别确定卫星星历误差、卫星钟误差和大气延迟误差等各种误差源所造成的影响，然后再设法把求得的误差修正值通过无线电数字链将它传送给用户(地震船)，用户则采用适当方法对测量结果进行修正。差分 GPS 也是消除美国政府的 SA 政策所造成的危害(使精度降低到 100m)的有效手段。

对单点定位结果进行误差修正称为位置差分，其精度达 5~10m。但是，它要求基准站和移动站(用户)必须观测相同的卫星，否则误差达几十米。对每颗卫星的伪距观测值进行修正的定位方法称为伪距差分，其精度为 3~5m。若再进行相位平滑，其精度可达米级，称为伪距差分相位平滑。如图 4.2.1 所示，基准站设在海岸上已知点处，此岸台也叫参考台，它实时接收卫星信号，将差分修正值通过无线电台送到勘探船，船上的 GPS 接收机接收修正信号，经过计算最后得到船的位置，在显示器上显示导航信息。

目前又发展了空间差分 GPS。它不受高山、岛屿等地形地物的限制，基准站实时接收卫星信号，并将差分修正值发射到空中卫星上，然后由卫星再将差分修正信号传到移动站（如地震船上的 GPS 接收机），移动站对所接收的信息进行计算，获得导航定位数据。空中差分 GPS 作用距离可达 2000km，精度误差小于 5m，这是常规差分 GPS 所不及的。空中差分 GPS 必将越来越多地用于各种导航定位中。

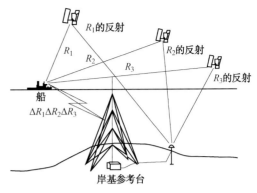

图 4.2.1　差分 GPS 简图

深海拖缆地震勘探船一般采取双定位系统进行定位。深海拖缆地震数据采集成本很高，为了确保定位数据准确，在船上安装了两套独立的 DGPS 接收装置，同时接收来自不同系统的差分信号，根据信号接收机天线的位置来相互校正其接收到的数据的准确性。一旦一路或两路差分信号出现问题，两接收机计算得到天线的位置与实际天线的相对位置就后发生偏差，从而提示报警。

4.2.4　导航定位设备

深海地震勘探导航定位所用的设备可分为主要定位设备和辅助定位设备，每种设备都有不同的用途和功能。

主要定位设备是指 GPS 测量设备，它为船位实时提供位置信息，主要设备包括：

（1）陆地（岸台）上架设有参考站（包括电台架）和中继站，必要时还用流动站进行监控 GPS 信号，以确保 GPS 定位的正确性。

（2）船只上架设有流动站，用于实时导航与定位。

辅助定位设备主要用于确定船上及拖缆各物理点的位置。用于船上主要有电罗经及第二定位系统；用于确定拖缆位置的有罗经鸟、声学和激光系统、相对 GPS 定位等。

（1）电罗经：实时提供主船的方位，利用 GPS 定位点和这个方位可推算出船上任何位置的坐标。

（2）第二定位系统：可实时提供船的位置，以检核 GPS 主定位系统，同时在主定位系统不稳定时，还可以代替主定位系统正常工作，保证定位作业的连续性。

（3）罗经鸟：可实时提供拖缆上各节点的方位，为计算拖缆上各节点位置提供依据。

（4）声学和激光系统：测定船上各节点之间基线距离，为计算拖缆上各节点位置提供数据依据。

（5）相对 GPS 定位：测定拖缆网上节点与船上参考点之间的相对距离和方位，使整个定位网络系统的基准已知点均匀分布。

4.2.5　激发点定位

激发点的定位技术是深海拖缆定位中非常重要的项目，对于激发点的定位同样也采取至少两套独立的定位系统进行定位，相互校正，从而保证激发点的定位准确性。

深海拖缆地震采集的激发方式经过多年的发展，基本形成了以气枪组合为主的激发模式，因此对于激发点的定位就是对气枪阵列定位，现阶段对于气枪阵列定位的方式有以下3种。

4.2.5.1 激光定位方式

激光定位方式是早期用于对气枪阵列定位的一种方式。具体实施方式是，在每个枪阵阵列的浮筒上方安装一个激光反射靶，即棱镜，在船的尾部安装一台激光扫描器。在施工过程中，激光发射器发射激光扫描反激光射靶，通过反射来的激光信息、船的 DGPS 的位置来确定气枪阵列的位置。激光发射器是以一定的角速度沿一个扇形从船尾对船舶进行扫描的。GPS 技术发展之前这种方法是对拖缆地震震源进行定位主要方法。由于受海浪的影响，拖枪阵列浮筒上的激光反射靶在水中上下左右晃动，因此当海况条件较差时，其数据采收率较差。

4.2.5.2 声学定位方式

声学定位是气枪阵列中心的悬挂一个声学应答器，在地震船的船底安装一台声学发射器，通过测定从发射器到应答器返回的时间和发射器在船上的位置，从而计算震源中心点的位置。海水的温度和盐度直接影响声学传播速度，海水的浑浊度和船螺旋桨产生水流直接影响声学数据的采收率和定位精度，因此声学定位方法要求定期测量声波在海水中的传播速度，用于计算声学定位成果。

4.2.5.3 RGPS 定位方式

随着 GPS 技术的发展，在气枪阵列的浮筒上安装 RGPS 已被广泛的使用，就是直接在气枪阵列的浮筒上直接安装 RGPS 接收机，与船上的 DGPS 形成系统，从而确定气枪阵列的位置。

为了准确测定每个激发点的位置，在拖缆地震数据采集过程中往往都要使用上述两种不同的方法对激发点进行定位，两种方法进行相互校正。同时，随着电子技术和勘探装备技术的进步，RGPS 定位技术逐渐成为气枪震源定位的主要方法。其主要措施是在由多气枪子阵组成的气枪阵列中的每个子阵浮筒上安装一个或两个 RGPS 接收天线。若安装一个 RGPS 接收天线，往往安装在子阵浮筒的中部或尾部；若安装两个 RGPS 接收天线，其 RGPS 的接收天线位置分别安装在子阵浮筒的前端和尾端。拖缆地震勘探气枪阵列一般都由 3 个以上的气枪子阵列组成一个气枪震源，因此每个震源至少由 3 个以上的 RGPS 对气枪阵列进行定位，从而保证定位精度和容错性。

4.2.6 接收点定位

电缆定位是海上拖缆地震数据采集最关键的技术之一，直接影响地震资料的成像精度。进行地震数据采集的电缆一般长 3~12km，由于洋流的冲击作用，整个电缆的形态是弯曲的，因此准确的定位至关重要。根据作业方式，现在常用的电缆定位方法有以下几种。

4.2.6.1 罗盘定位方式

为了确定电缆在水下的位置，一般在电缆上等间距的配置罗经鸟，如图 4.2.2 所示。正常情况下是每 300m 配备一个罗经鸟。在施工过程中，罗盘数据会时刻传送到船上的处理中心，然后根据船的位置和电缆上罗盘数据，推导出电缆上各个检波点的位置。对于没有罗经鸟的检波点采用内插的方法得到。

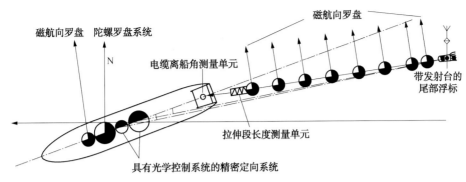

图 4.2.2　拖缆上的磁罗分布图

4.2.6.2　RGPS 定位技术

　　RGPS 定位技术是在每条电缆尾部的浮漂上安装一个 RGPS 接收机(图 4.2.3),接收来自船上发射的信号,从而确定尾标的相对船的位置,然后根据船的绝对位置推算出尾标的位置。

图 4.2.3　拖缆尾标及 RGPS 接收机

4.2.6.3　声学定位技术

　　相对于无线电波信号来说,声波信号可以在水下传播较远的距离,因此声波发射和接收设备可以用来进行目标定位与导航。在远离海岸的区域进行水下相对定位时,可以考虑采用声学定位系统,它能够提供局部的、实时的、精确的位置信息。声学定位主要利用声波在海水中的传播速度和时间来确定两个声学传感器之间距离。声学定位系统可以按具体的工作原理的不同细分为:长基线、短基线和多普勒声呐系统。

　　进行拖缆作业的声学定位系统不同于以上几种声学定位系统。它由一系列安装于拖缆作业船、枪阵阵列及电缆上的声学传感器和作业船上的声学定位控制系统组成。每个传感器内部只有一个声学换能器用于声学通信。作业船上的声学定位控制系统包括 DMU(声学数据采集单元)、声学定位采集软件和控制手簿。水下部分包括:用于电缆定位的声学传感器、枪阵列上的枪阵声学传感器和船体声学传感器。

　　电缆的声学定位技术一般应用于三维地震数据采集,其主要原因是声学定位系统必须形成一个闭合网络,同时由于用的声波频率较高,在水中的传播有限,因此只能用于三维地震数据采集。声学定位系统随着技术的发展也在快速地发展，早期声学网只在电缆的前段和尾部配备（图4.2.4a），逐渐发展成在前段、中部和尾部都配备声学定位系统（图4.2.4b），现已在整个网上都配备了声学网络（图4.2.4c）。

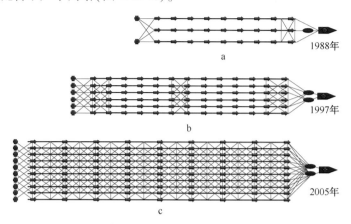

图4.2.4 深海拖缆声学网络配置的发展历程

首先利用声学发射和应答器检测出电缆间和检波器的相对位置，然后根据船的位置确定电缆的位置。

对于拖缆地震数据采集，其电缆的定位也要求至少两种定位方式同时使用。对于三维地震数据采集，上述3种方式要求同时使用，通过不同的系统得到的各接收点的数据进行相互校正。

在多缆多源地震数据采集中，对导航定位提出了更高的要求，必须高精度实时计算多条电缆和震源的位置。由于多缆作业时，震源和电缆都由扩展器扩到船的两舷之外，定位的难度大大增加，必须使用专门定位设备和特殊方法。生产中通常采用综合定位方法，即同时使用电罗经、磁罗盘、声学定位系统、激光跟踪系统和GPS尾标跟踪系统，构成综合定位网络，如图4.2.5所示。解算时，要利用所有的来自传感器的数据，按最小二乘原则（动态卡尔曼滤波）得出最佳的目标状态信息。由于冗余观测数大大增加，网络的强度也大大提高，有了更多的检测条件，保证定位的精度和可靠性。

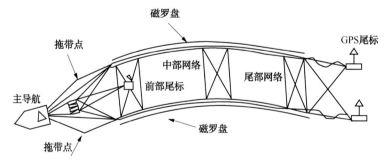

图4.2.5 拖缆作业中的定位系统

4.2.7 导航定位数据实时采集和处理

深海地震勘探多缆作业时，综合导航系统要在一个炮间距时间内，接收多达上千个位置传感器的数据，并对其标定接收时刻的时间；滤波、内插、平滑、剔除粗差、对丢失的数据进行恢复；按模型计算出电缆上每道的位置和对应的共中心点位置，并将这些位置统计到反射点所在的面元并实时显示出来；同时要计算出定位、航行所需的质量控制信息；将所有的数据记录到磁盘和磁带，供后续处理之用。导航定位采集到的数据都以 P2/94 数据格式进行储存。P2/94 数据格式是对原 P2/91 数据格式的拓展，在原有基础上增加了 GPS 和 DGPS 的原始数据记录。P2 是海上导航定位的原始数据；P1 是用于地震资料处理的数据格式。

P2 是一种纯文本格式的记录，它的每一条记录都包括 80 个字节的长度，并且列的编号是从 1~80 列。P2 的记录类型包括以下 4 种。

H 记录：头块记录，所有与导航定位和项目相关的信息都必须在头块记录中予以说明。

C 记录：说明记录，都与其临近的记录进行说明。

E 记录：事件记录，与外部事件相关的记录。

T 记录：交互事件记录。

所有的节点偏移和地震采集排列也必须在 P2 文件中给出明确的定义。关于 P2 文件的详细说明可参考 P2 格式说明，这里仅给出有关 P2 的一些一般性的规则。每条记录 80 个字节长，必要时使用空格填补，在 DOS 系统下，每行必须以回车和换行符号结束。没有数据的记录可以删除或保留空白。从定位传感器获得的 0 数据应记录为空白记录。所有的改正项应定义为原始数据的附加值。文件或测线从 H000 记录开始，并保持连续性，说明记录应尽可能地靠近要说明的记录，但不应在 H000 记录之前出现。在地震放炮时刻发生的事件，所有的 E 记录都被认为是在放炮的那一刻发生的事件。交互事件的时标指的是主船的时间系统。除非特别指出，所有的文本记录左对齐，所有的数据记录右对齐。文件中所有的英尺指的是国际英尺(ft)，即 1ft=0.30480m。关于 P1 文件可参照 P1 格式说明，其中在本系统中只涉及海上勘探部分，在接收点位坐标中，第三维指的是电缆深度。

实时数据处理时，采用卡尔曼滤波，首先要分别对地震船、各种水中浮体和电缆建立状态向量。地震船的状态向量为位置、位置的变化率(速度)和船的侧航角。各种浮体的状态参数为其位置和速度。电缆的状态向量取决于描述其形态的模型，但一般要包括拖带点处和备份段处的位置和纵横向速度。通过建立各种观测量的观测方程和描述目标运动的状态方程，就可实时滤波。每当有传感器的数据更新，滤波器就要推估出新的状态。卡尔曼滤波也属于最小二乘估计，即使用最小二乘平差也可得出相同的结果，其相对最小二乘的优点是它同时使用动态模型和测量模型。测量模型通过处理观测数据来得出当前的位置；动态模型在先前位置的基础上，根据目标的运动规律，估计出当前位置。滤波器根据统计特性在这两者之间进行折中，得出最优的状态信息。因为卡尔曼滤波比最小二乘法使用了更多的信息，如所处位置和状态转移规律，可得出更精确和可靠的结果。

三维面元统计是海上拖缆地震勘探的综合导航系统与其他导航系统的最大区别。面元统计的目的是实时监视和控制地震数据采集的质量，并为地震船的航行和补线提供依据。现代三维拖缆地震数据采集都要求在纵向上采用多次覆盖方法，即在同一面元内，接收到的电缆近、近中、远中、远道的反射次数达到要求的指标。具体的实施过程是把电缆按等距离的分成四段，通过放炮时激发点和接收点位置，实时计算反射点的位置，从而计算不同段的面元覆盖分布通过图(图 4.2.6)/通过实时监控覆盖次数分布图来监测施工状态。如果由于羽角过大造成某些面元根据采集合同或者采集标准进行面元扩展后不能达到要求的覆盖次数，就需要补线。在一般拖缆三维地震采集过程中，将偏移距等分为四段，分别称之为近偏移距、近中偏移距、远中偏移距和远偏移距，其对应的面元扩展后的覆盖次数要求分别为 90%、

80%、70%、60%(合同中有特别规定除外)。补线的原则就是要根据一个扩展后面元覆盖次数缺失情况进行分析,确认每个补线区需要补线的是近偏移距、近中偏移距、远中偏移距和远偏移距中的某一段(也可能是其中任意一段或多段),然后再实施。通常要优化补线方案,使之能满足质量要求的同时效率最高。针对不同类型的面元扩展方式,目前常采用 Fan-Mode(扇形模式图 4.2.7)进行优化施工,Fan-Mode 是高效的拖缆地震数据采集解决方案,尤其是在有明显和不可预测的羽角的地方。它结合了利用拖缆横向控制设备组成的扇形电缆采集技术、导航中基于偏移距的面元扩展和处理中的智能插值技术。Fan-Mode 技术在保持规定的面元覆盖的同时显著降低了补线需求,进而在保证数据资料品质的前提下,减少施工时间和 HSE 风险,提高野外地震数据采集效率。

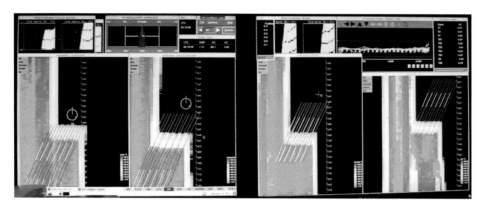

图 4.2.6　拖缆施工覆盖次数实时监测图

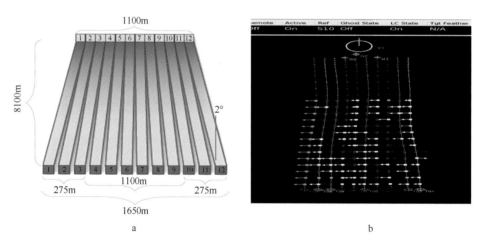

图 4.2.7　Fan-Mode(扇形)作业电缆间距图(a 为示意图;b 为现场实时电缆形态图)

　　为了面元统计,在一个三维区块放炮之前,首先要定义面元格网。每个格网的长度一般等于炮间距,宽度为测线间距,且平行于测线。格网是以数据库形式存在计算机内。采集作业时,综合导航系统首先根据各种观测值实时计算出震源和电缆各道的位置,震源和各道的中心点就是反射点的位置,根据反射点的位置,就可判断出该点落在哪一个面元之内。这样每个面元内的反射点次数就可实时统计出来,并随放炮的进行而更新。过去的导航系统使用数字显示面元覆盖情况,现代的导航系统大都采用不同的颜色表示不同的覆盖次数。

　　为了精化实时面元统计,在有导航现场处理系统时,可在每条测线采集完成后,进行现场后处理,得到更为精确的反射点坐标。用后处理的结果更新数据库,可得到更为精确的面元统计结果。世界上各大地球物理公司都相继推出其综合导航系统，各系统配置大同小异，作用是相同的。随着三维地震勘探技术的发展，多缆作业的实施时，使所需处理的数据量增大，对计算机容量及处理能力要求更高。现在使用的导航系统大都采用多台工作站，通过网络相互连接，采用协同处理。

4.3 激发

激发作为地震数据采集的 3 个关键环节之一，直接影响着地震资料质量。作为海上地震作业的主要震源——气枪，一直是近年研究的主要内容。随着石油地球物理勘探向海上的发展，用于海上地震数据采集的激发方式也在不断地改进和完善。

4.3.1 电火花激发

为了寻找更合适的激发方式，各类专业人士也在寻求其他的方法代替炸药激发。在 20 世纪 60 年代，对电火花激发技术也进行了尝试，在船上安装大量的晶体管，进行充电，然后把放电电极放到水中，同时放电产生地震波。这种方式也存在能量弱和重复性差两方面的弱点，因此没有发展起来。

4.3.2 气枪激发

为了寻找更专业的适合海洋作业环境的激发方式，1964 年美国 Bolt 公司发明了气枪，并因此在 SEG 年会上被授予 Kaufman 金奖。从此，气枪开始应用于海洋地质调查，但当时是 5000lb/in^2，基本上是使用单个大容量的气枪激发。随着海洋环保要求的提高，5000lb/in^2 气枪压力逐渐被 2000lb/in^2 压力所取代。但由于压力的降低，激发能量也在减小，为了获得足够的激发能量，伴随着电子技术的发展，气枪阵列组合激发开始应用于地震勘探（图4.3.1）。现在主要流行的气枪类型有 Bolt 枪、Sleeve 枪和 G 枪。拖缆地震数据采集作业使用气枪组合激发，气枪阵列组合设计及特性评价同 OBC/OBN 作业，详见第 3 章相关内容。

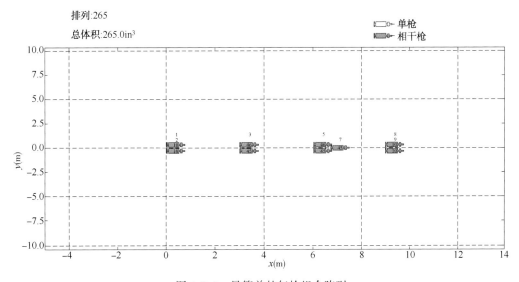

图 4.3.1　最简单的气枪组合阵列

4.4 接收

地震勘探工作中最首要的问题是获取高质量的原始地震资料，其中地震勘探仪器起着核心作用。地震勘探仪器是一种接收和记录地震波的精密电子仪器与计算机等组合在一起的专门装置。地震勘探仪器的主要任务如下：

（1）提供尽可能丰富的、高信噪比、高分辨率和高保真度的原始地震记录。

（2）准确记录地震勘探空间采集及时间采集等参数，如测线号、排列类型、激发类型、施工时间、采样间隔、记录长度、记录号、固定增益及滤波档等。

地震勘探仪器历经了半个世纪的发展。随着电子工业、计算机技术和地震勘探方法的飞速发展，地震勘探仪器在逐渐完善和提高。从仪器的记录内容和方式来看，大致分为三代：第一代是模拟光点记录地震仪；第二代是模拟磁带记录地震仪；第三代是数字磁带记录地震仪。第一代模拟光点记录仪器，约从 20 世纪 30 年代至 50 年代中期，由于光点感光方式的限制，动态范围仅在 20dB，频带宽约 10Hz，带通滤波器的中心频率一般为 20Hz、30Hz、40Hz 等，其增益控制方式为一般的控制方式，其记录波形直接显示在相纸上，不能做重新处理，信号是模拟信号。第二代仪器是模拟磁带记录地震仪，从 20 世纪 50 年代中后期至 60 年代中期，它采用半导体元件，仪器动态范围为 45dB，频带宽 15~120Hz，增益控制方式采用公共增益控制或程序增益控制。根据磁带记录特性它可以多次重复回放，并能实现多次叠加、滤波等处理。它比光点记录仪有很大的优越性，但还存在速度慢、信噪比低及动态范围不大的问题。从 20 世纪 60 年代中期开始，第三代地震仪器发展为数字地震仪，它具有精度高（振幅精度大于 0.1%）、动态范围可达 130dB、灵敏度高（记录最小信号小于 0.1mV）、频带宽（3~250Hz，甚至可高达 500Hz 以上）等优点，可与计算机直接联机，作多种数据处理和解释工作。其增益控制方式由最初的二进制增益控制很快发展为瞬时浮点增益控制方式。直到现在，大多数数字地震仪都采用此种增益控制方式。

20 世纪 80 年代末集成电路技术进一步发展，出现了 24 位模—数转换器，它取代了浮点放大器和 15 位模数转换器，动态范围真正达到 130dB，为高分辨率勘探提供了理想的采集装备，使数字地震勘探技术实现了新的飞跃。

20 世纪 90 年代初，随着计算机技术的高速发展，形成了当代数字地震仪发展的新局面。目前，在石油工业中使用的数字地震仪的型号主要有：美国 A. A. Inc 公司生产的 OPseis-5500 型无线遥测地震仪；美国 Fairfield 公司生产的 Telseis-RtDt 型地震仪；美国 OPseis 公司生产的 OPseiss-Eagle 型地震仪；美国 I/O 公司生产的 SYSTEM-II 24 位模—数转换器的遥测地震仪；法国 Sercel 公司生产的 SN408 地震仪。1999 年我国从美国 Fairfield 公司引进了 BOX 无线遥测采集系统。

最早的第一代地震仪是采用照相纸来记录的，放一炮后显影定影，清洗晒干。随着技术的不断发展和更新，模拟磁带仪器用模拟磁带记录，后来的数控地震仪都采用数字磁带记录，到目前为止已经发展成为多种记录介质并存的时代，如磁带、磁盘、光盘、光带等。数字地震仪正在不断地发展和更新，现已有光导纤维传输、遥测传输，并向超多道、智能化方面发展。

地震勘探仪器由地震检波器、传输电缆、地震记录系统组成。地震检波器是一种机电转换装置，是一种传感器，它将质点振动转换为电信号，通过它传输到地震电缆线上。

电缆线是传输地震信号的载体，检波器输出的电信号通过电缆传输给地震记录系统。目前地震电缆已由传输模拟信号的多芯分段电缆发展为传输数字信号的数字传输电缆、光纤电缆，甚至发展为采用无线电和微波传输数字信号了。

地震记录系统将电缆或其他方式传来的信号进行放大、滤波、格式转换等，并经磁头记录在磁带上。另外，与地震记录系统相配套的有地震记录回放显示系统、质量监控系统及测试系统。

地震仪通常由前置放大器、模拟滤波器、多路采样开关、增益控制放大器、模数转换器、格式编排器、磁带机、回放系统组成。把对应于每个观测点的地震检波器、放大系统、记录系统所构成的信号传输回路总称为地震道。经过前置放大器初步放大，再做去假频滤波，以防止信号经离散采样后出现的假频干扰。多路转换开关在一个采样间隔内和每道接通一次，把多道地震信号离散化，并合成一路，再经过模数转化器把离散了的模拟量转化成数字量，按一定格式记录到磁带上。数字磁带上的编码有 NRM 编码、PE 编码、GCR 编码等几种。记录在数字磁带上的格式以 SEG-D 格式为主。

地震勘探记录仪器种类很多，各有其特点，但可归纳为三大类型。分别为：集中式逻辑控制型数字地震仪；集中式数控型数字地震仪；分布式遥测型数字地震仪。

海上地震勘探的接收系统也经历了从集中式采集到分布式遥测型数字采集的过程。早期由于接收道数少，所有的采集单元都集中在船上，采集到的模拟信号通过有线传输到仪器，然后经过模数转换，记录到磁带。但随着记录道数的增多，这种方式导致了电缆大量的增加，同陆上地震勘探接收系统一样，发展成分布式遥测型数字采集系统，即把采集单元的模数转换部分进行了分散，使其均匀地分布在电缆中，通常叫采集站。

深海拖缆地震采集系统一般由船上记录控制系统和水下数据采集传输系统两部分构成（图 4.4.1，图 4.4.2）。

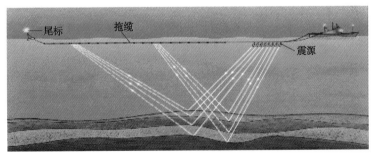

图 4.4.1　深海拖缆地震采集系统

图 4.4.2　地震采集船上记录系统

船上系统部分主要包括数据控制部分、磁带机、操作平台、绘图仪、打印机等，负责对传输上来的数据进行分选、传输、储存、下达数据传输命令等。不同的船配置的设备数量也是不完全相同的，对于只具备二维地震数据采集的船舶其配置就相对简单，而三维数据采集的船舶，根据配备的电缆数量也决定了相对应数据控制和存储单元的配置。

水下部分主要包括前导段、弹性段、数字包、采集段(包含检波器)等。

海上地震采集系统与陆上采集系统的最大差别主要是由于其作业方式的不同而表现出来的，主要有：

(1) 检波器的不同：海上地震数据采集是在海水中进行的，因此使用的检波器是压力检波器，即压力检波器中的压电陶瓷片通过接收水中的压力，转换为电信号。

(2) 供电系统的区别：陆上地震采集可以采用分散式供电的方式进行，即在接收系统的不同位置进行供电，而海上地震采集系统只能使用集中式供电的方式，因此限制了单根电缆的带道能力。

法国 SERCEL 公司开发的 SEAL 系统是世界上市场占有量最大的拖缆仪器系统，其 400 系列仪器被各大地球物理公司采用。

4.5 质量控制

拖缆地震数据采集质量控制技术主要包括地震数据采集前地震数据采集装备的各种质量控制和拖缆地震数据采集过程中的质量监控。

拖缆数据采集的各项设备质量控制主要包括：

(1) 扩展的海底封检波器灵敏度测试和分析；

(2) 气泡测试和扩展的分析；

(3) 气枪充注测试和分析；

(4) 电缆拖拽噪声测试和分析；

(5) 背景能量衰减测试和分析。

拖缆地震数据采集过程质量控制主要包括：

(1) 监视辅助道(TB 信号，枪阵同步和近场子波)；

(2) 数据解编；

(3) 道头信息检查；

(4) 分频扫描；

(5) 频谱分析；

(6) 抽近道剖面；

(7) 导航数据匹配；

(8) 观测系统检查；

(9) 噪声炮分析；

(10) 共炮集噪声分析；

(11) 共道集噪声分析；

(12) RMS 噪声分析；

(13) 速度分析；

(14) 粗叠加二维分析。

（15）近道叠加数据体检查；

（16）近道低覆盖叠加三维频谱数据体的生成和显示

（17）全工区环境噪声 RMS 数据三维数据体生成和显示。

4.5.1　监视辅助道(TB 信号、枪阵同步和近场子波)

拖缆地震数据采集的辅助道一般包括多种信息如 TB 信号、枪阵同步和近场子波等。通过对这些信息的监控也是拖缆数据采集质量控制的一部分，图 4.5.1 和图 4.5.2 就是相关的监控图件。

图 4.5.1　TB 信号显示

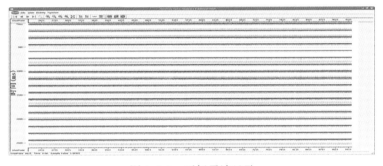

图 4.5.2　近场子波显示

4.5.2　数据解编

解编后的数据的采样间隔，记录长度等参数必须与采集合同保持一致；解编后的炮数要与仪器班报保持一致。

4.5.3　道头信息检查

道头是标识每个地震道特征的信息。因此需要在资料采集过程中检查数据的道头信息，根据仪器记录的道头标准，检查数据中所有的道头信息是否正确(图 4.5.3)。

4.5.4　分频扫描

分频扫描又被称为带通滤波。主要用来分析原始地震资料中有效波和干扰波的频率分布范围，从而确定预处理以及后续处理时的滤波参数，图 4.5.4 为分频扫描的实例。

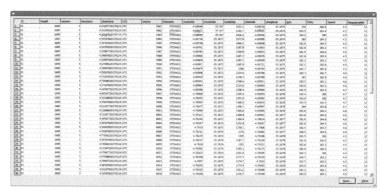

图 4.5.3 道头信息检查

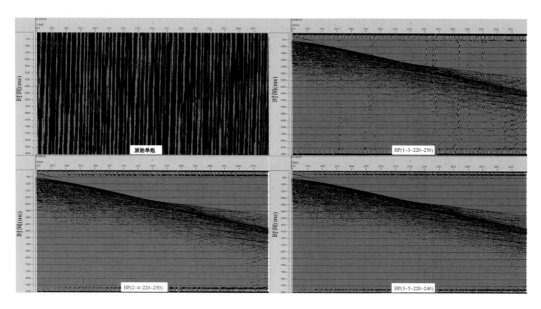

图 4.5.4 分频扫描

4.5.5 频谱分析

频谱分析是通过傅里叶变换计算和显示地震资料的平均功率谱和相位谱（如图 4.5.5 所示），主要用于分析地震资料中有效波和干扰波的频率分布范围，为后续处理提供参考。

4.5.6 抽近道剖面

如采用六缆进行地震数据采集时，显示第三缆第一道和第四缆第一道的近道剖面（如图 4.5.6 所示）。

4.5.7 导航数据匹配

检查导航数据和地震数据的匹配情况，监视左源近道，右源近道相应的导航数据和地震资料初至的匹配情况，如图 4.5.7 所示。

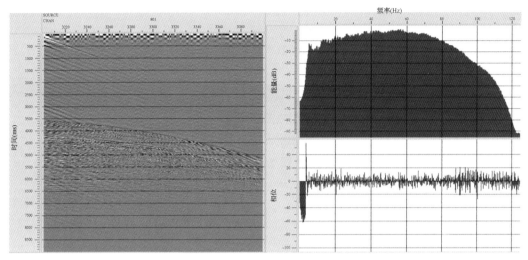

图 4.5.5　频谱分析

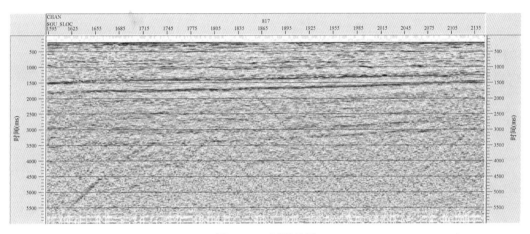

图 4.5.6　近道显示

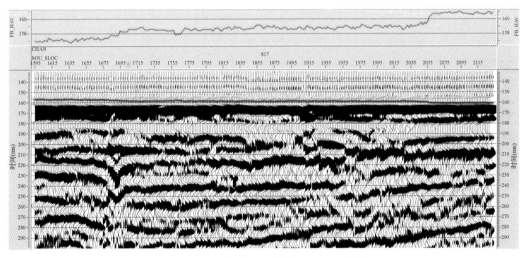

图 4.5.7　导航与地震数据匹配显示检查

4.5.8 观测系统检查

观测系统表示震源和接收点之间的相对关系，观测系统定义的正确与否直接影响后续处理。因此在完成观测系统定义后必须要分析观测系统属性，检查观测系统定义是否正确(图4.5.8)。

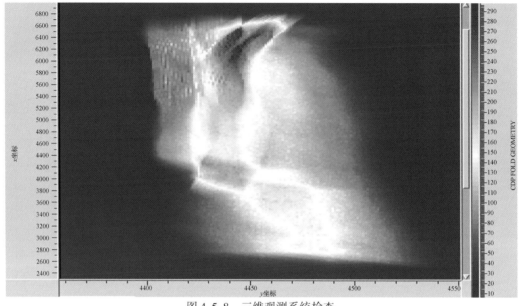

图 4.5.8　三维观测系统检查

4.5.9 噪声炮分析

上线前野外噪声炮分析。通过上线前(指在拖缆地震作业每个测线正式放炮前)空采集数据(无激发野外记录)来监视环境噪声的水平。图 4.5.9 为对环境噪声水平分析图件。

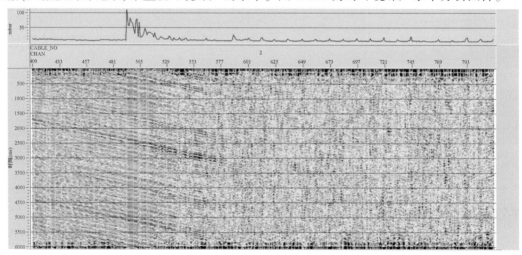

图 4.5.9　噪声记录与分析

4.5.10 共炮集噪声分析

共炮集叠加噪声分析：对地震数据滤波后进行共炮集横向叠加。这样就可以放大炮集中同一时间上出现的噪声，有效识别电缆串感应等时间上一致性强的噪声(如图 4.5.10 所示)。

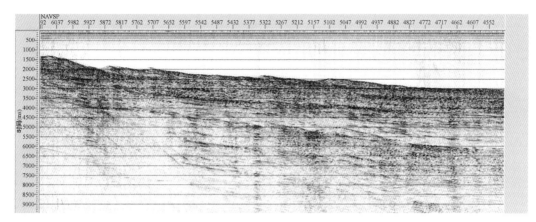

图4.5.10 共炮集噪声分析

4.5.11 共道集噪声分析

共道集叠加噪声分析：利用拖缆地震数据采集接收系统通道号与地震记录道号固定对应德银特点，对地震数据滤波后进行共道集叠加，将每一道接收的地震信号经过叠加后放大，可以有效分析检查地震道的灵敏度和噪声(如图4.5.11所示)。

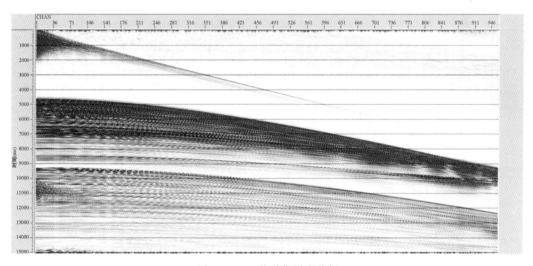

图4.5.11 共道集噪声分析

4.5.12 RMS 噪声分析(均方根振幅值和噪声分析)

(1) 环境噪声分析(三维作业时所有电缆轮流作)，选初至以上近道时窗分析(如图4.5.12所示，在50~500ms大致范围内，避开近道，选中等偏移距的道做分析，根据水深情况进行调整)。

(2) 有效信号均方根振幅值分析(三维作业时航行线上所有电缆轮流作)，如图4.5.13所示。

(3) 背景能量分析(三维作业时航行线上所有电缆轮流作)，如图4.5.14所示。

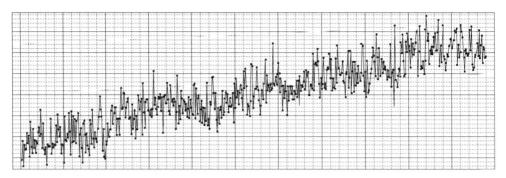

图 4.5.12　环境噪声能量分析

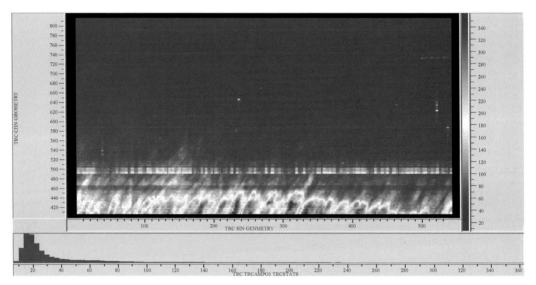

图 4.5.13　有效信号能量分析

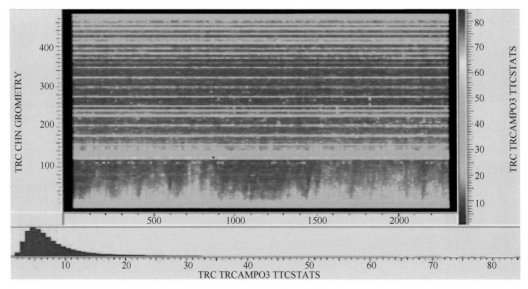

图 4.5.14　背景能量分析

4.5.13 速度分析

地震波速度是贯穿整个地震勘探过程中最重要的信息。地震波速度是确定采集参数的重要依据，也是决定地震资料成像质量和分析地层属性的关键参数。速度分析一般指速度谱计算或者速度扫描，通过对叠前地震数据进行速度分析来获取地震波速度（如图 4.5.15 所示）。

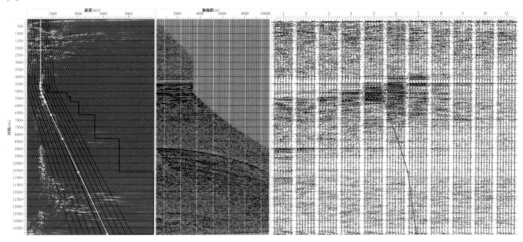

图 4.5.15 速度分析

4.5.14 粗叠加二维分析

每个航行线选一根缆的二维叠加（三维作业时选单缆轮流作），具体流程为：

读入一根缆的地震数据，加载观测系统。解释速度、试切除参数、预滤波、球面扩散补偿、预测反褶积、时差校正、叠加（图 4.5.16）。对于叠加和相应的速度提取，BGP 提出了自己的国际行业内首创的专利技术（董凤树，全海燕，罗敏学等）。这项专利实现了在三维系统加载反映导航定位数据的单源单缆全数据叠加，并促使了在处理软件中对质控流程的系统改进、整合的单一化（董凤树，内部报告，2011），提高了 QC 精度，可靠性和效率。

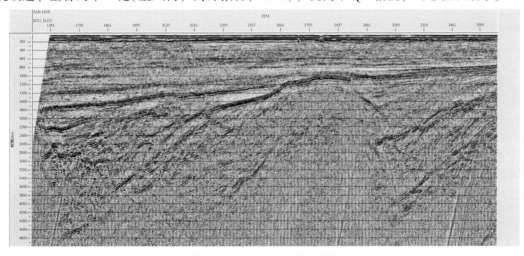

图 4.5.16 专利技术的定位融合的单源单缆全数据叠加显示

4.5.15　近道叠加数据体检查

做三维近道数据体，采样率4ms，选11~20道，做带通滤波，时差校正(再对三维数据体进行速度解释，选一组经过解释的能够代表当地工区的时间速度对)，三维叠加。

4.5.16　近道低覆盖叠加三维频谱数据体的生成和显示

近道低覆盖叠加三维频谱数据体的生成和显示，用于精细监测震源的各个频率成分的能量平面空间分布，从而分析其随航次变化的稳定性。这对四维地震采集资料的运用具有重要的意义。图4.5.17是切片显示样例。

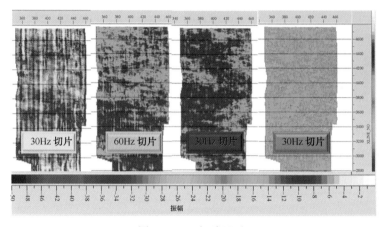

图4.5.17　切片显示

4.5.17　全工区环境噪声RMS数据三维数据体生成和显示

全工区环境噪声RMS数据的航线号—炮号—道号的三维数据体生成及地震数据格式的储存和显示，以及SEGY格式输出，能够全面反映整个工区的采集过程中每一航次的每一炮的每一道的噪声水平。图4.5.18是在形成的全采集过程的航线序列号—炮号—道号组成的RMS三维数据体(RMS Cube)上进行的同道切片，显示了同一道在整个采集过程中的噪声变化。

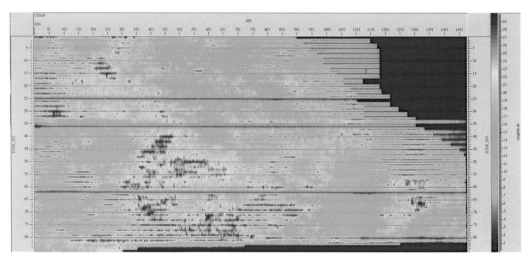

图4.5.18　噪声RMS Cube体的第100道同道切片

4.6 发展展望

拖缆地震数据采集技术进展主要围绕提高资料的成像精度和地震数据采集的效率等两个方面在不断进步。

4.6.1 立体气枪激发减弱激发点的鬼波影响

立体阵列的设计理念来源于变深度电缆，相对于电缆，气枪阵列的空间立体设计的可操作性较小，但通过将气枪阵列中的子阵沉放于不同深度并采用延迟激发，可以有效地减弱激发点的鬼波影响，提高远场子波振幅谱的陷频点能量，从而拓宽子波频谱。如 PGS 的 Geo-Source 技术和 CGG 的 BroadSource 技术，在同一垂直平面内的上下两组不同深度的气枪阵列交替激发，并通过波场分离的方式去除鬼波，得到不含震源鬼波的地震记录。图 4.6.1 为立体气枪激发减弱激发点的鬼波的原理示意图。

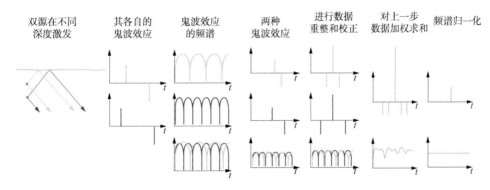

图 4.6.1 立体气枪激发减弱激发点的鬼波的原理示意图

4.6.2 倾斜电缆拓展接收点的频宽

当所有接收点在同一深度(常规平缆采集，图 4.6.2a)时，会在同一频率上产生陷波；而当接收点在不同深度时(倾斜电缆采集，图 4.6.2b)，陷波点分布在整个频率范围。凭借不同的接收点深度，变深度拖缆采集引入了基于不同偏移距的接收点虚反射差异。这种差异确保了在多次叠加处理中能有效消除接收点虚反射，从而拓展接收点的频宽。同时，变深度拖缆数据集由于采用了更大的电缆拖行深度，噪声相对会更小。

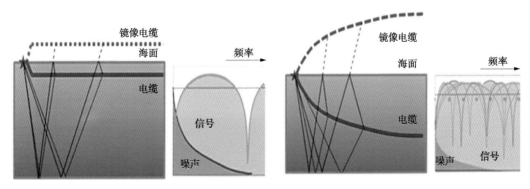

图 4.6.2 常规拖缆地震采集(a)和倾斜电缆电缆宽频地震采集(b)以及频率特性

4.6.3 连续记录技术提高作业效率

在传统拖缆地震数据采集过程中由于受到记录长度的限制，放炮间隔不能超过既定的记录时间，这就限制了整个拖带系统的航行速度，从而降低了作业效率。而连续采集则打破了固定记录长度的限制，采用精确的 GPS 授时确保地震数据准确的记录时间，最后切分成需要的记录长度，以先进的处理技术可以将重炮的地震信号进行有效分离。因此连续采集方式所具备高效率、零等待记录等优势，可以大幅度提高作业效率，降低作业成本。图 4.6.3 展示了传统导航触发模式与连续采集模式的对比。

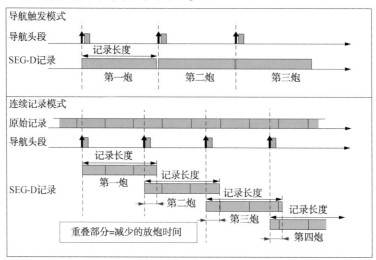

图 4.6.3　传统导航触发模式与连续采集模式对比

4.6.4 同步激发技术提高横向采样密度或提高纵向覆盖次数

近年来，由于地震资料处理技术的发展，对于有一定特性多源产生地震资料中的其他炮的干扰能有效地去除掉(Deblending 技术)，因此为了提高纵向覆盖次数或减小数据反射面元的大小，针对气枪阵列配置的特点，采取三源或五源的循环激发方式进行地震数据采集。图 4.6.4 和图 4.6.5 分别为单船三源和五源激发的作业示意图。

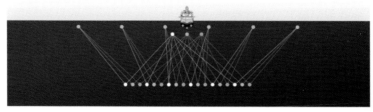

图 4.6.4　单船三源激发作业示意图

图 4.6.5　单船五源激发作业示意图

5 海洋地震数据处理关键技术

在海洋地震勘探中，从滩浅海到深海，施工环境的变化要求地震数据采集采用不同的施工方法。(1)在滩浅海地区，从滩涂到浅海的过渡过程中，需要采用不同种类的震源激发和不同类型的检波器接收，实现陆地的采集观测系统设计自然延伸到海洋浅水区。(2)在海水深度大于10m的地区，根据地质需求的不同通常采用两种施工方式：一种是海底地震数据采集(OBS)；一种是海面的拖缆地震数据采集。在地震数据处理中，不同的施工方式导致地震数据具有不同特点。本章通过简要分析滩浅海、OBS、拖缆3种地震数据的特点，并针对不同地震资料，介绍当前海洋地震数据处理过程中关键技术的进展。

5.1 滩浅海地震数据处理关键技术

滩浅海地震勘探是地表条件和施工因素最复杂的地震勘探作业方式之一。国内滩浅海地震勘探主要以渤海湾盆地的胜利、大港、冀东等几个油田为主。本节首先分析滩浅海地震数据的特点，再重点对滩浅海近地表校正技术、滩浅海噪声衰减技术、滩浅海一致性处理技术等方面进行归纳描述。

5.1.1 滩浅海地震数据的特点

由于滩浅海地区特殊的地表条件和复杂多变的表层结构，在两栖地带存在海陆两种施工方式，因此既有别于单纯的陆上勘探也有别于单纯的海上勘探。从激发和接收上看，一般情况下在小于3m水深时使用陆上激发方式，而在大于3m水深时采用气枪作为激发震源；在小于1.5m水深时使用防水的沼泽检波器接收，大于1.5m水深时使用压力检波器接收。因此滩浅海地震数据比较复杂，既具有陆地资料的特点，也具有浅海资料的特点。

任福新(2006)和朱伟强(2008)从振幅、频率和相位3个方面，讨论分析了影响地震信号不同激发因素和接收因素的差异。陈浩林等(2014)认为，在滩浅海地区进行地震勘探时，因震源、检波器和表层岩性不同会引起地震子波的较大差异，采集的地震数据存在相位差、时差、能量差与频率差，因此在叠加处理时会降低地震资料的品质。

从激发震源上看，滩浅海区域激发采用两种震源。水中激发采用气枪震源，滩涂激发采用炸药震源。激发源所处的围岩介质有较大的差别，其中气枪是以水作为激发介质，炸药震源是以砂泥岩层作为激发介质。两种激发介质的速度、密度的差异性，会使得产生的弹性波特征不一样。此外两种震源激发方式不同，一种是多枪组合，一种是单点激发也会造成地震波的特性不同。在勘探过程中使用这两种不同机理震源不仅会造成激发地震波能量的很大差异，而且会产生频率和相位的很大变化。炸药震源和气枪震源尽管都属于脉冲震源，但在激发机理和激发方式上存在较大不同。(1)震源机理不同。炸药震源通过快速的化学反应，产生迅速膨胀的冲击波和爆轰气体，对围岩形成冲击和压缩作用；而气枪震源是对空气进行压缩后，瞬间释放气体，对周围的水形成冲击压缩作用。两种震源的机理一种是化学反应，另一种是物理变化。(2)激发方式不同。炸药震源一般是点震源激发，气枪震源是阵列组合激发。(3)激发环境的不同。炸药震源是在井中砂泥岩中激发，气枪是在水中激发。两种环境的激发对产生的干扰和虚反射都存在较大变化。

从两种子波的特点来看，气枪震源的子波频率高、能量弱；炸药震源的频率低、能量强。这样，在同一个地震勘探工作中，就会包含两种不同特点的地震子波。在资料的叠加处理过程中，如果这两种子波不进行一致性处理，则两种震源激发后接收的资料很难做到同相叠加，不利于地震资料成像。图5.1.1是从实际资料提取的同一压力检波器道接收时炸药震源与气枪震源子波对比。从理论上讲，炸药震源子波为最小相位，气枪震源子波为混合相位；但从实际资料上看，炸药震源也是混合相位子波。这是因为最小相位是在理想脉冲震源的基础上讨论的。也就是说，震源产生的信号一要持续时间短，二要不存在噪声影响反射波的检测。而实际情况是资料中存在许多噪声，例如虚反射等，会对信号的子波进行改造，使子波发生畸变。相对炸药震源，气枪震源实际资料的子波持续时间长，存在很长的"拖尾"现象。

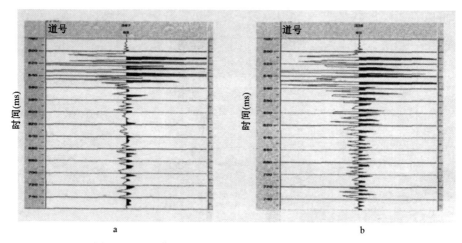

图5.1.1　炸药震源(a)与气枪震源(b)产生的初至子波

图5.1.2和图5.1.3分别为炸药震源和气枪震源激发，压力检波器接收的记录。对比可见，炸药震源记录振幅明显比气枪震源记录强。分析发现，两张记录的频带宽度差别不大，但存在明显的相位差，在资料处理时需要进行振幅校正和相位匹配。

从检波器方面看，在滩海勘探中，通常在同一勘探施工区，同时使用两种类型的检波器，即在水中(一般水深大于1.5m的地方)采用压力检波器，而在浅水和滩涂地区采用动圈式机电转换速度检波器。从两种检波器的性能来看，存在以下差异：(1)感应振动信号的机制不同。压力检波器利用压电陶瓷的元件作为敏感元件，当受到外界振动的作用时。它转换成电信号。它是利用陶瓷的压电性质实现压力与电信号的转换。而动圈式检波器利用线圈在磁场中运动来感应振动信号，是一种机电转换。(2)感应振动的物理参数不同。压力检波器是感应振动力的变化，相当于感应振动的加速度。而动圈式机电转换检波器是感应振动的速度。显然两者感应的是两个不同的物理量。(3)自然频率的差异。机电转换检波器一般自然频率较低，而压力检波器自然频率较高，这使得接收的地震信号在频率上存在较大的差异。(4)灵敏度的差异。两种检波器的机理和结构的差异性，很自然地使两种检波器的灵敏度也存在着不同。机电速度型检波器在感应振动速度时在自然频率以上频率范围的灵敏度基本是一致的；压力检波器在感应振动速度时，其灵敏度会随频率增高而逐渐相对增大。

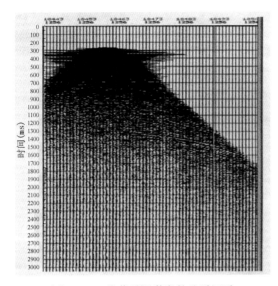
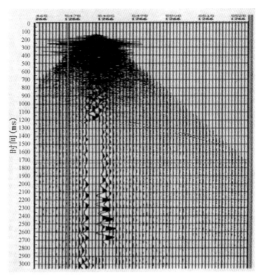

图 5.1.2　炸药震源激发的地震记录　　　　　图 5.1.3　气枪震源激发的地震记录

由于两种类型检波器感应机制和特性的不同，致使所获得的地震记录信号也存在着较大的差异，主要表现在地震波频率的变化。图 5.1.4 是炸药激发、两种类型检波器接收的单炮记录。其中单炮的近炮检距数据是常规速度检波器接收，远炮检距数据是压力检波器接收。可以看出，速度检波器记录频率低（图 5.1.4a），压力检波器接收的地震波信号频率高（图 5.1.4b）。

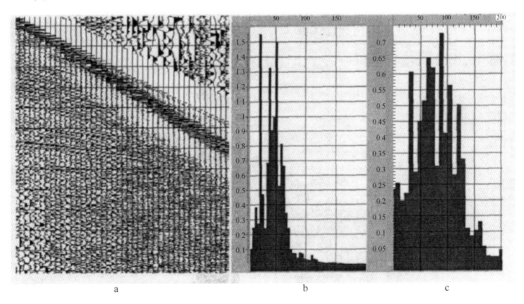

图 5.1.4　两种检波器同时接收的地震记录

理论上，速度检波器与压力检波器相位差在 90° 左右，因此在地震数据处理中通常将速度检波器做 -90° 的常相位校正，或是将压力检波器做 90° 的常相位校正，使二者接收的资料在相位特征上趋于一致。但是实际资料往往与理论有些差异，这就需要做相位扫描，选择合适的相位校正参数。从相同位置的速度检波器和压力检波器接收的地震记录相位调整前后的互相关(图 5.1.5)可以看出，校正前互相关的最大值不在零延迟时处，说明速度检波器和压力检波器记录之间存在相位差；相位调整一定角度后，互相关的最大值位于零延迟。从相位调整前后的地震记录(图 5.1.6)可以看出，拼接部位的相位差得到了较好的消除，地震同相轴更加连续。

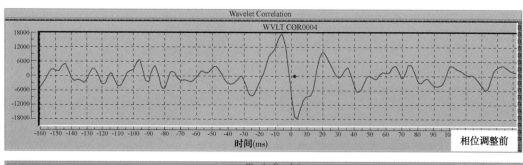

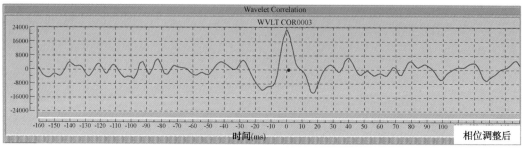

图 5.1.5　相同位置的速度检波器和压力检波器接收记录相位调整前后的互相关

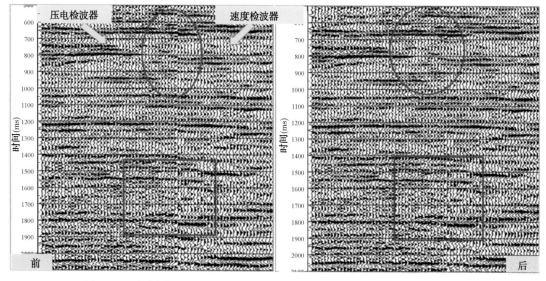

图 5.1.6　相同位置的速度检波器和压力检波器接收记录相位校正效果对比

5.1.2　滩浅海近地表校正技术

朱伟强(2008)对滩浅海的近地表静校正问题进行了系统分析。他认为在滩浅海地区施工时，由于近地表变化较大，静校正问题比较突出。引起地震资料静校正量的因素很多，基本上可以分为以下几种情况：(1)地面的高程变化引起的静校正量。在匀速介质、水平反射界面情况下，它造成反射波与地面高程呈现一个镜像特征。（2）低速带或风化层的厚度变化引起的静校正量。在这种情况下，如果地表和反射界面都水平的话反射波波形可能与低速带底面保持一致的走势。（3）低速带速度的变化也能引起静校正量。这时反射波的走势可能随速度的变化而变化。（4）剩余静校正量。引起剩余静校正量的因素有很多，比如测点之间的风化层速度和厚度内插时造成与实际值的误差；实际检波点和炮点与桩号不重合；不准确的井口时间或折射剖面上不准确的爆炸信号导致错误的估计值；输入野外静校正量或进行速度方面的计算中的人为错误等。徐辉（2009）认为滩浅海地区地理位置的特殊性决定了其地震资料具有与陆地地震资料不同的特点。由于淤积、烂泥、滩涂、潮沟等地表条件造成了近地表静校正量的影响，如何准确、合理地消除近地表因素对地震资料的影响，确保资料的准确成像，成为复杂地表区地震数据处理过程中非常关键的问题。这使得静校正成为影响地震勘探效果的关键技术之一。

朱伟强重点分析了生产中常用的三维折射波静校正、近地表层析反演静校正、波动方程基准面静校正和地表一致性剩余静校正等。徐辉综合了模型静校正和层析静校正的优点，通过利用低测成果数据约束层析反演，建立近地表模型，计算静校正量。这既弥补了大炮初至由于缺少近道而丢失的浅层精细速度信息，又解决了小折射和微测井点少而疏的问题，提高了模型的精度。该方法在胜利油田滩浅海过渡带地区的实际应用效果较好。

5.1.2.1 模型法静校正技术

模型法静校正指的是野外施工中通过小折射、微测井等近地表调查资料及高程测量成果的相互结合，相对准确地求取表层低降速带模型（速度与厚度），再利用低降速带调查资料及高程等数据，按照三维内插、平滑等方式建立近地表模型，进而计算出静校正量的一种近地表校正方法。

以二维为例，内插基本原理如图5.1.7所示。已知 A 和 B 两点的低速带速度和厚度，C 点的低速带速度由 A 和 B 两点的速度线性内插求得，低速带厚度可以这样计算，即

$$h_C = h_{AB} + (E_c - E_d)(1 - R) \tag{5.1.1}$$

式中，h_{AB} 是由 A 和 B 两点的低速带厚度在 C 点线性内插的结果；E_c 是 C 点低速带顶面高程；E_d 是 A 和 B 两点低速带顶面高程在 C 点线性内插的结果，是低速带底界起伏与地表起伏间的相关系数，一般取值范围在[0，1]。R 取 0 时表示低速带底界与地形起伏完全不相关，底界直接用线性内插计算；R 取 1 时表示低速带底界与地形起伏完全相关，即随地形起伏变化，低速带厚度直接由 A 和 B 两点的厚度线性内插获得。R 的值一般根据不同地区的情况依据经验给定，也有根据整个地区低速带调查点资料统计获得。

模型法静校正技术方法简单，费时较短，在近地表条件不太复杂的地区应用会有较好的效果。但该方法受到野外近地表调查点密度的制约，在小折射（微测井）点较少的情况下，会影响到近地表模型精度及校正量的准确度。

5.1.2.2 三维折射波静校正技术

三维折射波静校正技术利用的是地震资料的初至折射波。初至折射波具有较高的信噪比，单炮初至早于声波、面波等强干扰，可以避开含噪信号，易于识别；可产生精度更高的静校正值；初至折射波同步记录，客观地反映了当时的野外生产情况，可完全解决因小折射与生产不同步，低速带已经发生变化而导致的静校正误差；初至波反映了丰富的信息，它包含了长波长和短波长静校正信息。此外，折射波静校正也可以充分利用各道集（共炮点、共接收点和共炮检距道集）的初至信息，折射初至对低速带底界多次覆盖，相对于表层调查资

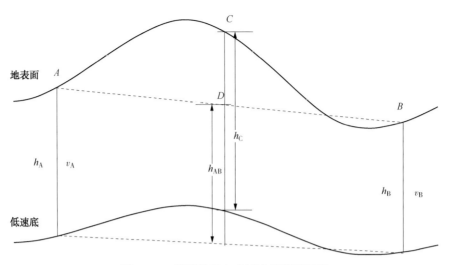

图 5.1.7　模型法建立表层速度模型原理

料而言，具有较高的覆盖次数和较大的炮检距范围，保证了统计计算的可靠性，有利于提高静校正的精度。初至折射分析可对折射层速度和形态的变化连续成像，从而解决了自动剩余静校正算法无能为力的中、长波长静校正异常，有利于获得自动剩余静校正算法的最佳效果。

　　低降速带底面是一个良好的折射界面，当炮检距达到一定距离，入射角达到临界角后就会产生折射波，折射波静校正即是利用折射波信息完成风化层的静校正处理。

　　图 5.1.8 所示的是一个单层模型与风化层校正原理图。风化层速度为 v_0，界面速度为 v_r。如果我们不考虑地层倾角的影响，通过推导可以建立单层模型风化层校正量 w_c 的基本公式，即

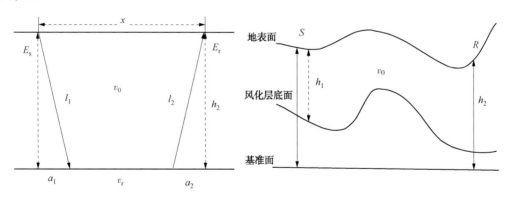

图 5.1.8　单层模型与风化层校正原理

$$w_c = I \left(\frac{v_r - v_0}{v_r + v_0} \right)^{1/2} \tag{5.1.2}$$

式中，I 为截距时间，它与风化层参数$(h_1,\ h_2,\ v_0)$之间的关系为

$$I = \frac{h_1 + h_2}{v_0} \cos \theta_c \tag{5.1.3}$$

式中，h_1 和 h_2 为炮点和接收点上的法线深度；θ_c 为入射角。

　　一个地震道总的静校正量是

$$\Delta T_c = \frac{E_s + E_r - 2E_d}{v_r} + w_c \tag{5.1.4}$$

式中，E_s、E_r、E_d分别为炮点、接收点、基准面的高程。

5.1.2.3　近地表层析反演静校正技术

折射方法需要精确的地表速度，才能解决速度和深度变化的不确定问题。在滩浅海勘探时，当地表存在较深的海沟、近地表速度变化大、存在速度反转现象、速度垂直梯度变化较大时，折射波静校正并不能很好地解决静校正问题，应当采用回折波的非线性初至波代替线性首波。试验已经证明回折波速度估算是一种较好的方法。该方法能够较好地估算影响构造成像的静校正低频分量。

初至波表层模型层析反演是利用地震波射线的走时和路径反演介质速度模型的高精度反演方法，因此在反演中所用的地震波类型决定了反演方法对反演模型的适应性。在任意表层模型反演中，利用了包含直达波、回折波、折射波等首先到达检波器的地震波。其中，直达波体现了均匀介质模型，回折波体现了连续介质模型，折射波体现了层状介质模型。3种模型的组合对地表横向变化具有较好的适应性，因此适应任意表层模型的反问题。

层析反演静校正技术利用初至波能考虑实际介质速度的纵向和横向变化。确定的近地表模型比较精细，精度也较高，是解决复杂地区近地表问题的发展方向。层析反演静校正技术从原理上主要分：（1）假设初至波是首波初至的集合，其运动学特征是线性的，初至波的拾取时间可被分成延迟时和视速度，并且在近地表模型中假设在炮检距范围内有平层的存在。该方法的特点是具有较强的稳定性，但是必须用假设的直射线来拟合地下真实的运动轨迹，反演过程中必须限制炮检距的范围或模型中引入更多的折射层，容易造成解的不稳定和任意性。该方法不适应地表和表层地质复杂的情况，图5.1.9为线性路径的层析反演模型。（2）假设初至波是回转波初至的集合，其运动学特征是非线性的，可以利用垂直速度梯度反演近地表模型。该射线追踪方法适于任何复杂介质情况。把模型看成是有垂向速度梯度的模型，初至时间被认为是回折波的起跳时间，回折波的运动学特征是非线性的，介质被参数化为一系列单元。在模型中进行射线追踪，初至时间与正演旅行时之差被反演成对射线经过的每个单元慢度的扰动。图5.1.10是弯曲射线路径的层析反演模型。

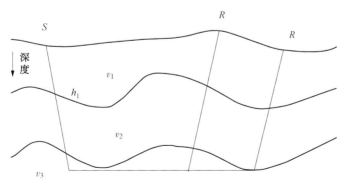

图5.1.9　线性路径的层析反演模型

在射线追踪过程中，首先将低、降速带划分成许多小的正方体单元体，从点源所在节点开始计算与其相连的所有节点的旅行时；找到这些节点中旅行时最小的节点作为新的点源，再计算从新的点源到与其相连的所有节点的最小旅行时，如此不断向外追踪，直到所有接收

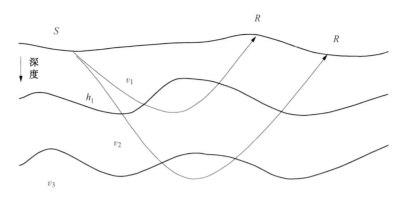

图 5.1.10　弯曲射线路径的层析反演模型

点所在节点都成为"完成"点为止。即回转波由激发点逐个单元体向前传播，波到达地下某个单元体的某位置的时间为从激发点到该节点所经过的所有单元体最小时间的和。在该射线传播中，三维速度模型可用三维线性函数模拟，当已知单元体的八个顶点的速度时，可求得单元体中任意一点的速度值。在以该单元体为基础的层析反演中，对初至模型的质量和后期的非线性初至时间反演要求较高，处理人员必须有较高的处理水平和经验。

徐辉给出了近地表测量成果约束下的层析反演静校正方法实现过程：

（1）快速准确的初至拾取及校正技术。

首先对共炮点道集进行自动的初至拾取，利用初至波的能量特征、波形特征和道的相关性进行自动检测拾取，利用炮点的相关性产生叠加道增加拾取的精度。进行初至拾取后，在炮检距与拾取时间属性图上对那些偏离正常值过大的点选择摒弃或者切除，最后从自动拾取初至校正后的图监控最终的初至拾取结果。

（2）加载近地表测量数据。

对工区进行矩形网格化，使用各种地表观测点的坐标拟合出整个矩形网格内的所有单个网格的高程。引入近地表测量数据成果如微测井、小折射等数据，在地下近地表测量数据深度的范围内进行分层插值（目前使用反距离加权），拟合出整个矩形工区区域的近地表层的每个网格的速度值，没有拟合的网格使用原来的模型速度。

（3）约束层析反演建立近地表模型。

结合近地表信息，以单炮初至拾取为基础，以野外调查资料为约束，设定反演层数和有效的炮检距范围，从初至波拾取中估算三维速度函数，计算局部速度（深度）函数，经过多次迭代，形成近地表反演模型。

（4）计算静校正量。

根据约束层析反演速度模型求取各站点的静校正量，对资料进行近地表静校正。

徐辉认为模型静校正技术方法简单，费时较短。采用野外近地表测量数据，与实际模型相吻合，效果取决于近地表测量数据点密度和低降速带横向变化情况。但在地表条件复杂、横向速度变化剧烈的地区需要足够密的测点来满足内插方式，实施起来非常困难。近地表测量数据约束下的层析反演静校正方法是指以近地表测量数据作为低频静校正量的约束条件，利用初至波旅行时进行层析反演得到近地表的模型和静校正量。与单一的层析静校正相比，得到的模型更接近实际近地表情况，能够反映近地表的实际变化，精度更高。该技术能有效地解决海陆过渡带由于地表近地表原因造成的信噪比低、连续性差的问题，解决高频成分的损失，为后续资料成像、提高分辨率打下基础。他也指出近地表测量数据成果约束下的层析反演静校正方法应用效果不仅与初至波拾取准确度有很大关系，而且要经过多次模型迭代才能取得理想的效果。

5.1.3 滩浅海噪声衰减技术

滩浅海地震数据的噪声比较发育，李丕龙(2006)与陈浩林(2014)等分别对滩浅海地震数据噪声衰减技术进行了系统分析。滩浅海主要的干扰噪声包括面波、多次波、涌浪、高频以及有源干扰等。

5.1.3.1 面波噪声衰减技术

面波分为3类：一类是分布在自由界面附近的瑞利(Rayleigh)面波；第二类是在表面介质和覆盖层(通常指海水和海底)之间存在的 SH 型的勒夫(Love)面波；第三类是在深部两个均匀弹性层之间存在的类似瑞利面波波型的斯通莱(Stoneley)面波。在滩浅海地区广泛发育前两种面波。面波是叠前记录中能量很强的规则噪声，在记录中一般在近道呈扇形分布，有能量强、频率低、视速度低的特点。面波的能量约为有效波能量的 20 倍，一般随时间的推移和炮检距的增加而衰减。面波的速度较低，在 400~600m/s 之间；面波的主频一般较低，具有一定的相干性；面波属性随激发、接收因素的变化而变化。单炮记录中强能量的低频面波会影响反褶积处理中信号相关函数的计算，进而影响反褶积效果，所以在反褶积前应消除强能量的面波干扰。

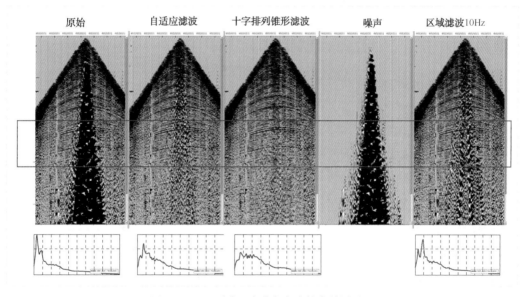

图 5.1.11　不同面波噪声衰减技术效果对比

面波噪声衰减技术向着保护低频、抗假频的保真去噪方向发展。面波噪声衰减早期主要采用简单的区域滤波技术，后来逐渐发展了自适应滤波技术、十字排列锥体滤波技术(图5.1.11)等。区域滤波技术主要根据面波在单炮记录上的分布范围，设计合适的低频通滤波器把低频面波从原始记录中滤除。这种处理方式简单、效率高，但面波区域的低频有效信号同时也会造成一定的损失，不利于提高分辨率处理。自适应滤波技术根据面波和反射波在频率分布特征、空间分布范围、能量等方面的差异，首先检测出面波在时间和空间上的分布范围，再根据面波的固有特征对确定的面波进行第二次分析，以确定面波能量的频率分布特征，并根据这种特征对其进行加权压制。其保真度得到一定提高，它适用于常规采集的面波噪声衰减。十字排列锥体滤波技术首先把叠前地震数据按炮线与检波线抽取成十字交叉排列，在频率域和波数域内应用圆锥形的滤波器，根据给出的频率范围和速度范围去滤除面波。它尤其适用于施工良好的高密度正交观测系统。滩浅海野外采集普遍采用正交观测系统，因此通过优选十字排列锥形滤波的处理参数，可以较好地衰减面波噪声。

2010 年，沙特 BERRI 三维勘探工区浅水区存在很强的面波干扰，为了保证深水与浅水区资料的一致性(深水区基本不存在面波干扰)，许建明利用自适应面波衰减技术及 f-x 域相干噪声衰减方法压制面波；在 CDP 域内采用了区域低频滤波，保证了不损失面波区域以外的低频信号，最大限度地保护有效信号。经过处理的 CDP 集，有效信号得到加强，低频面波得到有效压制。

袁艳华(2013)等提出了基于非二次幂 Curvelet 变换的最小二乘匹配算法的面波衰减技术。他首先根据输入地震信号的频谱和方向等特征进行非二次幂 Curvelet 变换，根据其特征不同，最大限度地将有效信号和噪声分开；然后在噪声能量集中的非二次幂 Curvelet 子记录上对输入数据和预测的噪声模型进行最小二乘匹配滤波处理。该方法提高了常规最小二乘匹配算法在时间空间域内进行信噪分离的稳定性和准确性。通过对含有面波的实际地震数据进行测试，其结果表明该方法可以有效地压制面波干扰，特别是当面波和有效信号有交叉或重叠等现象出现时，能较好地保护反射同相轴信息。

5.1.3.2 虚反射和变周期海底鸣振压制技术

在浅海地区进行地震采集时需要使用气枪震源。由于海水与空气的界面、海底是两个强反射界面，造成了海底鸣振现象，严重影响了地震成像质量。在滩涂地带，由于表层结构复杂多变，易形成多个虚反射界面并引起多种干扰波。因此虚反射和变周期海底鸣振压制技术在滩浅海资料处理中尤为重要。

吕公河(2005)提出两步法统计子波反褶积来消除海底鸣振。即用多道自相关函数统计平均的方法估算最小相位子波，用这个子波估算反褶积算子再对数据进行反褶积处理。对于炮点、检波点造成的地震记录的差异通过两步法统计子波反褶积来消除。基本思路是：首先在炮集上进行地震子波估计，输出最小相位子波，求出炮集的反褶积因子，用该反褶积因子分别对道集中的每一道进行褶积，完成炮集的统计子波反褶积；其次在检波点道集上进行地震子波估计，输出零相位雷克子波，求出检波点道集的反褶积因子，用该反褶积因子分别对道集中的每一道进行褶积，完成检波点道集的统计子波反褶积。

王成礼(2007)提出了两步法预测反褶积分别从共炮点域和共检波点域对海底鸣振进行压制，有效地消除鸣振对资料的影响。他分析了变周期鸣振的形成机制，论述了两步法预测反褶积压制变周期海底鸣振的方法原理，在山东半岛北部渤海海域地震资料上进行了方法验证。结果表明，利用两步法预测反褶积可以很好地压制变周期鸣振干扰，突出有效反射，提高资料的品质。崔汝国(2008)在较精确的近地表模型调查的基础上，利用模型参数扫描方法求取每个点的预测步长，然后在共炮点域和共检波点域利用变步长预测反褶积，消除变周期的海底鸣振，取得了较好的效果。许建明(2010)利用采用自相关求出多次波的鸣振周期，然后对叠加剖面进行叠后反褶积处理，对鸣振干扰波进行了有效压制，提高了信噪比。

朱洪昌(2014)针对南黄海盆地滩浅海区地震资料中的鸣振干扰、全程多次波和层间多次波的特点，根据各类压制多次波方法的实用条件及其优缺点，提出了多次波压制策略：通过双检合并处理技术压制滩浅海区的鬼波和微屈多次波，通过预测反褶积压制残余鸣振及层间多次波；通过高分辨率 Radon 变换压制全程多次波和层间多次波；在叠前 CRP 道集上应用高分辨率 Radon 变换、内切和中值滤波压制小时差层间多次波。应用效果验证了该组合压制技术的有效性。

5.1.3.3 涌浪、高频及有源干扰衰减技术

潮间带及极浅海的涌浪干扰普遍发育，其特点是能量强、频带宽、非线性，对资料处理效果影响很大。针对强涌浪干扰噪声，常用的区域滤波、f-k 滤波、区域异常振幅压制等传统去噪方法对这种噪声的压制效果均不理想。目前应用的涌浪噪声衰减技术是在 f-x 域实现对涌浪噪声的有效压制。它首先在空间方向上根据振幅值大小做概率统计，取得概率门槛系数值，大于给定概率门槛系数值的振幅值被视为涌浪噪声，对其做衰减处理。衰减处理有两种方式，一种是对检测出涌浪噪声振幅值置零，另一种是在检测出涌浪噪声振幅值点附近取一定时窗，用该时窗内振幅值的中值替换涌浪噪声振幅值。当有效信号的振幅值在空间方向上变化较大时，概率门槛系数值不好确定。选择小的概率门槛系数值，会将振幅值大的有效信号检测为涌浪噪声；选择大的概率门槛系数值，会有涌浪噪声没有被检测出来。此时可以利用地震信号的相关性对大振幅值的有效信号进行保护，确保既能将涌浪噪声检测出来，同时又能保护有效信号(图 5.1.12)。

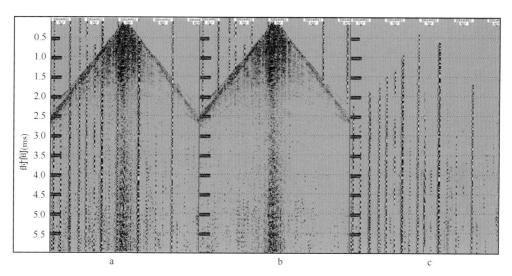

图 5.1.12　涌浪噪声去噪效果对比
a—去噪前；b—去噪后；c—去除的涌浪噪声

高频干扰的产生与海上采集采用压力检波器有关。当压力检波器在水中工作时，由海浪、微震、潮汐等原因引起的高频噪声通过压力检波器传给地震记录仪。这种干扰一般频率较高，能量较强。高频噪声是海上地震数据处理的大敌，严重影响地震资料的信噪比。当噪声能量弱、有效反射频率相对较低时，低通滤波能较好地解决，而当高频噪声能量强，反射信号频率高的情况下，低通滤波无法有效分离噪声和有效信号。自适应高频噪声衰减技术通过谱分析自动确定有效反射和高频噪声的视主频，采用自适应算法，沿时间和炮检距方向自动衰减高频噪声。从高频噪声衰减前后的单炮对比和分离出的噪声(图 5.1.13)上看，高频噪声去除后信噪比明显提高，且高频有效信号得到了较好的保护。

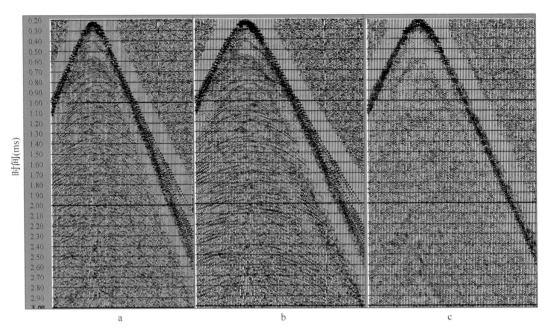

图 5.1.13　高频噪声去噪效果

a—去噪前；b—去噪后；c—去除的高频噪声

当海面施工区附近有较大的障碍物(钻井平台及过往船只)或海底暗礁等突起物，以及海底地形剧烈变化时，地下的陡倾地层界面、断面都可以作为次生震源将地震波反射回排列上，形成有源干扰噪声(图 5.1.14)。其特征是频率较高，呈线性或弧型绕射波，有的平行出现，也有交叉出现，能量较强。干扰波形状和在记录上的出现规律可反映出障碍物的位置。

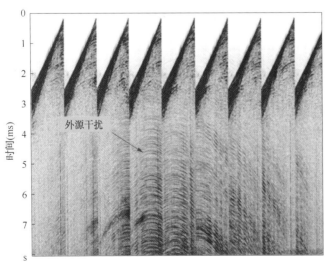

图 5.1.14　有源干扰噪声

有源干扰波中通常以线性规律出现的干扰比较容易加以滤除，f-k 滤波、t-x 域倾角滤波、多道相干噪声滤波等方法都是常用也比较有效的方法。但是对于那种呈弧形出现的有源干扰波，因为其弧顶较平、时差较小、视速度基本无变化，因此不能用简单的 f-k 或倾角滤波的方法进行压制。针对这种类型的噪声，一般有两种压制方法。（1）在已知干扰源准确位置的前提下，利用干扰源与排列各接收点的距离关系，按双曲线公式求得干扰波速度。然后，对记录进行动校正，将干扰波同相轴校平，使干扰波在频率波数域中视速度为无穷大而与有效波明显分离，再用 $f-k$ 滤波方法滤除干扰波保留有效波。但此方法的一个明显缺陷是对海底暗礁等障碍物无法知道准确位置，从而影响干扰波速度的求取。（2）对记录中的弧型干扰波进行倾角时差扫描，用扫描的结果对记录进行倾角时差校正，这样就可以得到弧型干扰被校平的记录。之后对经过校平的那部分记录采用 $f-k$ 滤波或倾角滤波的方法就很容易将它去除，再对结果进行同样的反倾角时差校正，就得到了去除了曲线规律特征的有源干扰记录（图5.1.15）。

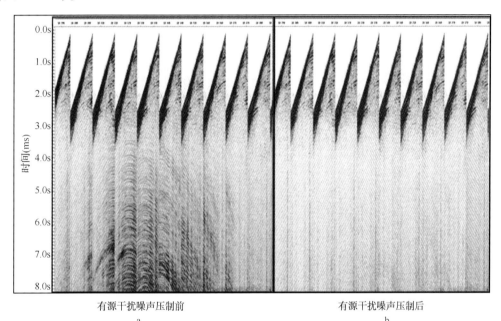

有源干扰噪声压制前   有源干扰噪声压制后
a   b

图5.1.15 有源干扰去除前（a）后（b）的单炮对比

5.1.4 滩浅海一致性处理技术

5.1.4.1 振幅差异校正技术

朱伟强（2008）对滩浅海的一致性处理技术进行了系统总结，他把滩浅海一致性处理分为振幅特征差异校正技术和子波差异校正技术。振幅特征差异校正技术主要包括了球面发散补偿、地表一致性振幅校正和振幅剩余校正等技术。

地震波在传播过程中，由于波前扩散、地层吸收等原因，使其能量随传播时间的增加而减少，造成资料浅层能量大，深层能量小。地震资料除由于球面扩散的能量损失外，同时还有地表地震地质条件如风化层速度、厚度、地表地形及潜水面等及施工采集因素如激发药量不均、井深的差异、检波器与大地的耦合等的影响造成的各地震道能量不均衡。另外，不同震源、不同检波器得到的资料的振幅能量也不一致。这就需要进行地表一致性振幅校正，使得资料间的能量级别达到一致。通过应用地表一致性振幅校正来消除这些因素的影响，达到能量统一的目的。但是由于激发和接收因素变化带来的振幅差异有时会非常大，资料经过地表一致性振幅校正后，炮与炮之间或炮内不同接收点之间仍然存在很大的振幅差异，需要做进一步的振幅剩余校正。地表一致性剩余振幅校正统计不同因素记录在一个较长时窗内的振幅离散值。

5.1.4.2 子波差异校正技术

子波差异校正技术主要包括地表一致性反褶积、两步法统计子波反褶积、匹配滤波、地表一致性相位校正等技术。

朱伟强认为，对于滩浅海资料的频率、相位差异，大部分可以通过子波处理得到校正。对于大地滤波造成的频率衰减，可以用反滤波的方法进行补偿。同样反褶积也可以对滩海地区地震资料由于激发、接收因素导致的频率差异进行校正。问题的关键在于如何应用一种反褶积或几种反褶积的迭代处理来取得好的效果。对于滩浅海资料，我们要尽量避免使用单道反褶积。因为单道统计求取滤波因子很容易导致本来很不一致的相位变得更加杂乱无章，也不利于子波的一致性处理。而多道反褶积采用多道统计的方法求取滤波因子，有利于各道子波的统一改造，使子波的一致性变好。

由于地表条件及不同激发、接收因素的影响，不仅是造成子波时间上的延迟，而且对波的振幅特性和相位特性均有影响。我们必须对这种滤波作用进行反滤波。对地表同一位置，滤波作用与地震波的入射角无关，无论是浅、中深层反射，其滤波作用均相同。我们把实现这种反滤波功能的方法称为"地表一致性反褶积"。地表一致性反褶积有着其他反褶积所不具有的特殊功效，它不但具有其他反褶积所具有的压缩子波的作用，而且还对振幅和相位有一定的调整作用。

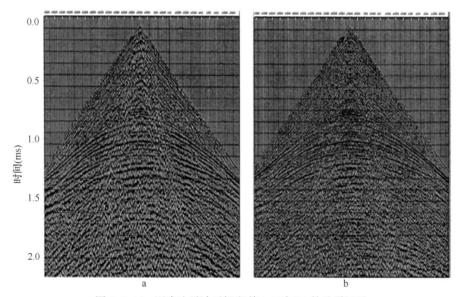

图 5.1.16 两步法子波反褶积前(a)后(b)的地震记录

两步法统计子波反褶积的目的是对不同震源地震子波整形。例如，假设两种震源为气枪震源和炸药震源，其中气枪震源子波是混合相位子波的，而炸药震源子波是最小相位子波，通过两步法统计子波反褶积输出则是零相位雷克子波。

图 5.1.16 是两步法子波反褶积前后的地震记录。在做反褶积之前，反射信号一致性较差，造成同相轴上下错动；做完反褶积后，一致性得到改善，同相轴整齐清晰，而且资料分辨率有一定提高。图 5.1.17 是地表一致性反褶积与两步法统计子波反褶积记录对比，从中可以发现两步法统计子波反褶积在子波压缩和频率一致性处理方面都比地表一致性反褶积有优势。

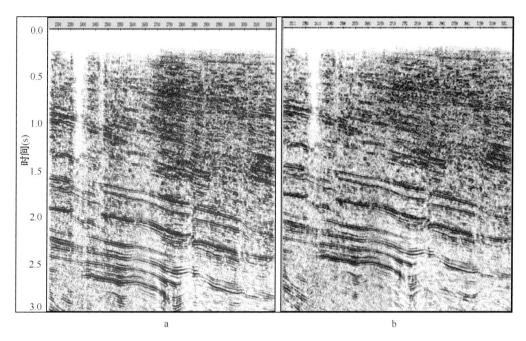

图 5.1.17 地表一致性反褶积(a)与两步法统计子波反褶积(b)对比

吕公河(2005)提出利用匹配滤波技术来消除速度检波器和压力检波器的频率、能量和相位差异。基本原理：对于两个存在差异的地震道，假设一个匹配滤波算子对其中的一个地震道进行滤波，把另一个地震道作为期望输出，使滤波后的地震道逼近另一个地震道。利用最小二乘法，求得匹配滤波算子，将滤波算子作用于第一种地震道，完成匹配滤波，消除两种地震道之间的差异。

匹配滤波要求输入具有较高信噪比的炮集记录(可以相同排列、不同震源的试验炮集或是相邻的不同震源的两个炮集)。假设经过动校正的两个炮集分别为气枪震源$x_i(t)$($i=1$，2，$\cdots$，N)和炸药震源$z_i(t)$($i=1$，2，$\cdots$，N)，其中 i 为道号，N 为炮集中的道数。假定$x_i(t)$和$z_i(t)$的炮检距相同，则设计一个匹配滤波算子$m_i(t)$，作用于地震道$x_i(t)$，使$x_i(t)$经匹配滤波后逼近地震道$z_i(t)$。假设匹配滤波器的实际输出$x_i(t) * m_i(t)$与期望输出$z_i(t)$的误差为$e_i(t)$，则有

$$e_i(t) = x_i(t) * m_i(t) - z_i(t) \qquad (5.1.5)$$

我们用 E 表示总误差能量，有

$$E = \sum_t e_i^2(t) = \sum_t \left[x_i(t) * m_i(t) - z_i(t) \right]^2 \qquad (5.1.6)$$

应用最小二乘法原理，令总误差能量 E 对$m_i(t)$的偏导数等于零，即

$$\frac{\partial E}{\partial m_t} = \frac{\partial}{\partial m_t} \sum_t \left[x_i(t) * m_i(t) - z_i(t) \right]^2 = 0 \qquad (5.1.7)$$

可以得到求解匹配滤波算子的托布里兹矩阵方程，即

$$\boldsymbol{R}_{xx} \cdot \boldsymbol{M} = \boldsymbol{R}_{zx} \qquad (5.1.8)$$

式中，$\boldsymbol{R}_{xx}$表示输入道$x_i(t)$的自相关函数矩阵；$\boldsymbol{R}_{zx}$表示期望输出道$z_i(t)$与输入道$x_i(t)$的互相关函数向量；M 为匹配滤波算子向量。解此式表示的托布里兹矩阵方程，可以得到第一个炮集第 i 道的匹配滤波算子，即$m_i(t)$。

按上述算法，可以求出第一个炮集中每一道的匹配滤波算子。在多个匹配滤波算子中，我们选择相关性好的算子，这些算子往往是由信噪比较高的地震道计算出来的。按照上述方法，可以求出地震资料具有不同震源的相关性好的多个算子。将经过挑选的所有算子进行平均，就得到匹配滤波算子 $m(t)$。

通过计算求出匹配滤波算子，将匹配滤波算子作用于气枪震源所有地震道，完成匹配滤波。图 5.1.18 为匹配滤波流程图。

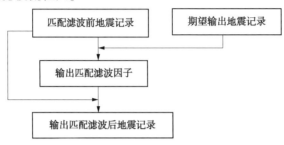

图 5.1.18　匹配滤波流程图

段云卿（2006）对匹配滤波与子波整形技术进行了系统分析。认为子波整形处理技术存在缺陷，应该采用匹配滤波技术代替子波整形来消除反射时差、整形地震子波。利用根据匹配滤波原理开发出的交互匹配滤波软件包对滩浅海地区三维地震资料进行了处理。处理后资料的地震子波得到整形，消除了炮点、检波点的差异及同相轴间的时差，实现了地震资料的同相叠加，使剖面信噪比提高。在不同震源所采集数据的衔接处地震记录的振幅、频率和相位都能得到较好的匹配，深浅层的地震反射叠加剖面都能较好地拼接，取得了较好的效果（图 5.1.19）。

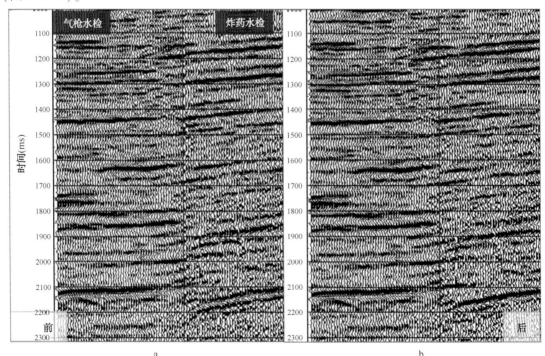

图 5.1.19　匹配滤波前(a)后(b)叠加剖面

国九英等提出的"地表一致性相位校正"方法将各炮点及接收点的每个道与其对应的道集的叠加模型做匹配滤波，以模型道为期望，求得匹配算子。然后用统计方法分别求得各炮点及检波点的统计匹配算子，经傅氏变换后，取其相位谱作校正。先校正炮点相位谱再校正检波点相位谱。朱伟强认为，对于频率、相位差异较大的滩海资料，先做地表一致性反褶积纠正各点振幅谱差异，再做一下两步统计子波反褶积进行频率、相位处理，然后用地表一致性相位校正进行相位一致性处理是一个不错的校正方法组合。

岳英（2007）等认为滩浅海地震资料处理时差和相位差对叠加结果影响较大。她假设所有频率的相位差都相同（即是常相位差）。相位谱差异则包含了时差和相位差，如果直接进行匹配，无法量化地知道相位和时差到底差多少，从而无法实现空变，往往只能进行简单的匹配。当要求空变或匹配算子高达3个以上且出现三角关系时，匹配滤波变得几乎无法利用。这样就必须对上述算子进行分解，分别分解为时差、相位差和能量差，而且每一种差异都可以有一个量化的结果。有了量化结果后，每一种差都可以进行面上（空间）的平差分配，使得所有需要匹配的地方的误差都达到最小。将分解之后得出的校正量用到叠前，这样带来的另一个好处就是算子的运用是可逆的。匹配滤波器的设计应该采取将算子分解和各分量各自平差的原则来实现，首先将算子分解为时差校正、相位校正两部分，而后在面上进行各分量的平差，最后将各平差结果对各自的数据进行校正就可以得到匹配好的数据。

吴琼（2008）等为了消除两块数据之间的相位差和时差，首先计算出它们之间实际差值的大小，然后对其中一块数据做相应的相位旋转和时移，使其地震子波在相位和时间延迟上与另一块数据一致，从而达到处理目的。他主要通过建立匹配滤波算子的办法计算不同区块之间的相位差和时差。对于频率差异的消除，他提出主要靠反褶积和滤波统一所有数据频带宽度和主频。只要频带宽度和主频一致，相位一致，那么即使频谱形状有点差异，时间域的子波形状差异不大，所以在消除频率差异时，首先要通过频率扫描调查出各种数据的有效信号频带范围和主频，而后选主频较低的数据测试反褶积，最终选择合适的反褶积和滤波参数，使得各数据间的频谱有效信号带宽主频相近。具体的做法是基于谱白化的思想，对水检数据进行分频滤波，以降低高频干扰，提高中低频信号。将水检数据的频谱区间划分为几个滤波频段，每个频段由梯形组成，然后将记录分为不同频档的时域形式，每个频档的振幅乘以一定的系数，从而实现压制噪声频段，提高信号频段的目的。他认为能量不均衡的原因有很多种，有覆盖次数不同产生的能量不均，有震源和检波器不同造成的能量差异，有大地滤波引起的能量损失，也有野值带来的局部振幅异常。他主要利用盒子滤波和中值滤波识别并剔除异常振幅；采用几何扩散补偿与地表一致性振幅补偿相结合的方式，补偿由大地滤波及激发与接收条件的差异造成的振幅差异，来确保振幅在时间与空间上的一致性；统计全工区内炮检距与振幅的分布规律，采用地表一致性剩余振幅补偿处理来均衡几何扩散补偿与地表一致性振幅补偿在部分炮、道记录上补偿的不足或过量，切实做到保真振幅高分辨处理；用覆盖次数均一化的方法均衡全区能量。

崔汝国（2008）针对气枪震源和炸药震源造成的地震子波差异，开发了子波差异校正技术；针对检波器空间位置的剩余差异，开发了直达波和折射波联合空间位置校正技术。通过使用上述技术，使气枪震源和炸药震源得到的地震数据在能量、频率和相位上接近一致（图5.1.20），保证差异校正后的地震资料能够较好地叠加成像。

陈新荣（2009）提出利用互相关定量识别资料的时延及相位问题。其方法原理是：资料

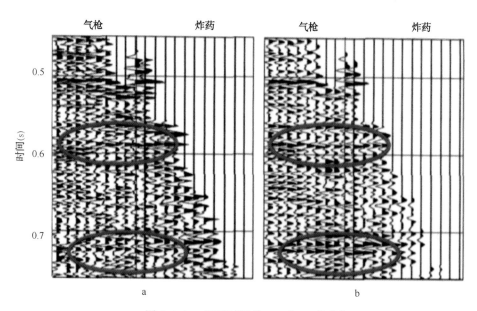

图 5.1.20　匹配滤波前(a)后(b)的道集

重叠部分对应地下同一地段的反射具有良好的相关性。互相关函数是比较两个信号相似程度的一种方法，信号的互相关结果可以描述它们在时间及相位上的差异。互相关定量识别资料的时延及相位方法能够准确地识别出不同区块的时差，减少了由于人为因素产生的误差，提高了时差分析的精度及客观准确性。在减少分析工作量的同时，提高了数据处理效率。陈新荣提出的模型加权法振幅调节技术是以滤波均衡的叠加数据为模型，与纯波数据进行匹配，求出相应的振幅加权因子，再对道集数据进行道与道之间的加权，使各道的能量都处于一定的范围内，达到强弱均衡。

　　朱伟强认为，滩海资料子波差异校正应当遵循几个原则。第一个原则是处理模块优化组合使用原则。为适应滩海资料由于激发、接收因素等原因造成的振幅、频率和相位特征的复杂性，必须有足够的处理软件。开发多套处理系统的不同处理方法，比较其优缺点，进行优化组合，有利于提高资料处理的质量。第二个原则是从低向高校正原则。这个原则针对信号的优势保持。在做振幅匹配时，不是把强振幅向弱振幅靠拢，而是针对弱振幅进行增强处理。在做频率差异校正时，不是把高频资料向低频转化，而是提高低频资料的分辨率，达到和高频资料一致的程度。例如匹配滤波往往对高频资料进行褶积，即把高频资料往低频资料匹配才能取得好的效果。这样做即使取得很好的相位、频率和时移匹配效果，也是以牺牲资料分辨率为代价的。因此可以考虑迭代反褶积的方法来匹配不同检波器接收资料的频率。第三个原则是多约束条件原则。地下地质构造是一个真实存在，由于许多限制条件，地震资料处理的目标只能是无限接近但无法获得地下环境的"真解"。地震资料由于各种原因，导致存在许多假象，难以正确识别。利用地震波传播机理、地质模式和测井资料等进行约束处理有利于解决以上问题。例如滩海勘探中的气泡效应和虚反射都可以导致子波具有很长的拖尾，容易造成资料有"高频假象"，并且在资料相位不一致的情况下，有时很难判断有相位差的两个同相轴之间哪个更接近地下真实情况。测井资料具有较高的分辨率，并且在局部区域是可靠的。因此，可以利用测井资料进行约束处理进行子波处理，达到去"高频假象"和相位校正的目的。第四个原则是有利地震信息属性提取利用原则。地震资料处理的最终目的是为解释提供准确的地震信息，这就要求处理要有利于地震信息和属性的提取和利用，采用高保真处理方法。例如单道均衡可以使资料的振幅变得更加一致，但却不利于地震信息利用和分析，因此它不适合滩海地区叠前资料的振幅差异校正。

5.1.4.3 子波一致性处理质控方法

由于滩海过渡带三维工区跨越了陆地、滩涂和极浅海不同的地表类型，采用了不同的激发、接收因素。而不同的激发、接收条件造成了采集数据无论在激发能量、激发频率还是激发子波和高频干扰方面都存在明显的差异。经过常规的时差相位调整、频率振幅补偿以后，用反褶积叠加数据提取自相关体平面属性。从图 5.1.21a 可以清楚地看到由于地表、近地表和激发接收条件差异影响而出现的明显分界线和条带状属性不均一现象。从图 5.1.21b 地表高程图上可以看到常规补偿和一致性处理无法消除地表、近地表和不同激发、接收因素造成的资料差异，而这种差异会直接影响后续的地震属性提取和反演结果。图 5.1.22a 是滩海过渡带常规处理实际资料提取的平面属性图，图上清楚显示出资料差异的影响，属性差异并不是真实的地下地质情况的反映，而是由于海岸线两侧地表条件截然不同，采用不同的激发接收方法及参数造成的。经过叠前相对保持振幅、频率、相位和波形等一致性匹配处理后，同样从反褶积以后的叠加数据分别提取浅、中、深层的自相关体平面属性，可以看出这些差异的影响得到了一定程度消除(图 5.1.22b)。

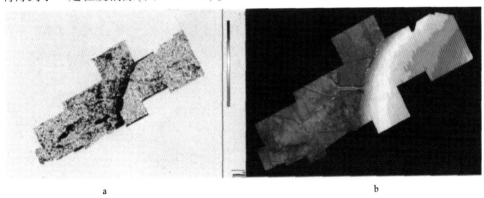

图 5.1.21　匹配处理前自相关体波峰最大振幅平面图(a)和地表高程图(b)

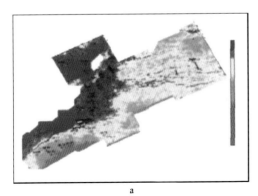
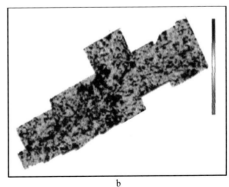

图 5.1.22　常规处理平面属性图(a)和匹配处理后自相关体波峰最大振幅平面图(b)

因此，在滩海过渡带资料处理过程中，有效地应用自相关提取振幅频率等主要属性进行一致性匹配处理质量控制，可以有效控制资料处理质量。由定性化处理质量监控逐渐向定量化处理质量监控发展，在近年的大港滩海过渡带大面积连片叠前时间偏移处理项目中取得了很好的效果。

5.2 OBS 地震数据处理关键技术

5.2.1 OBS 地震数据的特点

OBS 是将检波器直接放置在海底的一种地震勘探作业方式(图 5.2.1)。将检波点置于海底可以提高数据采集的质量，对于观测系统的设计、地下构造的照明和提高成像质量等有利。

由于海底地震观测的特殊性，OBS 必须具备功耗低、存储容量大、动态范围大、体积小、重量轻、工作可靠、高度自动化等特点，才能取得可靠的海底的地震数据(邵安民，刘丽华等，2012)。在室内资料处理阶段，利用双检(水检和陆检)对信号响应特征不同的特点，采用相关技术进行上下行波场分离，能够较好地压制虚反射、海水鸣振及微曲多次波，消除鬼波的陷波现象，并拓宽一次波频带宽度，对深水 OBS 下行波镜像成像比上行波常规成像有明显优势。

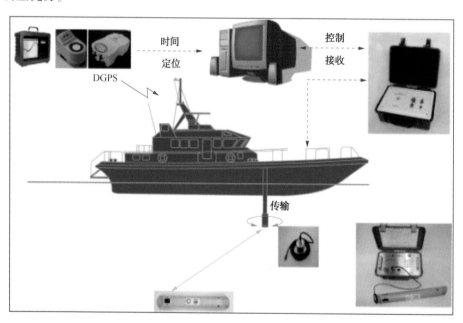

图 5.2.1　海洋节点采集示意图

由于 OBS 特殊的采集方式，得到的资料具有如下特点：

(1) 由于检波点沉放在海底，对于陆检而言在检波器的耦合问题上比较突出。通常信噪比较低、波场混叠问题突出。

(2) 激发、接收不在同一水平面上，存在基准面校准的问题。特别是当海水深度大，常规的静校正方法已经不能满足处理的需要时，必须考虑用波场延拓的方式将激发接收校正到同一基准面上。

(3) 当水深较大时，用常规的基于单一水平基准面或浮动基准面进行偏移，地震波的射线路径的误差过大，已经不能满足成像要求。因此，必须采用真地表偏移技术，或考虑炮点和检波点独立浮动基准面的双基准面偏移方法，从而克服因基准面问题造成的成像误差。

（4）对于深水的 OBN 资料，由于水深较大，鬼波的周期长，有利于实现上下行波的波场分离。对于分离出来的下行波，以海面为中心，通过镜像偏移技术可以利用多次波成像，改善海底及下伏地层的成像质量，增加资料的照明度。对于多次波的去除，常规的去除方法由于不能满足 OBC/OBN 中多次波的周期条件，因此不能很好地去除，可以考虑上下行波联合反褶积技术。OBN 资料的基本处理流程如图 5.2.2 所示。

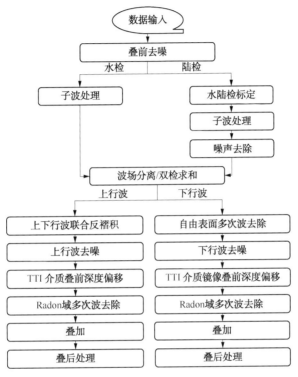

图 5.2.2　OBN 资料处理基本流程

5.2.2　气泡压制与噪声去除

在 76 届 EAGE 年会上，P. Kristiansen（Schlumberger）等人发表的名为 Deep Water OBN-Exploiting the Data Processing Possibilities 的文章里，讨论了 OBN 资料处理的几方面问题，包括气泡压制、噪声去除和共反射点叠加等。

在海洋勘探中，气枪激发产生的气泡振荡能量，造成地震信号上低频、周期性的续至波，降低了地震数据低频成分的品质。因此，如何消除气泡振荡和鬼波的影响是海洋资料宽频处理的关键。

图 5.2.3 是气泡压制前后的单炮对比。从初至拉平后的单炮记录上可以看到明显的低频、周期性的气泡振荡能量。通过气泡能量的压制，周期性的气泡振荡能量得到有效衰减。

图 5.2.4 是一个检波点道集的水陆检分量（a 和 b），从图上可以看出陆检垂直分量 z 上存在较为突出的 x/y 分量的混波，原因是节点在复杂海底的放置不够理想，从而接收到不同方向的转换波信号，因此需要联合水检道集对陆检道集进行针对性去噪。图 5.2.4c 是去噪后的陆检分量，在此基础上才能进行水陆求和等后续处理。

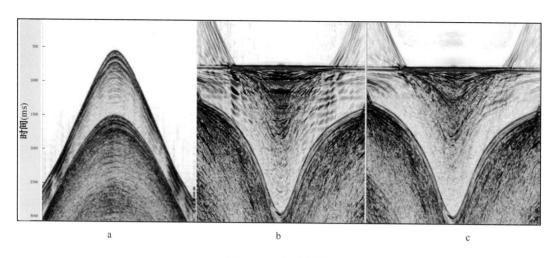

图 5.2.3　气泡压制

a—水检；b—水检按初至波拉平；c—气泡压制后的水检

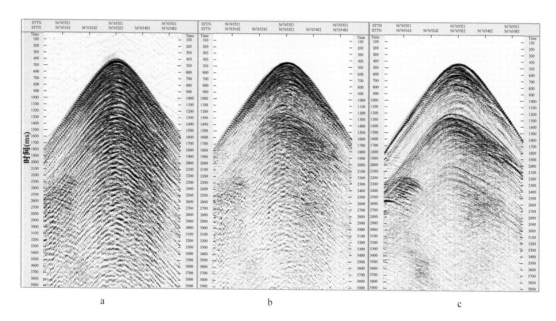

图 5.2.4　噪声去除

a—水检；b—z 分量去噪前；c—z 分量去噪后

5.2.3　共反射点叠加

由于 OBS 数据激发和接收不在同一水平面上，常规基于共中心点的叠加方式无法得到正确的成像。因此，对于深水的 OBS 数据，需要通过求取地震数据随时间和空间变化的反射点路径来定义输入道和 CRP 输出道之间复杂的映射关系，并应用合理的拼接方法来实现不同的输入道对输出道的贡献的良好组合。这项技术成为共反射点叠加技术，共反射点叠加可以有效地解决 OBN 地震数据反射路径的非对称性对 CRP 道集抽取的不良影响，得到更为准确的 CRP 道集和叠加剖面(图 5.2.5)。

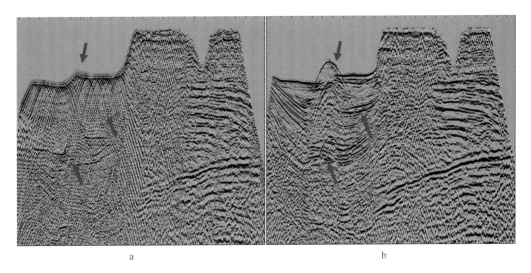

图 5.2.5　共反射点叠加(a)与常规 CMP 叠加(b)

5.2.4　倾斜校正

5.2.4.1　倾斜校正的必要性

由于 OBS 勘探采用的检波器通常是由一个压力检波器和 3 个相互正交的速度检波器组成的。而速度检波器响应与方向有关,我们暂且称 x 分量为沿测线方向,y 分量为垂直于测线方向,z 分量为垂直于海平面的方向。摆放正确时,z 分量接收到的将是纵波陆检数据,x 分量和 y 分量接收到的转换波。而实际采集过程中,检波器严格垂直海平面,出现倾斜现象,如图 5.2.6 所示。

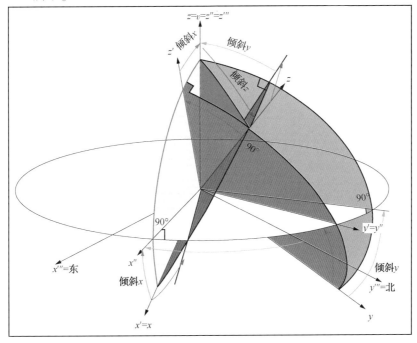

图 5.2.6　检波点倾斜现象

此时接收到的信息 z 分量不再是单纯的纵波陆检数据，x 分量和 y 分量接收到的不再是单纯的转换波数据。而是彼此交叉的矢量合成数据。在这种情况下，需要对 3 个速度检波器接收到的数据进行矢量分解，然后进行矢量合成。最终使 z 分量成为单纯的纵波陆检数据，x 分量和 y 分量成为单纯的转换波数据。

5.2.4.2　倾斜校正的基本原理

倾斜校正的目的就是把倾斜了的检波器所接收到的信息，经过一系列处理过程把混叠波场分离开来。从而得到正确的波场信息。如图 5.2.7 所示，对三维数据需要对检波器旋转 3 次来完成倾斜校正的处理。这 3 次旋转可以不考虑先后顺序。首先，可以先固定 x 轴，在垂直 x 轴的平面内进行旋转，即旋转 y 轴和 z 轴，把 y 轴旋转水平即可。其次，固定 y 轴，在垂直 y 轴的平面内进行旋转，即旋转 x 轴和 z 轴，把 x 轴旋转水平即可。这时 x 轴和 y 轴已经水平，z 轴已经竖直。最后再固定 z 轴，在垂直 z 轴的平面即水平面内进行旋转，即旋转 x 轴和 y 轴，把 x 轴旋转到施工时想要摆放的侧线方向即可。通过以上三个旋转就完成了倾斜校正处理。

图 5.2.8 和图 5.2.9 为倾斜校正前后的叠加剖面，从叠加剖面上可以看到倾斜校正后叠加成像有了明显改善。

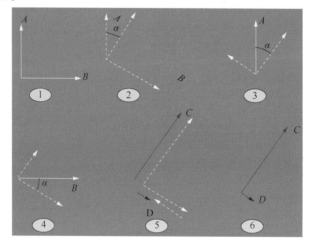

图 5.2.7　倾斜校正原理图

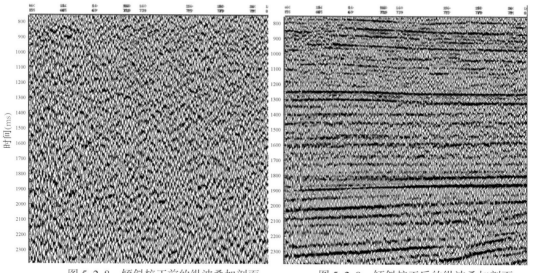

图 5.2.8　倾斜校正前的纵波叠加剖面　　　图 5.2.9　倾斜校正后的纵波叠加剖面

5.2.5 波动方程基准面校正

常规静校正方法以近地表射线垂直传播为假设，只进行垂直分量的时差校正，但实际上近地表射线并非垂直传播，因此常规静校正方法必然存在一定误差。静校正就是一种波场校正方法，其目的就是将观测到的地震波场以数学方法校正到我们定义的基准面上，得到一个等效于在基准面上观测到的地震波场。波动方程能正确描述地震波的物理传播过程，基于波动方程的波场延拓就可以正确地实现这种波场校正。我们采用波动方程的积分解来完成这一波场延拓过程。二维积分形式为

$$U_D(x, z, t) = \frac{1}{2\pi} \int \frac{\partial R}{\partial n} \left(\frac{1}{R^2} + \frac{1}{v_a R} \frac{\partial}{\partial t} \right) U_s(x, z, t + t_R) \, \mathrm{d}x \qquad (5.2.1)$$

式中，U_D 为校正后的波场；U_s 为观测波场。

表层速度结构很复杂时，求准射线平均速度和校正时差是很重要的一步，设各层层速度为 v_i，地震波射线经过该层的传播距离为 R_i，则射线平均速度为

$$v_a = \frac{1}{R} \sum_1^N (v_i R_i) \qquad (5.2.2)$$

$$R = \sum_1^N R_i \qquad (5.2.3)$$

时差校正量为

$$t_R = \sum_1^N (R_i / v_i) \qquad (5.2.4)$$

式中，R_i 和 v_i 则由前面提到的层析反演方法得到。

朱伟强利用模型数据对该方法的正确性和适用性进行了试验验证（图 5.2.10）。试验表明，经过波场延拓静校正后，记录同相轴连续性明显好于折射静校正记录，记录的振幅特征更接近于模型激发的记录。另外朱伟强也将该方法应用到实际数据也取得较好的处理效果。

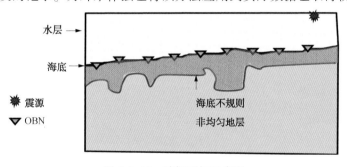

图 5.2.10　波场延拓示意图

5.2.6 双检合成与波场分离

贺兆全等人在 2011 年发表的《双检理论研究及合成处理》中详细讨论了双检合成的理论及处理方法。文中探讨了水、陆检波器的接收机制及地震波场动力学特征，认识到水层鸣振是由下行鬼波（虚反射）和上行微屈多次波组成的。水检和陆检对于一次波、鬼波和微屈多次波具有不同的响应特征：对于一次波，水陆检响应极性相同；对于鬼波，水陆检响应极性相反；对于微屈多次波，水陆检波响应极性相同。因此，水检和陆检数据求和可以去除鬼

波。在此基础上，进一步求取海底反射系数，可以消除上行微屈多次波。

5.2.6.1 双检合成的基本原理

在地震勘探中，当纵波的传播方向和质点的运动方向一致时产生压缩波场；而当纵波的传播方向和质点的运动方向相反时产生膨胀波场。OBS 检波器中的水听器是压力检波器，它响应水中压力的变化，随着压缩分量和膨胀分量的作用而产生极性的变化。当压缩的分量挤压水检时产生负向的脉冲，膨胀的分量作用在水检时产生正向的脉冲。而速度检波器响应的是质点的运动方向，它随着质点运动方向的变化而产生极性的变化。当质点向上运动时，速度检波器会产生负极性；当质点向下运动时，速度检波器会产生正极性。图 5.2.11 为检波器响应极性示意图。

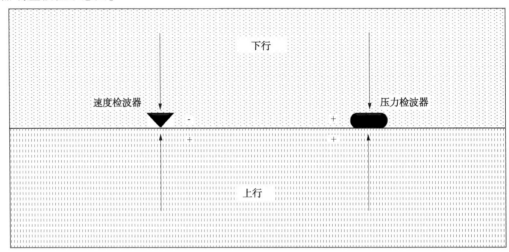

图 5.2.11　检波器响应极性示意图

为了更好地理解双检接收技术，下面从原理上解剖一下压力检波器和速度检波器对上下行波场和水柱混响的响应。

5.2.6.1.1　压力检波器和速度检波器对上下行波场的响应

设 v_z 表示 z 方向上的质点位移速度，p 表示压力。令 ρ 表示介质的密度，κ 表示压缩系数，则由压力 p 表示的声学方程为 $\frac{\partial^2 p}{\partial z^2} = \frac{1}{c^2}\frac{\partial^2 p}{\partial t^2}$，其中 $c = \sqrt{\frac{\kappa}{\rho}}$。

根据牛顿第二定律和胡克定律，p 和 v_z 之间的关系为

$$\rho\,\frac{\partial v_z}{\partial t} = -\frac{\partial p}{z} \tag{5.2.5}$$

$$\frac{\partial p}{\partial t} = -k\,\frac{\partial v_z}{\partial z} \tag{5.2.6}$$

因为一维声学方程的达朗贝尔解为

$$p = p^+ f(z-a) + p^- f(z+a) = D + U \tag{5.2.7}$$

式中　D 表示下行波长；U 表示上行波场。若取 z 轴向下为正，则由公式(5.2.5)和(5.2.7)可得

$$\frac{\partial v_z}{\partial t} = -\frac{1}{\rho}\frac{\partial p}{\partial z} = \frac{1}{\rho}p^+ f'(z-a) + \frac{1}{\rho}p^- f'(z+a) \tag{5.2.8}$$

式(5.2.8)两边对时间积分可得

$$\nu_z = -\frac{1}{\rho c} p^+ f(z-\alpha) + \frac{1}{\rho c} p^- f(z+\alpha) = \frac{1}{\rho c}\left[U-D \right] \tag{5.2.9}$$

由式(5.2.7)和式(5.2.9)可知，在理想情况下，压力检波器与速度检波器对上下行波场的响应为

$$\begin{cases} p = D+U \\ \nu_z = \dfrac{1}{\rho c}\left[U-D \right] \end{cases} \tag{5.2.10}$$

在没有上行波的情况下 $p=D$，$v_z = -\dfrac{1}{\rho c}D$，下行波本身就对压力 p 和质点速度 v_z 都提供了一个运动扰动，并且 v_z 与 p 之比是这种物质的固有导纳（注：导纳是电导和电纳的统称，在电力电子学中导纳定义为阻抗的倒数，单位是西门子），即 $\dfrac{\nu_z}{p} = -\dfrac{1}{\rho c}$。在没有下行波的情况下 $p=U$，$\nu_z = \dfrac{1}{\rho c}U$，压力与质点速度的比值是 ρc。因此，压力检波器和速度检波器记录到的下行波场极性相反，上行波场极性相同。

5.2.6.1.2　压力检波器和速度检波器对水柱混响的响应

假设海底和海面之间的垂直距离为 H_1，纵波在海底与海面之间的双程旅行时为 2τ，单位延迟算子 $Z = e^{2i\omega\tau}$，海面的反射系数为 -1，海底的反射系数为 R，下行波首次到达检波器的时刻 $t=0$，则在垂直入射的情况下，海底处由震源激发引起的水柱混响上行波场 U 和下行波场 D 在 Z 域的表达式为

$$\begin{cases} D(Z) = 1-RZ+R^2Z^2-R^3Z^3+\cdots = \dfrac{1}{1+RZ} \\ U(Z) = R-R^2Z+R^3Z^2-R^4Z^3+\cdots = \dfrac{R}{1+RZ} \end{cases} \tag{5.2.11}$$

将式(5.2.11)代入式(5.2.10)可得压力检波器和速度检波器对由震源引起的水柱混响响应，即

$$\begin{cases} p(Z) = U+D = \dfrac{1+R}{1+RZ} \\ \nu_z(Z) = \dfrac{1}{\rho c}(U-D) = -\dfrac{1}{\rho c}\dfrac{(1-R)}{1+RZ} \end{cases} \tag{5.2.12}$$

由式(5.2.12)可以看出，利用压力检波器和速度检波器对波场的不同响应，给垂直分量 $v_z(Z)$ 乘以系数 $\rho c \cdot \dfrac{1+R}{1-R}$，并与压力分量 $p(Z)$ 相加，便可以消除由震源引起的水柱混响。

当水柱混响由地下界面的反射波透过水底进入水层产生时，设上行反射波首次到达检波器的时刻 $t=0$，则上行波场 U 和下行波场 D 为

$$\begin{cases} D(Z) = -Z+RZ^2-R^2Z^3+R^3Z^4+\cdots = \dfrac{Z}{1+RZ} \\ U(Z) = 1-RZ+R^2Z^2-R^3Z^3+\cdots = \dfrac{1}{1+RZ} \end{cases} \tag{5.2.13}$$

将式(5.2.13)代入式(5.2.10)，可得压力检波器和速度检波器对由地下界面反射波透

过水底进入水层产生的水柱混响的响应为

$$
\begin{cases}
p(Z) = U + D = \dfrac{1-Z}{1+RZ} \\[2ex]
v_z(Z) = \dfrac{1}{\rho c}(U - D) = \dfrac{1}{\rho c}\dfrac{(1+Z)}{1+RZ}
\end{cases}
\tag{5.2.14}
$$

将式(5.2.14)中的垂直分量 $v_z(Z)$ 乘以系数 $\rho c \cdot \dfrac{1+R}{1-R}$ 并与压力分量 $p(Z)$ 相加可得

$$
S(Z) = p(Z) + \rho c \dfrac{1+R}{1-R} v_z(Z) = \dfrac{2}{1-R}
\tag{5.2.15}
$$

由式(5.2.15)可知,给垂直分量 $v_z(Z)$ 乘以系数 $\rho c \cdot \dfrac{1+R}{1-R}$ 并与压力分量 $p(Z)$ 相加,可以消除由地下界面反射波透水底进入水层产生的水柱混响,并且能够保留地下界面的上行反射波,只是使上行波的振幅变为原来的 $\dfrac{2}{1-R}$。

5.2.6.2 双检合成的实现

由于水检和陆检的响应方式不同,所以造成水陆检的振幅不同。有的可能由于制造技术的缺陷还会存在相位差。所以,在双检时要对水陆检进行刻度。而刻度是要把一次波的振幅和相位刻度一致,而不应该包含有多次波的存在。因而刻度的时窗应小于水深的双程旅行时。求出刻度算子之后就可以刻度陆检或者水检后直接相加来消除鬼波,这就是双检合成处理的实现(图5.2.12)。

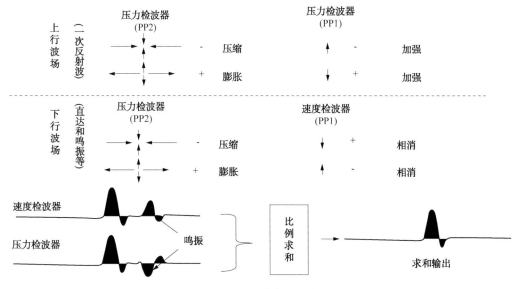

图 5.2.12 双检合成示意图

如果进一步求出海底反射系数,则可以消除微屈多次的影响进而恢复一次波的频谱,达到双检合成的最佳效果,如图5.2.12所示。图中左上方为压力检波器数据,右上方为速度检波器数据,左下方为去鬼波后的传统双检合成结果(仅去除下行波场),右下方为本文的双检合成结果(不仅去除下行波场,而且去除微屈多次的上行波场)。从中我们可以看到传统的双检合成理论只压制了鬼波,也就是自水面的下行波场,他具有压力检波器和速度检波器接收极性相反的特点。传统双检合成理论利用这一点进行了合成得到了图中左下方的结果。我们已经从理论上分析了他的结果，无论从合成结果还是频谱上都是类似水检资料的。那么我们从图中的实际资料处理结果中也看到了这一点。也就是从图中左边上下两张图，我们可以看到两个数据的品相是一致的。而本文双检合成后的数据（图中右下方数据）明显压制了鬼波和微屈多次波的干扰。波组特征比水检和陆检及去鬼波数据明显突出，信噪比有很大的改善。波形活跃，剖面整体比较干净。

5.2.7 上下行波联合成像

常规偏移技术对海底双检地震数据成像存在不足。为了提高施工效率和减少装备的投入，海上地震勘探观测系统通常采用少道多炮的观测系统，这样容易造成检波点对地震数据采样的不足，容易产生采集脚印现象。

图 5.2.13a 为一排列间距为 600m，检波点间距为 50m，炮点间距为 25m，炮线间距为 50m 的海底电缆采集所采用的 2 线 11 炮观测系统。图 5.2.13b 为该观测系统采集的地震数据的叠加剖面。从该叠加剖面可看出，海上的少道多炮观测系统很容易造成浅层资料覆盖次数低且不均匀，甚至是资料的缺失，给地震数据带来明显的采集脚印，容易引起偏移的划弧现象，影响中、浅层的成像。

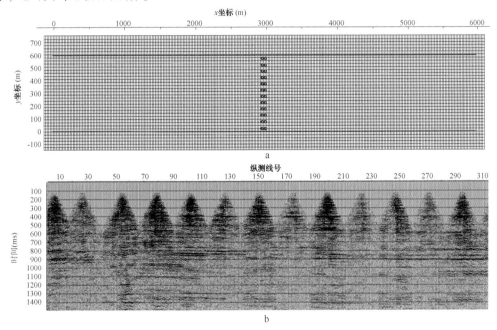

图 5.2.13　OBN 少道多炮的观测系统及其叠加剖面

另外，海底地震勘探是把检波器布设在海底来接收地震数据，因此对于海底已没有一次反射波能够对其照明。对于地下反射界面相同的反射点，海底观测比在海面观测需要更大的入射角，对海底和浅层的界面，海底观测没有照明的地段将更大。

对于海底节点（OBN）勘探，检波器间距多达几百米，检波点对地下地震数据的采样更是稀疏，对浅层的照明更是不足。因此对于海底数据，常规的偏移方法对海底很难成像，同时由于浅层的数据覆盖次数低且分布不均很容易造成偏移的划弧现象，产生偏移假象，影响地下地质构造的落实。

基于最小平方逆时偏移原理，提出了一种海底双检上下行波场联合偏移流程(图5.2.14)，用 Marmousi 模型进行了验证，见到了较好的处理效果，证实了上下波联合成像的优势(图5.2.15)。基于反演的最小二乘偏移可以有效地减弱由于不规则观测系统、稀疏采样、有限采集和有限偏移孔径产生的偏移假象，可以减轻偏移噪声，提高偏移数据的信噪比和成像质量。

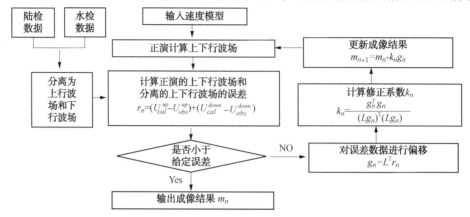

图 5.2.14　海底双检上下行波场联合最小平方偏移流程图

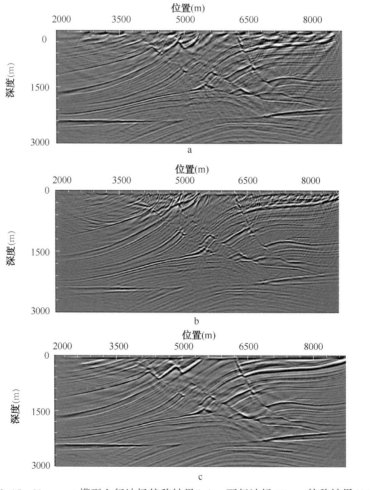

图 5.2.15　Marmousi 模型上行波场偏移结果(a)、下行波场 Mirror 偏移结果(b)、
上下行波场联合偏移结果(c)

图 5.2.15a 是只利用上行波场偏移的结果。由于检波器位于海底，没有一次反射波能够对海底进行照明，因此只利用上行波场的偏移剖面不仅不能够对海底成像，同时受中浅层覆盖次数分布不均的影响，300m 以上的地层基本没有成像，复杂断裂系统的断层成像也比较模糊，整个剖面的偏移背景噪声也比较大。

图 5.2.15b 是只利用下行波场偏移的结果。由于下行波场含有海水层的鸣振，其能够对海底进行照明，因此下行波场偏移已能看到海底基本成像了，同时由于下行波场照明范围比较大，因此在下行波场偏移剖面上边界的偏移噪声也比较小，整个剖面的背景比较干净。图 5.2.15c 为上下行波场联合偏移的结果。不仅海底得到了较好的成像，同时由于上下行波场同时参与成像，因此成像的质量和精度都得到了提高。由于偏移过程中相干干涉比较充分，偏移后的边界噪声和背景噪声基本看不到。

联合成像同时利用了上行波和下行波。当上行波由于信噪比低影响联合成像质量的情况下，可以单独利用下行波进行偏移成像。由于检波器沉放于海底，而震源在海面，当海水深度大（500m 以上），一阶多次波与有效波容易分离，此时一阶多次波可用于偏移成像，但需要以海面为中心，将检波点镜像到海面之上，并利用真地表偏移技术，从而实现镜像偏移（图 5.2.16）。该偏移成像方法可以很好地改善海底及下伏地层的成像质量，还能增加资料的照明度，得到更大范围的可用资料。

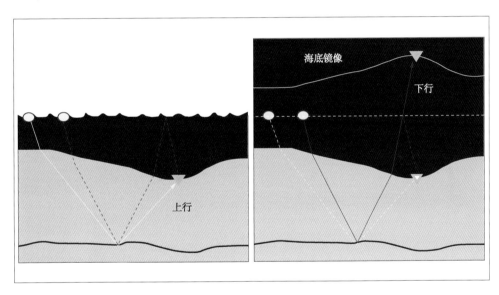

图 5.2.16　镜像偏移成像示意图

E. Emrah Pacal，土耳其石油公司，2015，SEG

在 2015 年 SEG 年会上，E. Emrah Pacal 等人发表了 Seismic Imaging with Ocean-Bottom Nodes（OBN）：Mirror Migration Technique 一文，展示了 OBN 下行波镜像偏移成像的实例，如图 5.2.17 所示，其下行波镜像偏移成像效果比上行波传统的偏移成像有明显改善。

J. Yang（CGG）等人在第 77 届 EAGE 年会上发表了 Reverse Time Migration of Multiples with OBNData 一文，利用墨西哥湾的深水 OBN 数据试验了针对 OBN 数据的逆时偏移。进一步证实了镜像偏移的优势（图 5.2.18）。

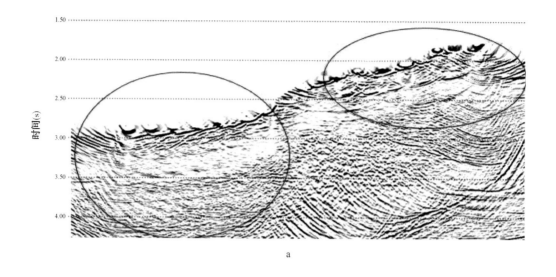

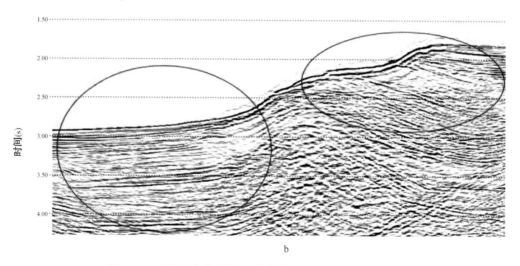

图 5.2.17　镜像偏移成像(b)与传统的上行波偏移成像(a)对比

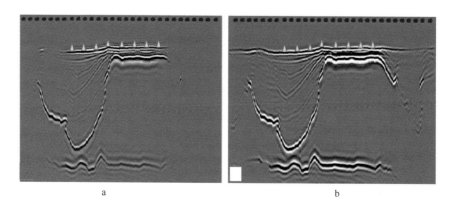

图 5.2.18　下行波逆时偏移(a)与下行多次波逆时偏移(b)

5.3 拖缆地震数据处理关键技术

5.3.1 拖缆地震数据特点及处理难点

在海洋地震勘探中，拖缆勘探、陆上勘探和 OBS 海底勘探的施工方式明显不同。拖缆地震勘探是由勘探船拖曳接收电缆，按测线方向边行驶、边激发、边接收。激发系统通常采用气枪震源，接收系统采用压力检波器。勘探过程中通过卫星实时定位，随时记录激发点和接收点的坐标位置。由于其快速、高效的技术优势，在当前海洋地震勘探的各种作业方式中，拖缆勘探一直居于主导地位。但和其他作业方式相比，拖缆勘探本身也有其固有的局限性，如观测系统单一、单分量接收、拖缆漂移、边运动边激发接收地震信号等。拖缆勘探的这些特点及海洋勘探特殊的采集作业环境使拖缆地震数据处理面临特殊的技术挑战。

（1）和陆上勘探的采集环境相比，深海勘探的采集环境是动态变化的。潮汐、海浪高度随时间动态变化。这就决定了基于陆地静态、相对稳定的采集环境形成的地表一致性静校正、地表一致性能量调整、地表一致性反褶积等技术由于地表一致性处理的假设条件无法满足而在海洋地震资料处理的应用上存在很大的局限性。

Wombell（1997）、Celine Lacombe（2006）等人曾经指出，海面的高度和海水的物理属性是随潮汐、洋流、季节变化的。潮汐的变化影响实际的水深，而海水速度和盐度的季节性变化则引起海水中地震波传播速度的变化。由于拖缆勘探的数据体是由一系列相互独立的航行线组成的，这些变化必然会导致地震剖面联线方向反射同相轴的错断（如图 5.3.1a 所示）。

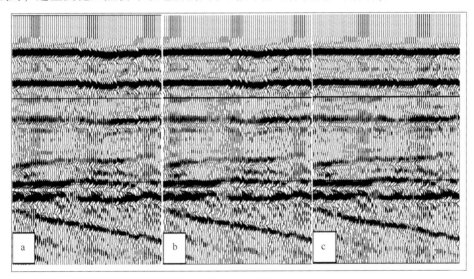

图 5.3.1　原始叠后(a)、潮汐校正叠加(b)、水速校正叠加(c)

（2）对于拖缆勘探而言，和其他勘探方式相比，拖缆勘探是在运动中完成地震信号的激发和接收。因此，理论上只有零时刻地震信号，其反射点位置是正确的；中深层反射信息的定位存在不同程度的误差，船速越大，误差也越大。这种动态的定位误差给拖缆资料的高精度成像带来特殊的问题。

Dragoset（1988）、Gary Hampon（1990）、Jan Douma（2001）分析了拖缆采集过程中电缆、

震源移动对地震数据和速度分析的影响，并指出，由于拖缆勘探是动态激发和接收信号，地震数据和采用静态激发接收方式获得的"理想"地震数据存在很大差距。Dragoset（1988）提出，在采集过程中，震源移动会造成地震信号的明显畸变；JanDouma（2001）则指出，检波点的移动会导致动校正道集不能拉平，在深水勘探中会导致速度拾取过高（如图5.3.2所示）。

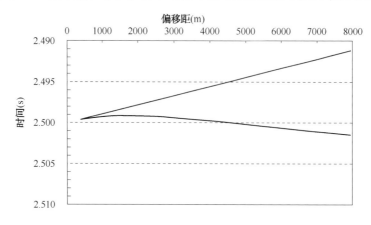

图 5.3.2　不做接收点移动校正的海底反射时间
蓝线：用较高速度动校正、红线：用正常速度动校正

（3）鬼波及气泡振荡能量的存在，使海洋资料的宽频处理工作面临特殊的困难。在海洋勘探中，气枪激发产生的气泡振荡能量，造成地震信号上低频、周期性的续至波，降低了地震数据低频成分的品质；另外，由于海水和空气的分界面的反射系数接近-1，反射波场向上传播到海水面后，又下行反射传播到检波器，形成能量极强的下行波场，即海洋勘探中所称的鬼波。由于鬼波的陷波作用，在将地震信号波形复杂化的同时，也极大地压制了地震信号的高频及低频成分，造成地震信号频谱上周期性的陷波现象。因此，如何消除气泡振荡和鬼波的影响是海洋资料宽频处理的关键。

鬼波、气泡振荡对海洋地震资料的影响及对宽频处理的重要性已被公认。R. C. Bailey（1988）、Anton Ziolkowski（1998）等人基于不同的理论公式对气泡振荡信号进行了模拟。JACK R. C. King（2015）对气泡振荡和鬼波信号的相互作用进行分析，并进一步提高了气枪信号模拟的精度。Jovanovich（1983）指出，在鬼波估算中，虽然海面反射经常被看作-1，但实际上海面-空气的反射系数是频率、出射角、海浪等因素的函数，鬼波的陷波导致地震信号低频和高频成分的损失。

（4）受海况的影响，海洋资料实际的面元属性经常和采集设计的指标存在很大差距，严重制约了资料的成像精度。特别是在拖缆采集中，由于电缆拖曳在海面附近，施工受海况的影响大，电缆的漂移现象往往非常严重，造成空间上反射点的分布不规则、覆盖次数空间分布不均匀、反射点位置偏离面元中心点，严重影响叠前偏移的成像效果。

由于拖缆勘探是将电缆沉放到海面一定深度，在海水中拖曳电缆完成采集，因此，和OBS海底勘探相比，拖缆勘探受洋流等海况条件的影响更大，在采集过程中，电缆受洋流的冲击左右摆动，接收点严重偏离设计位置，导致地震数据反射点空间分布杂乱，给SRME、叠前偏移等处理工作带来严重影响。

（5）由于海水面、海底都是良好的反射界面，海洋勘探中多次波能量非常强，中深层的有效反射往往完全被多次波能量所覆盖。特别是在浅水、海底比较坚硬的地区，海水鸣振能量非常强，多次波能量从浅到深和有效反射互相干涉，掩盖了地层反射的真实形态（图5.3.3所示）；而在海底崎岖的地区，往往会产生复杂的绕射多次波，进一步增加多次波压制的难度。因此，对海洋资料来说，多次波的压制是地震资料处理最关键的问题。

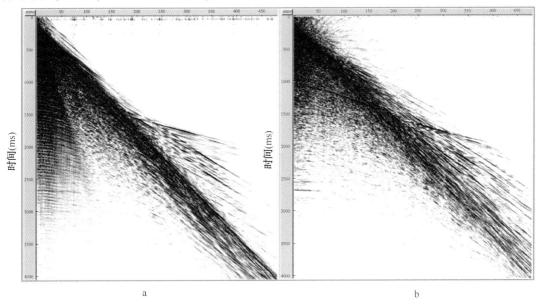

图 5.3.3　海水鸣振压制前(a)后(b)单炮

图 5.3.3 是海水鸣振压制前后浅水区单炮对比。可以看到，在压制多次波前，中深层真实的地层反射几乎完全被海水鸣振所淹没。

5.3.2　鬼波压制

鬼波压制是海洋资料宽频处理的关键技术环节。早在 1983 年，Jovanovich 等人就提出了将鬼波和首波分离的问题，但是由于鬼波估算的复杂性，直到最近，鬼波的压制问题才在处理算法上取得了实质性的进步。近年来，海洋资料宽频处理需求的不断增长有利促进了鬼波压制技术即 De-ghosting 技术的迅速发展。TGS 的 Zhigang Zhang(2015)等人针对宽方位数据的三维效应问题，提出了基于二维 τ-p 变换的时变自适应鬼波压制方法，较好地解决了二维 τ-p 变换对三维宽方位资料的适应问题；CGG 的 Ping Wang、Suryadeep Ray(2014)等人采用一种渐进的稀疏 τ-p_x-p_y 变换，较好降低了三维 De-ghosting 处理的运算成本，并在全方位资料处理中见到了较好的效果；TGS 的 Anthony Hardwick(2015)提出了一种新的在 f-x 域去除鬼波的算法，由于算法考虑了采集过程中缆深变化的影响，因此能够更好地压制检波点端的鬼波；Paradigm 公司的 O. Yilmaz，(2015)等人利用递归滤波在 x-t 域实现了鬼波的去除，避免了数据域变化带来的不足；Global Geophysical Services 的 Vikram Jayaram(2015)等人通过在 f-k 域为不同缆深数据设计不同的 De-ghosting 算子，避免了时窗滑动带来的边界问题。

（1）TGS 的 Zhigang Zhang 等人针对宽方位和全方位勘探的鬼波压制问题，提出了一种基于二维 τ-p 变换的、时变自适应 De-ghosting 算法，并在实际宽方位数据处理中取得了良好效果。

TGS 的 Zhigang Zhang 等人在回顾了影响鬼波延迟及振幅强度的各种因素后提出：De-ghosting 技术在海洋资料宽频成像中的重要性怎样强调都不为过，而精确地估算鬼波延迟则是 De-ghosting 处理的关键。对于宽方位数据而言，由于横向鬼波延迟的变化不能被忽略，因此，de-ghosting 处理是一个三维问题。但在实际资料处理中，三维 De-ghosting 算法又往往由于计算成本过人很难被接受。根据以上认识，提出了一种基于二维 $\tau-p$ 变化的时变自适用鬼波压制方法，并在宽方位数据处理中取得了较好的效果。

鬼波延迟时即鬼波和地震反射首波之间的时差，成功的 De-ghosting 处理首先需要精确估算鬼波延迟时，而鬼波延迟时是与枪深（缆深）、水速、上行波出射角相关的函数。$\tau-p$ 变换在 De-ghosting 处理中扮演着重要角色。它能够将地震波场分解成沿拖缆方向局部具有均一出射角的平面波。但是，由于地震资料横向空间采样的稀疏性，以及反演的高代价，当前应用最广泛的算法基本上都是二维算法。

很多原因会导致二维 De-ghosting 算法产生错误。比如三维效应，二维 $\tau-p$ 变换无法将三维地震波场完全转换为辐波，导致即使在相同的 p 道鬼波延迟也是时变的。由于恶劣天气及不精确的水速造成的接收点沉放深度误差在实际勘探中也普遍存在，并可能造成去鬼波后数据上产生振荡噪声。因此，De-ghosting 算法必须是对这些情况自适应的，有时不同的算法要求不同类型的地震数据集。

宽方位和全方位勘探给 De-ghosting 处理带来特殊的挑战。首先，$\tau-p$ 变换后在联线方向的慢度（p_y）和窄方位数据不同，联线方向的慢度并非趋近于零，这不符合二维的假设条件。虽然这个困难可以通过用真实的炮检距及沿径向进行 $\tau-p$ 变换部分缓解，但问题依然无法根本解决。其次，不规则的炮检距分布也增加了 $\tau-p$ 变化的代价。最后一点同样重要，震源信号具有方向性，有时震源会在频谱上带来一个固有的陷波，这个陷波可能和鬼波的陷波很接近，造成质量控制及鬼波压制更加困难。

为解决三维效应及不规则炮检距分布的问题，一个自然的选择就是设计一个时变的 De-ghosting 算法。这个算法能够自适应地在很小的时窗内完成鬼波搜索和压制工作。由于在一个很小时窗内估算鬼波时地质因素的影响会非常突出，造成很多统计算法稳定性差。因此这个方案要求非常稳健的鬼波压制和搜索算法。另外，一种稳健的 $\tau-p$ 变换算法也非常关键，因为 De-ghosting 需要依据鬼波延迟精确地将鬼波能量分解到不同 p 道。

最近，一种基于三维 $\tau-p$ 变换的反演方法被提出来并取得了很好的效果。这种方法应用一种稀疏约束以减少运算量并打破了联线方向稀疏采样的限制。这里，我们提出一种替换算法用于宽方位和全方位地震数据的 De-ghosting 处理。首先，设计一个自适应的鬼波延迟搜索算法，然后利用估算的鬼波延迟进行时变的 De-ghosting 处理。这种算法应用高精度的 $\tau-p$ 变换并在 $\tau-p$ 域实施 De-ghosting 处理，合成记录和实际地震数据的试验表明这种算法非常稳健，下面具体阐述这种算法的基本原理。

虽然海面反射系数绝大多数情况下被视为 -1，但实际上海水与空气界面的反射系数是频率、出射角，以及海况条件的函数。反射系数从低频到高频端逐渐减小。因此，在实际的地震数据上，鬼波的陷波总是在高频端具有较浅的陷波。在这里，我们用用一个高斯函数来表示反射系数与频率的关系，即

$$r(f) = e^{-\frac{1}{\sigma^2}f^2} \tag{5.3.1}$$

式中，σ 是一个正数。这个公式是对 Jovanovich 所用公式的简化，在公式中，地震波的传播方向被忽略了。在频率域，鬼波算子可以表达为

$$G(f) = 1 - r(f) e^{-i2\pi f/\Delta} \tag{5.3.2}$$

式中，Δ 是实际的鬼波延迟时。很容易给出鬼波算子在时间域的脉冲响应，即

$$g(t) = \delta(t) - \sigma \sqrt{\pi} \, \mathrm{e}^{-\sigma \pi^2 (t-\Delta)^2} \qquad\qquad (5.3.3)$$

如果 σ 足够大，$r(f)$ 接近 1，并且频率域和时间域的响应基本表现为平静水面的情况。在这种特殊情况下，鬼波算子可以变为

$$G(f) = 1 - \mathrm{e}^{-\mathrm{i}2\pi/\Delta} \qquad\qquad (5.3.4)$$

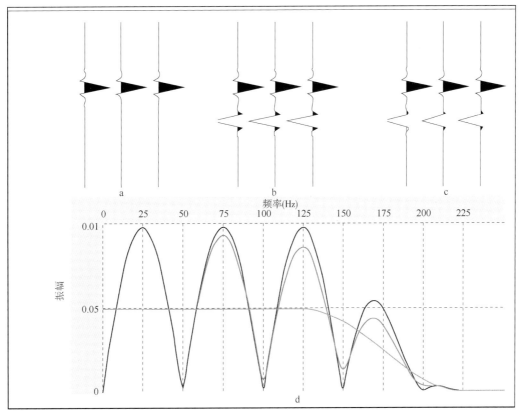

图 5.3.4　包含和不包含鬼波的子波及其频谱

a—不包含鬼波的子波信号；b—采用公式(5.3.4)鬼波化的子波信号；c—采用公式(5.3.3)鬼波化的子波信号；
d—子波 a(黄色)、子波 b(红色)、子波 c(绿色)振幅谱

图 5.3.4 展示了一个不含鬼波的宽频子波，以及用公式(5.3.3)和公式(5.3.4)加入鬼波后子波的振幅谱。采样间隔为 2ms。可以看出，两个算子给出的结果只有十分微小的差别。

鬼波既可以在频率域也可以在时间域估算，在下面的测试中，如式(5.3.5)所示的 De-ghosting 算子被应用于频率域，即

$$F(f) = \frac{-1}{1 - r(f)\,\mathrm{e}^{-\mathrm{i}2\pi/\Delta a}} \qquad\qquad (5.3.5)$$

式中，Δa 表示实际的延迟时。在频率域，去除鬼波的数据可以用下面公式表达，即

$$P_{dg} = \frac{1 - \mathrm{e}^{-\mathrm{i}2\pi/\Delta}}{1 - r(f)\,\mathrm{e}^{-\mathrm{i}2\pi/\Delta a}} P(f) \qquad\qquad (5.3.6)$$

式中，$Pdg(f)$ 表示去除鬼波的数据；$P(f)$ 是不含鬼波的实际首波。当延迟时 Δ 和 $r(f)$ 已知时，De-ghosting 算子可以精确地补偿鬼波陷波并恢复首波信号。当延迟时 Δa 不准确时，就会在地震数据中产生振荡噪声。在频率域，会抬高错误的频率成分并降低整体的能量。这个

事实启发我们可以依据去除鬼波后地震数据的整体能量来搜索真实的鬼波延迟时 Δ。

图 5.3.5 展示了去鬼波后数据的第一范式如何随 Δa 而变化。输入信号来自图 5.3.4c 所示数据，σ 为 240Hz，鬼波延迟 20ms，时窗中心 2s。试验中鬼波延迟时从 2ms 到 60ms 进行扫描，等价于从 0.1Δ 到 3Δ，在一个很大的范围内扫描 Δa。当 $\Delta a = \Delta$ 时，首波被正确的恢复，较大的 Δa 引发振荡噪声和第一范式的快速增大。叠合显示表明，大约在 1.5Δ 以后，由于时窗大小的限制，在第一范式的曲线上造成了"狮尾"现象，但这并不影响运算优化。一个局部极小发生在 10ms 处（相当于半个真实的鬼波延迟）。目标函数的整体最小则发生在其两倍的时间。

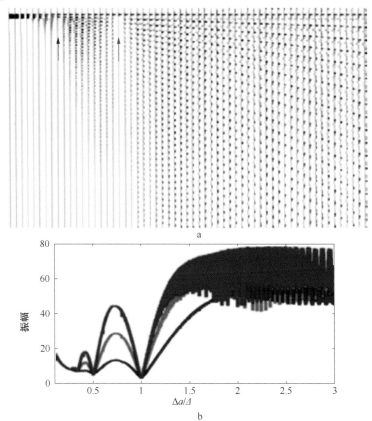

图 5.3.5 Δa 对 De-ghosting 的影响

a—采用不同 Δa 进行 De-ghosting 处理的地震数据（从左至右，Δa 从 2ms 增大到 60ms）；b—去鬼波数据的第一范式（横轴为 $\Delta a/\Delta$，绿色为 σ 等于实际的 240Hz 的响应，红色为 480Hz 的响应，蓝色为 120Hz 的响应）

实际上，我们绝大多数情况下能够得到一个稳健的 Δ 估算，特别是在 τ-p 域，并且搜索范围要比图 5.3.5 所示小很多，大多数情况下在 0.5Δ 到 1.2Δ 之间，这会使搜索更加稳健。我们通常不需要精确的估算 σ，它只影响目标函数曲线的形状，但并不会改变最小值的位置。

在鬼波延迟搜索中，我们测试了不同的寻优标准，包括自相关、振幅谱、相位谱。为了减少噪声及地质因素的影响，这些方法需要足够的地震数据，并且在小时窗内变得不稳定。Wang 等人 2013 年提出一种通过匹配首波和鬼波使目标函数最小的、在 τ-p 域搜索 Δ 的方法，但是这种方法需要镜像的地震数据，有时这种数据是不可能或很难提供的。根据我们的

研究，我们建议用 $P_{dg}g(t)$ 的第一范式并求解下面的优化问题，即

$$\min\Delta a^{\min}<\Delta\alpha<\Delta a^{\max}|P_{dg}(t)|_{L_1} \tag{5.3.7}$$

式中，这里 $P_{dg}(t)$ 是时间域去除鬼波的数据；$[\Delta a^{\min},\ \Delta a^{\max}]$ 是用户设定的寻优范围。我们采用全局寻优避免局部极小值。多次试验显示，在实际地震资料处理中，第一范式较第二范式更加稳定。

由于这种算法是自适应的，相同的处理策略可以用在炮点鬼波、检波点鬼波或二者的复合鬼波上。

总之，我们的方法利用了高精度 $\tau-p$ 变换并在 $\tau-p$ 域进行鬼波压制。高精度 $\tau-p$ 变换把能量根据出射角很好的分离到不同的 p 道并使在小时窗内搜索鬼波延迟成为可能。同时，高精度 $\tau-p$ 变换也为搜索提供了较好的延迟初始值。

这种方法在全方位数据的应用中取得了良好的效果，图 5.3.6 和图 5.3.7 是在墨西哥湾全方位数据中的应用效果。从地震数据上看，鬼波得到了较好的衰减，频谱的改善进一步证实对鬼波压制的效果。

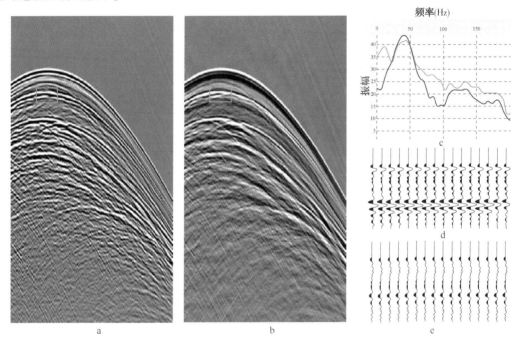

图 5.3.6　全方位数据 De-ghosting 前后炮集记录

a—De-ghosting 前炮集；b—De-ghosting 后炮集；c—De-ghosting 前（红）后（绿）振幅谱；
d—De-ghosting 前海底附近信号；e—De-ghosting 后海底附近信号

（2）CGG 的 PingWang、SuryadeepRay 等人针对全方位地震的鬼波压制问题，提出了一种基于三维 $\tau-p$ 变换的、三维 De-ghosting 方法，合成记录和实际全方位地震数据的应用表明，该方法对宽方位和全方位数据的鬼波压制非常有效。

在海洋拖缆采集中，联线方向的空间采样通常非常稀疏，因此，只用单分量压力检波器进行联线方向的插值及三维 De-ghosting 非常困难。2010 年，Vassallo、Özbek 等人提出了一种广义匹配追踪算法（GMP）。该算法利用多分量数据进行插值及 De-ghosting 的联合处理。多分量数据包括压力检波器数据 p，加速度检波器数据 A_z 和 A_y。然而，这种方法要求进行三次数据采集，并且，通常加速度检波器数据 A_z 和 A_y 的信噪比很低，特别是低频部分。这

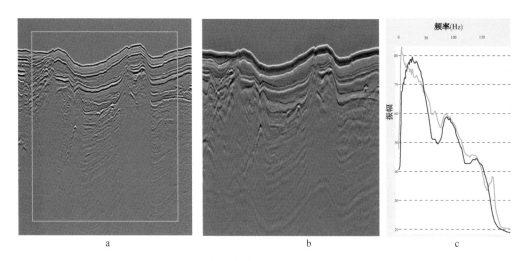

图 5.3.7　全方位数据 De-ghosting 前后叠加
a—De-ghosting 前叠加；b—De-ghosting 后叠加；c—De-ghosting 前(红)后(绿)频谱

里，我们提出一种三维 $\tau-p_x-p_y$ 域的渐进稀疏反演算法，该算法可以仅利用单分量压力检波器数据 P 进行三维插值和 De-ghosting 联合处理。

在检波器沉放深度(r_i)和水速(v)已知的情况下，鬼波延迟可以用以下公式表示，即

$$T_i^j = 2\, r_i\sqrt{v^{-2}-(p_x^j)^2-(p_y^j)^2} \tag{5.3.8}$$

式中，$i=1,2,\cdots,n$，n 代表总道数(通常等于每缆的道数乘以缆数)。$j=1,2,\cdots,m$，m 代表慢度道对数(p_x^j, p_y^j)，利用这个公式，我们给鬼波延迟引入一个再鬼波化算子，即

$$R_i^j = \mathrm{e}^{-\mathrm{i}\pi f/T_i^j} - \mathrm{e}^{\mathrm{i}\pi f/T_i^j} \tag{5.3.9}$$

公式(5.3.9)的第一项将不含鬼波的波场延拓到自由表面并提供一个电缆端的上行波场，第二项在电缆的镜像位置产生一个下行波场(接收点鬼波)并将鬼波反极性。

$\tau-p_x-p_y$ 正、反变换的时移可以用如下与炮检距(x_i, y_i)相关的函数表达，即

$$T_i^j = p_x^j x_i + p_y^j y_i \tag{5.3.10}$$

利用公式(5.3.10)和公式(5.3.11)给出的鬼波化算子和时移，可以构建了一个线性系统将不含鬼波的首波波场延拓到自由表面，得到波场 $p_0(f;\, p_x^j,\, p_y^j)$。当进行 $\tau-p$ 反变换后，$p_0(f;\, p_x^j,\, p_y^j)$ 等于数据的压力检波器数据 $D(f;\, x_i,\, y_i)$，即

$$\begin{bmatrix} D(f;\, x_1 y_1) \\ D(f;\, x_2 y_2) \\ \vdots \\ D(f;\, x_n y_n) \end{bmatrix} = A \begin{bmatrix} P(f;\, x_1 y_1) \\ p(f;\, x_2 y_2) \\ \vdots \\ D(f;\, x_n y_n) \end{bmatrix} \tag{5.3.11}$$

式中

$$A = \begin{bmatrix} R_1^1 \mathrm{e}^{-\mathrm{i}2\pi f\tau} | R_1^2 \mathrm{e}^{-\mathrm{i}2\pi f\tau_2^1} \vdots R_1^m \mathrm{e}^{-\mathrm{i}2\pi f/\tau_m^1} \\ R_2^1 \mathrm{e}^{-\mathrm{i}2\pi f\tau_1^2} R_{21}^2 \mathrm{e}^{-\mathrm{i}2\pi f\tau_2^2} \vdots R_2^m \mathrm{e}^{-\mathrm{i}2\pi f/\tau_m^2} \\ \cdots\cdots \\ R_n^1 \mathrm{e}^{-\mathrm{i}2\pi f\tau_1^n} R_n^2 \mathrm{e}^{-\mathrm{i}2\pi f\tau_2^n} \vdots R_n^m \mathrm{e}^{-\mathrm{i}2\pi f/\tau_m^n} \end{bmatrix} \tag{5.3.12}$$

式中，$\mathrm{e}^{-\mathrm{i}2\pi f\tau_j^i}$ 是第 i 到和第 j 个慢度对的三维 $\tau-p$ 反变换算子。

利用公式(5.3.12)进行反演的挑战之一是输入数据经常非常稀疏(这也是我们要对数据进行插值的理由),而我们需要很多的慢度对以得到期望的高精度。对慢度对数量足够多的要求不仅使反演的代价高的无法接受,也造成模型数据体比实际地震数据体大很多,使反演不稳定且存在多解性。因此,在进行反演前,我们应用了一个低阶优化处理以减小模型数据体的大小,这不仅显著降低了反演风险,也使反演更加稳定。

三维反演还存在另一个重要的挑战,拖缆采集联线方向的空间采样通常不规则且非常稀疏,这使高频成分在联线方向出现空间假频。为了克服空间采样的问题,同时也为了进行低阶优化处理,我们用高切滤波后的数据进行反演得到一个初始结果,随后,用这个结果指导高频成分的反演,这个处理过程迭代进行,直到得到期望的频率成分。

在得到$p_0(f; p_x^i, p_y^j)$后,应用一个反傅里叶变换和一个反τ-p_x-p_y变换在原始或预定义的网格下得到时间-空间域的首波,到此为止,算法得到了插值并去除鬼波后的数据。

我们将这种算法应用于 SEAM 模型的炮集数据,枪深和缆深全部是 15m,原始的接收点网格为 $25m \times 25m$,x 和 y 方向的半径各位 5km,总道数 40401(主线方向的道集见图 5.3.8a)。我们首先在主线和联线方向隔道抽稀,然后在随机去掉 10% 的道。完成这两步后,我们得到一个 6480 道的数据体进行插值和 De-ghosting 处理。

图 5.3.8c 展示了插值和 De-ghosting 处理后的数据。图 5.3.8d 至图 5.3-8f 是蓝框区的局部放大显示。我们可以清晰地看到,丢失的道被正确的填充(图 5.3.8c、图 5.3.8f、图 5.3.8i)。由于鬼波的消除,图 5.3.8c、图 5.3.8f 和图 5.3.8i 的子波发生了改变。由于没有进行激发点端的 De-ghosting 处理,还有一些剩余的鬼波存在。我们也能够看到由于算法引起的一些同相轴振幅的放大(图 5.3.8d、图 5.3.8e、图 5.3.8f),这些同相轴具有很大的地表出射角(因此具有很小的鬼波延迟),造成鬼波抵消了部分首波能量。在我们的算法中,这部分能量得到正确的恢复。

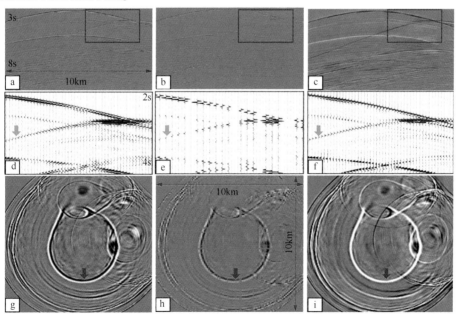

图 5.3.8　左列:原始数据;中列:抽道后数据;右列:插值和 De-ghosting 后数据;
上排:主线方向道集;中排:局部放大显示;下排:4.3s 时间切片

我们用一个全方位变深度拖缆数据(接收点深度 10m 到 50m)测试了我们的算法。采集时,采用多船作业的方式使方位角分布范围扩大,同时保持好的炮检距分布(如图 5.3.9 所示)。这种方式给枪阵旁数据的 De-ghosting 处理带来巨大挑战,因为在那里,波场表现出非常强的三维效应。图 5.3.10 显示,和 Wang 等 2013 年所提出的伪三维自举算法(图5.3.10c、图 5.3.10d)相比,我们的算法能够更加精确地分离首波和鬼波信号(图 5.3.10e、图 5.3.10f)。

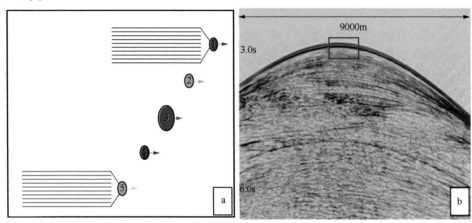

图 5.3.9　全方位采集观测系统(a)和第三源和顶部中间缆的炮集记录(b)

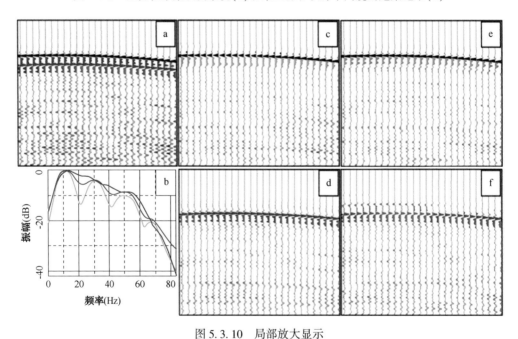

图 5.3.10　局部放大显示

a—输入数据;b—频谱比较(a:红色,c:绿色,e:蓝色);c—自举算法首波;
d—自举算法鬼波;e—三维算法首波;f—三维算法鬼波

随后,我们又用巴西圣多斯盆地的窄方位资料测试了我们的算法。该资料枪的沉放深度为 8m,检波点沉放深度为 8m 到 52m;10 缆,每缆 648 道;缆间距 100m,道间距 12.5m。图 5.3.11a 展示了按照道—缆顺序排序的第 100 道的道集(10 道来自 10 条缆);图 5.3.11b 展示了插值和 De-ghosting 处理后的结果(插值后缆间距缩小到 25m);图 5.3.11c 和图

5.3.11d 展示了 4.6s 处的时间切片。我们的算法提高了频带宽度，而且由于插值后联线方向更密的采样，同相轴的连续性也更好。图 5.3.12 显示了对数据进行克希霍夫偏移的叠加成像结果，插值和 De-ghosting 处理后，成像结果具有更宽的频带和较少的噪声。

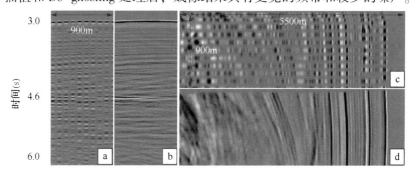

图 5.3.11　a 为原始道集；b 为插值和 De-ghosting 处理后道集；c 为原始、

d 为插值和 De-ghosting 处理后 4.6s 处的时间切片

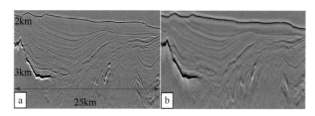

图 5.3.12　原始(a)、插值和 De-ghosting 处理后(b)克希霍夫偏移的叠加成像结果

（3）针对分时窗 De-ghosting 方法在处理中可能造成的人为边界痕迹问题，GlobalGeo-physicalServices 的 VikramJayaram（2015）等人提出了一种基于 $f-k$ 变换、不分时窗的 De-ghos-ting 算法，避免了时窗滑动带来的边界问题。

传统上，$f-k$ 变换用于水平固定缆深的检波点端 De-ghisting 处理，用于倾斜电缆（变深度缆）的 De-ghosting 处理通常需要进行时间的修正以满足变深度缆的要求。在最近几年，$\tau-p$ 变换在变深度缆的 De-ghosting 处理中已经占据主流位置。如果忽略变化算法的不同，分时窗处理则是适应鬼波特征随时间和炮检距变化的一个基本考虑。但时窗的使用经常导致鬼波重构的品质低下和人为的处理痕迹，其造成的影响远远超越了变换算法差异造成的影响。在许多 De-ghosting 案例中，都可以清晰地发现由于分时窗处理在时间和炮检距方向造成的边界痕迹问题。基于以上认识，Vikram Jayaram（2015）等人提出了一种基于 $f-k$ 变换、不分时窗的 De-ghosting 算法，在对合成记录及实际地震数据的测试中取得了良好效果。

自从 Posthumus（1993）创造性地提出同时利用浅拖和深拖进行接收点端的鬼波压制以来，已经出现了多种不同的拖缆配置方案以压制接收点端的鬼波。传统上，固定缆深的鬼波压制通常在 $f-k$ 域进行，$f-k$ 域 De-ghosting 处理的主要局限是缆深是固定的（Fokkema 和 vandenBerg，1993）。Soubaras 在 2010 年提出了一种利用常规偏移或镜像偏移的叠加或共成像点道集进行多道反褶积的 De-ghosting 方法。另外，Wang 和 Li（2013）提出了一种利用实际记录的数据和其镜像数据在偏移前移除炮点和接收点鬼波的方法。这种方法在 $\tau-p$ 域用自举迭代确定一个局部 $t-x$ 时窗内的鬼波延迟。

然而，$f-k$ 或者 $\tau-p$ 变换的计算代价，以及算法引起的处理痕迹是决定 De-ghosting 质量的重要因素. 在本文中，我们提出一种削弱 $f-k$ 域 De-ghosting 处理痕迹的技术方案。

在典型的拖缆勘探中，上行波从地下传播到检波器被记录下来，并继续传播到自由表面然后反射回来。这种反射回来的下行波场再次被检波器所记录，对上行波场形成致命的干涉，因而产生检波点端的鬼波。

如图 5.3.13 所示，由于自由表面的反射系数接近于-1，下行波场与上行波具有相似的振幅、相反的极性。因此，在鬼波的陷波点附件，频率成分被极大衰减。众所周知，移除鬼波会潜在的补偿鬼波的陷波并有助于在频宽和信噪比方面提高资料品质。在特定的缆深下，f-k 域标准的鬼波压制算子为

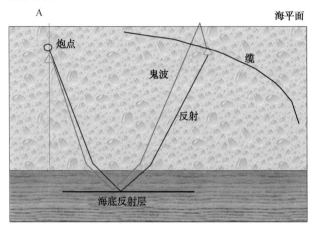

图 5.3.13　上、下行波场示意图

$$D(f, k_x) = \frac{1}{1 + r\,\mathrm{e}^{\mathrm{i}4\pi z}\sqrt{\left(\frac{f}{c}\right)^2 - k_x^2}} \tag{5.3.13}$$

式中，f 代表频率；k_x 代表波数。为了进行 De-ghosting 处理，上面的滤波器要能够校正鬼波引起的振幅和相位畸变。海水表面的鬼波反射改变了传统的地震记录频谱，并在所谓的鬼波陷波频率位置衰减了地震反射的能量（Amundsen 和 Zhou，2013），其影响可以用以下公式表示，即

$$f_n = \frac{nc}{2z}, \quad n = 0, 1, \cdots \tag{5.3.14}$$

公式(5.3.14)清楚的揭示，第一个陷波点位置总是在 0Hz，第二个和后面陷波点位置取决于缆深 z。因此，在地震数据中，低频信号总会有强烈的损失。另外，相似的频率损失也会出现在第二个和更高频的陷波点位置。压力检波器所记录的地震数据有效频宽通常在第一和第二个陷波点之间。

震源信号不仅包括直达信号，也包括了鬼波，同样的情况也出现在接收端。因此，在海洋地震资料采集中，受震源和检波器端鬼波的影响，地震波场是畸变的。

在大多数实际地震资料处理流程中，一个震源端的 De-ghosting 处理先于检波器端 De-ghosting 执行。由于子波特征的不稳定性，加窗的处理成为检波器端 De-ghosting 处理的基本考虑。在绝大多数的传统处理流程中，考虑电缆沉放深度的变化，数据沿炮检距方向分成不同的多个时窗。电缆沉放深度通常在 5m 到 30m 之间，接收点间距 6.25m。考虑这种观测系统，我们设计了一个合成记录试验。产生的合成记录如图 5.3.14a，b 所示。图 5.3.14c，d 是采用公式(5.3.14)的算法进行了时间和炮检距方向局部加窗 De-ghosting 处理的结果。为了完成这个 De-ghosting 处理，地震数据需要变换到 f-k 域，当输入数据做了倾斜叠加的 Radon 变换时，相似的算子也可以应用于 τ-p 域。在 f-k 域，f-k 变换定义为

$$F(k_x\omega) = \int_{-\infty}^{+\infty}\int_{-\infty}^{+\infty} f(x,\ t)\ \mathrm{e}^{\mathrm{i}(k_x-\omega t)}\,\mathrm{d}x\mathrm{d}t \tag{5.3.15}$$

f-k 反变换定义为：

$$F(xt) = \int_{-\infty}^{+\infty}\int_{-\infty}^{+\infty} f(k_x,\ \omega)\ \mathrm{e}^{\mathrm{i}(k_x-\omega t)}\,\mathrm{d}k_x\mathrm{d}\omega \tag{5.3.16}$$

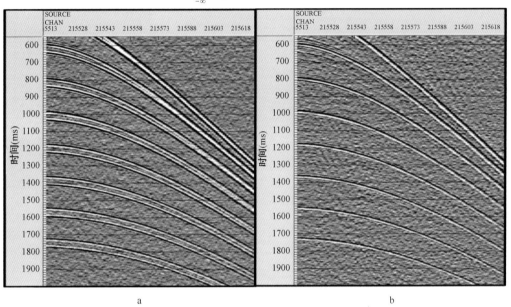

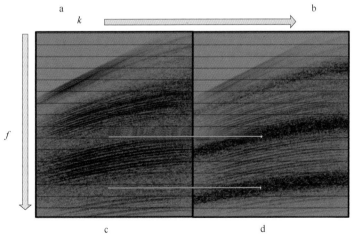

图 5.3.14　De-ghosting 前(a)后(b)合成记录及 De-ghosting 前(c)后(d)合成记录的 f-k 变换谱

在提出的技术方案中，我们不建议设置和时间、炮检距相关的处理时窗，而是通过 f-k 变换将处理限制在一个合理的数据集内。我们首先针对每个缆深执行一个正向 f-k 变换，然后应用 De-ghosting 滤波算子并对相应电缆沉放深度的数据执行 f-k 反变换。用这种方式，De-ghosting 后不会出现时窗边界问题且运算速度非常快。在多种情况下(如电缆起伏造成的

接收点深度异常等），应用一个分时窗的 De-ghosting 算子无论在时间和炮检距方向时窗重叠
与否，地震记录都存在垂向的振荡噪声（如图 5.3.17d 所示）。实际地震记录的差剖面显示，
我们提出的方法没有产生处理痕迹，并且输出了更好的去除鬼波后的地震信号。图 5.3.15
清楚地显示，De-ghosting 处理后陷波频率提高 12dB 多。

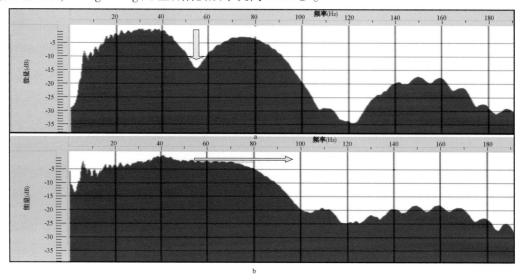

图 5.3.15　De-ghosting 前(a)后(b)频(率)谱

分别绘制 De-ghosting 后的地震信号（只含首波）和估算鬼波的频谱时，它们是一致的。
也就是说，首波和鬼波具有相同的振幅谱，只是鬼波有一定时移。图 5.3.16 显示的 De-
ghosting 前后叠加剖面的差异。可以看到，绕射波在 De-ghosting 处理后要清楚很多。

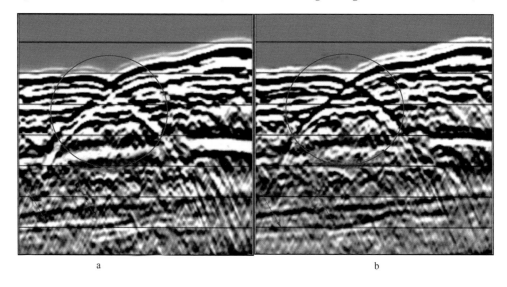

图 5.3.16　De-ghosting 前(a)后(b)频叠加

传统的加窗的 De-ghosting 处理无法有效规避处理痕迹。图 5.3.17 展示了这些结果。差
剖面显示了本文提出的方法如何消除了加窗引起的边界痕迹问题。图 5.3.18 的自相关进一
步确认，本文提出的算法没有产生垂向的处理痕迹。

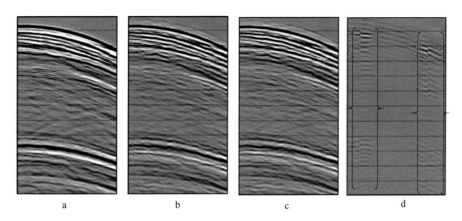

图 5.3.17　De-ghosting 前地震记录(a)、加窗 De-ghosting
处理(b)、建议 De-ghosting 处理(c)，以及 b 和 c 之差(d)

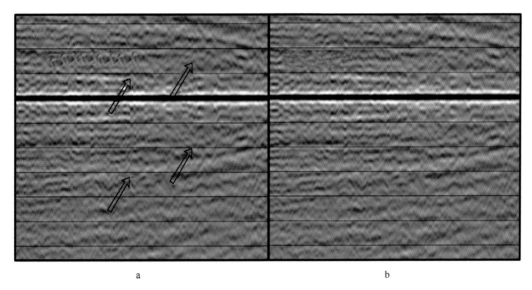

图 5.3.18　传统 De-ghosting 算法(a)与本文 De-ghosting 算法(b)的自相关

　　将来，De-ghosting 技术的提高主要是如何设计更有目的性的技术方案以适应鬼波特征
随炮检距和双程时的变化。图 5.3.13 表明鬼波是随炮检距和双程时变化的，鬼波的延迟时
ΔT 随缆深、跑间距、信号双程时而改变。我们建议用炮点位置的速度，以及通过射线追踪
得到的接收点双程时随信号传播角度的变化来计算 ΔT。

　　利用信号的角度，可以计算出每个 ΔT 并转换成等价的接收点深度。通过正向 $f-k$ 变换
等到 De-ghosting 算子，然后通过 $f-k$ 反变换得到接收点出每一双程时压制鬼波后的信号。
这样，De-ghosting 算子可以连续变化并得到更好的去除鬼波的地震信号。

5.3.3　拖缆地震数据多次波压制

　　在海洋地震勘探中，由于海水面与海底是两个强反射界面，地震反射传播到海水面后形
成能量极强的下行反射，并在海水面和海底之间多次反射，形成全程多次、微屈多次、绕射
多次等不同类型的多次波。由于特殊的采集环境，海洋资料多次波能量要比陆地资料强很
多，严重降低了地震资料的品质，因此，多次波的压制问题一直是海洋资料处理中最关键的

技术问题。

在海洋勘探中，由于海水和空气分界面（自由表面）的反射系数近似为－1，因此，海洋资料的多次波90%以上都与自由表面有关。这种类型的多次波被称为地表相关多次波，这类多次波包括全程多次及和海水面相关的微屈多次波。另一类多次波则是在地下强反射界面产生的多次波，和自由表面无关，被称为层间多次波。下面仅对压制这两种类型多次波的典型技术做一总结。

5.3.3.1 传统地表相关多次波压制（SRME）技术基本原理

SRME是英文surface related multiple elimination的缩写，即地表相关多次波压制。该项技术不仅去多次波的能力强，而且和传统的多次波压制方法相比，该方法对多次波的周期性、多次波和一次波速度的差异没有特别要求，对近道多次波有较好的压制效果。因此该项技术最近几年在海上资料的多次波压制中得到了迅速的普及。

最初的SRME方法是一种二维算法，利用数据的时空域褶积来预测多次波。下面简述其基本原理，对于一维模型：假设一个无限宽带的水平平面波向地下传播，产生地震脉冲响应 $x_0(t)$。它不受地面因素影响，而且包含了所有一次反射波和层间多次波。假如它从地下反射回来遇到自由表面，就会全部反射回传播介质中，那么在地下一个完整循环中，一次反射波充当了新的震源角色。换句话说，地震脉冲响应中每个信息与整个脉冲响应褶积产生第一阶多次波序列，它可以表示为

$$m_1(t) = -x_0(t) * x_0(t) \qquad (5.3.17)$$

式中，负号代表反射波背向地表面传播。当所有反射再次到达地表面时，每一个第一阶多次波作为产生第二阶多次波的震源，第二阶地表有关多次波可以写成

$$m_2(t) = -x_0(t) * m_1(t) = x_0(t) * x_0(t) * x_o(t) \qquad (5.3.18)$$

依此类推，包含所有地表多次波的整个地震响应就变成了这样一个序列，即

$$x(t) = x_0(t) - x_0(t) * x_0(t) + x_0(t) * x_0(t) * x_0(t) - \cdots \qquad (5.3.19)$$

我们知道整个下行的地震响应是一个原始源，即一个 δ 函数与反射回来的响应 $-x(t)$ 的组合，而来自大地的响应是 $x_0(t)$，那么上式就可以表示为

$$x(t) = x_0(t) * [\delta(t)] - x(t) = x_0(t) - x_0(t) * x(t) \qquad (5.3.20)$$

该式说明，一次波脉冲响应褶积整个地震响应产生所有地表相关多次波。如果在频率域表示，则有

$$X(f) = X_0(f) - X_0(f) X(f) \qquad (5.3.21)$$

还可以写成

$$X(f) = X_0(f) [1 + X_0(f)]^{-1} \qquad (5.3.22)$$

其中的逆次项产生所有的地表相关多次波。同样有

$$X_0(f) = X(f) [1 - X_0(f)]^{-1} \qquad (5.3.23)$$

该方程就是利用整个地震响应 $X(f)$ 计算求取去除多次波后地震响应 $X_0(f)$ 的表达形式。再换算回时间域，不含多次波的地震响应 $x_0(t)$ 通过含多次波的地震数据响应 $x(t)$ 的系列褶积运算产生，即

$$x_0(t) = x(t) + x(t) * x(t) + x(t) * x(t) * x(t) + \cdots \qquad (5.3.24)$$

我们从含多次波的地震数据 $x(t)$ 开始，先做自褶积，产生方程中右侧第二项，然后再

与 $x(t)$ 褶积得到下一项，最后全部相加就得到不含多次波的响应。

将上面推导延伸到实际物理中，由震源信号代替理想的脉冲响应。这样，不含多次波的响应可以写成为

$$p_0(t) = x_0(t) * s(t) \qquad (5.3.25)$$

包含多次波的响应可以写成

$$p(t) = x(t) * s(t) \qquad (5.3.26)$$

式中，$s(t)$ 为震源信号。如果我们再定义算子 $a(t)$，使

$$a(t) * s(t) = -\delta(t) \qquad (5.3.27)$$

则不含多次波的序列展开式可以用含震源响应的公式来表示为

$$p_0(t) = p(t) - a(t) * p(t) * p(t) + a(t) * a(t) * p(t) * p(t) * p(t) - \cdots \qquad (5.3.28)$$

式中，地表算子 $a(t)$ 起到震源反褶积滤波器的作用。同理，把模型推广到二、三维情况下，上式变为

$$P_0 = P - A(f)P^2 + A^2(f)P^3 - A^3(f)P^4 + \cdots \qquad (5.3.29)$$

式中，矩阵符号 P 代表频率域所有叠前数据，每列代表一个单频炮记录，每行代表一个单频检波点道集，每个交点表示一个复数，代表一个单频炮点—检波点组合的地震响应。那么不含多次波的数据 P_0 即去除多次波过程就是对整体数据 P 每一个频率成分计算一系列矩阵乘积，分别应用加权因子 $-A(f)$、$A^2(f)$、$-A^3(f)$ 等等，然后求和。

在实际应用中，由于不知道震源信号，或者很小的震源信号误差都可能导致大量的多次波残余。1992 年，Verschuur 等人研究提出，把多次波残余当作适应过程，反过去优化震源特性 $A(f)$。实现过程是这样：通过确定 $A(f)$ 的真实值和理想值参数，基于估计的有效反射中多次波能量最小原则，反复修改优化这些参数。这个优化过程变成非线性参数处理，首先给出合理的初始值，通过不断搜索，最终获得最优处理参数。

1997 年 Berkhout 和 Vershuur 提出另外一个实现去除地表相关多次波的方法，即

$$P_0 = P - A(f)P_0 P \qquad (5.3.30)$$

式中不含多次波的数据 P_0，既作未知变量，又作已知变量。如果给出一个近似初值，就可以用下面方程通过迭代处理方式优化估计值，即

$$P_0(i+1) = P - A(f)P_0(i)P \qquad (5.3.31)$$

在第一次迭代中合理估计初始值就是地震数据本身，即

$$P_0(0) = P \qquad (5.3.32)$$

每次迭代只需要一次线性最优化过程。迭代程序收敛很快，在实际中，只需要几次迭代就可以得到比较准确地多次波模型，从而利用减去法从原始数据中将多次波减去，效果较好。

SRME 是一种全数据驱动的地表相关多次波压制技术，能够有效地压制与海水面相关的多次波，因此，在海洋资料的处理中逐渐成为应用最广泛的多次波压制方法。但 SRME 技术也有其局限性，主要体现在对炮检点——对应的理想观测系统假设（这就要求在多次波预测前对数据进行重构以满足假设条件）及对浅水区多次波压制的局限。针对传统 SRME 的这两个问题，提出了一些优化的地表多次波压制算法，较好地解决了不同采集观测系统、不同海洋环境下的地表相关多次波压制问题。

5.3.3.2 广义地表相关多次波预测技术

针对传统 SRME 对理想采集观测系统假设所引起的数据重构问题,三维广义地表相关多次波预测算法(GSMP)应运而生,将传统的 SRME 技术扩展到可以应用于任意的采集观测系统(Bisley 等,2005;Kurin 等,2006;Bill Dragoset 等,2008)。

三维广义地表相关多次波预测(GSMP)是一种全数据驱动的三维 SRME 方法。和常规的三维 SRME 通过规则化和插值等数据重构方法解决地表相关多次波预测过程中的空间采样稀疏问题不同,GSMP 对传统的 SRME 算法进行了优化,这不仅使 GSMP 成为三维地表相关多次波预测的一个通用算法,而且也使 GSMP 适用于不同数据的应用。2008 年,WesternGeco 的 Bill Dragoset 展示了 GSMP 在窄方位、宽方位,以及多方位地震资料上的成功应用,显示了该方法应用的多样性。

最近几年,工业界对实际海洋地震勘探中采集设计方案的需求有了快速增长。特别针对复杂地质体的成像方面,窄方位(NAZ)的拖缆勘探正在被多方位(MAZ)、宽方位(WAZ)等勘探方式所替代。这些勘探方式提高地震体成像的机制之一就是通过多方位角数据叠加增强压制多次波的能力。Kapoor 等人 2007 年就指出,在不做专门的多次波衰减的情况下,宽方位数据能够较窄方位数据得到更好的成像,剩余多次波的压制更有助于提高多方位的数据质量。看起来甚至在 MAZ、WAZ 和 RAZ 勘探中,都不应该忽视多次波压制的问题。

理想的三维地表相关多次波预测(SRME)是一个数据驱动的处理过程,完全利用地震道预测地表相关多次波(van Dedem 和 Verschuur,2001)。对于每个输入的地震道,选择的多个地震道褶积到一起得到一个三维数据体——称为多次波贡献道集(MCG)(Multiple Contribution Gather),如图 5.3.19a 所示。MCG 的叠加产生目标输入道的预测多次波。理想的 SRME 要求比实际海洋勘探施工方式中多得多的地震道和非常规则的地震道分布。

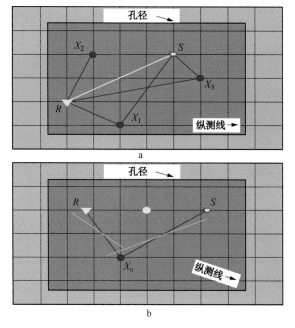

图 5.3.19 理想三维 SRME(a)和 GSMP(b)示意图

三维广义地表相关多次波预测有效克服了地震道稀疏分布的问题（Moore 和 Dragoset，2008）。GSMP 的基本概念在 2005 年第一次提出（Bisley 等），从那以后，Kurin 等人（2006）给出了一个和 GSMP 相似的公式描述，2007 年，Ceragioli 等人也简明描述了基本的 GSMP 概念。

GSMP 的基本算法如下：

（1）输入所有的地震记录和理论的速度函数，计算每道的共中心点、炮检距和方位角；

（2）选定一个目标道，并为这道定义孔径和运算网格；

（3）对孔径中的每个网格节点，在数据道中用最近的邻道搜索选择最好的道进行褶积；

（4）用部分时差校正消除选择道的炮检距误差；

（5）褶积选择的两道并存储结果；

（6）返回第三步重复以上过程，直到孔径内所有的网格点全部处理完毕；

（7）叠加 MCG 道集；

（8）返回第二步重复以上处理，直到预测出所有输入道的多次波。

通过寻找输入道和所有输入道之间的欧几里得距离最小误差 E，可以实现第三步的最近邻道搜索。对于特定的地震采集，由于不同的误差矩阵各有其优缺点，因此，误差矩阵可能有几种不同的选择。一个误差矩阵的例子为

$$E^2 = \{W_h(h_D - h_I)\}^2 + \{W_\alpha(\alpha_D h_D - \alpha_I h_I)\}^2 + \{W_x(x_D - x_I)\}^2 + \{W_y(y_D - y_I)\}^2 + \{W_q Q_I\}^2$$

$$(5.3.33)$$

在这个公式中，h，α，x，和 y 分别代表跑间距、方位角和共中心点的 x、y 坐标。下标 D 和 I 是指期望道和输入道。W 是代表五项在最近邻道误差搜索中重要性的权重。公式的第五项是输入道的品质 Q（这里，Q 可能是噪声在地震道中所占的比例）。注意，第二项中方位角由炮检距比例，这种表达是合理的，因为随着炮检距的减小，反射同相轴随方位角的敏感性也降低。

GSMP 的这种通过最近邻道搜索完成的动态插值的方法解决了 SRME 的很多问题。例如，二维 SRME 或三维 SRME 的一个普遍问题是采集时稀疏空间采样造成的假频问题。在 GSMP 中这个问题可以通过调整网格大小来解决，而不需要对输入数据做任何相应的改变。近道缺失是 SRME 另一个普遍的问题。我们已经发现，GSMP 的动态插值算法足够稳健，通常不需要外推最近的炮检距道。

在 GSMP 中，特定的矩阵和权重可以选择应用于特定的采集情况。例如，多次波和反射最相关还是和绕射最相关，主要倾角的方向和采集方向的关系，采集是窄方位、多方位还是其他勘探方式。这使 GSMP 可以在很多采集类型的地震数据上取得优异的处理结果，并且不需要对输入数据做任何特定的预处理工作。

图 5.3.20 到图 5.3.23 是墨西哥深水区 NAZ、WAZ、RAZ 勘探数据 GSMP 处理结果的放大显示。在这些例子中，对不同采集设计数据处理的优异结果显示 GSMP 算法对不同数据的适用性。特别有意思的是，图 5.3.22 显示 GSMP 明显提高了处理成果品质，甚至对宽方位叠加也有明显提高。虽然本文没有展示，但是 GSMP 和二维 SRME 和其他一些三维 SRME 算法预测结果的比较表明，GSMP 预测的多次波模型和实际的多次波记录匹配更好。

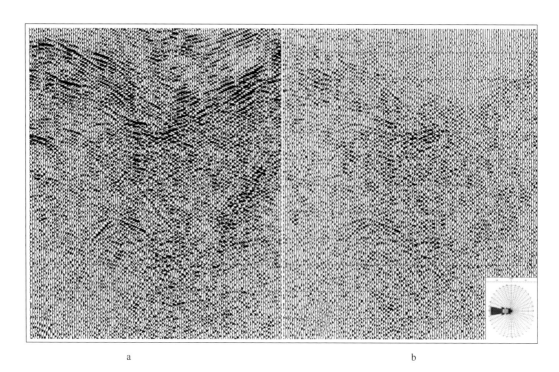

a   b

图 5.3.20　GSMP 多衰减前(a)后(b)5010m 共炮检距剖面

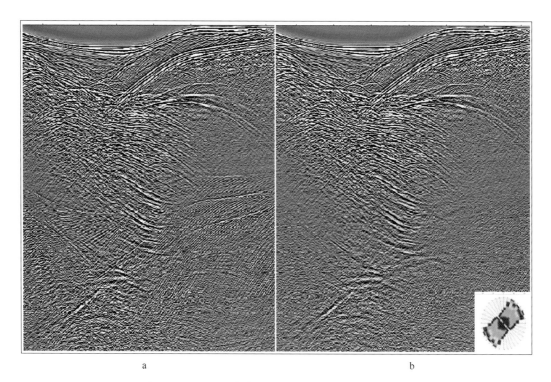

a   b

图 5.3.21　GSMP 多衰减前(a)后(b)宽方位叠加剖面

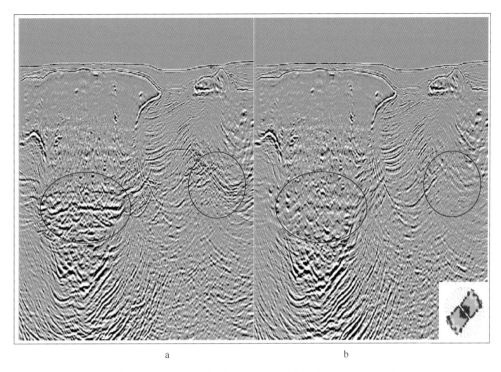

图 5.3.22　GSMP 多衰减前(a)后(b)叠前深度偏移剖面

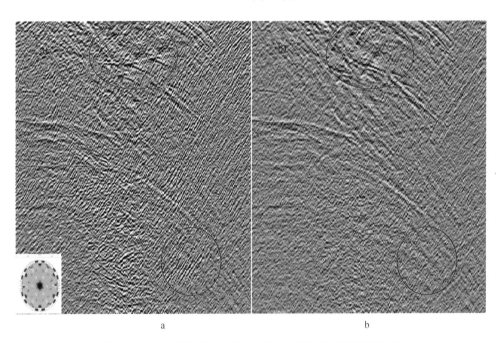

图 5.3.23　GSMP 多衰减前(a)后(b)叠前多方位数据叠加

　　总之，GSMP 是一种数据驱动的三维地表相关多次波预测方法。它克服了理想的 SRME 技术地震道稀疏空间采样的问题，在多次波预测前不需要对数据进行任何的插值和规则化处理，也不需要进行炮检距外推，这些特征使 GSMP 在精确预测地表相关多次波的处理中具有广泛的适用性。

5.3.3.3 三维聚焦域闭环 SRME(FocalCL-SRME)技术

针对传统 SRME 在浅水区应用的局限性，CGG 的 Gordon Polle 等人(2015)利用基于多级格林函数的地表相关多次波模拟方法一步同时去除自由表面多次波与鬼波，较好地解决了浅水区多次波的压制问题；TGS 的 Y. Zhai 等人提出了一种模型驱动的 SWME(Shallow Water Multiple Elimination)方法，用宽频子波信号代替海底的格林函数预测正确的多次振幅；PGS 公司的 Simon R. Barnes 等分析了褶积法和波场延拓法预测多次波时存在振幅过大的问题并提出了一种对浅水区多次波压制的改进策略，基本思路是通过生成与原始多次波互补的信号，然后用同步自适应减法来实现对三维浅水多次波的消除，在实际资料应用中显示了较好的效果；Delft 大学的 Gabriel A. Lopez 和 D. J. Verschuur(2015)提出了采用三维聚焦闭环 SRME(Focal CL-SRME)的方法以压制浅水区的多次波干扰，并在合成记录上取得了较好效果，推动了 SRME 技术在浅水区的应用。下面仅对三维聚焦闭环 SRME 的基本原理做一阐述。

三维聚焦域闭环 SRME(Focal CL-SRME)是最近发展起来的一项新技术，这项技术用一种反演算法将数据插值和多次波估算结合到起来。采用这种方式，Focal CL-SRME 提供了一种新的方式，用多次波约束数据重构，用数据重构提高多次波估算质量。当数据插值对多次波估算非常重要时(例如在浅水区)，这种方法证明是非常有益的。传统 SRME 的局限性主要体现在要求有炮检点均匀分布、高密度的地震道。而这种要求在实际海洋地震资料采集中是无法满足的，本文所提出的 FocalCL-SRME 方法克服了以上问题。为了在敏感的近偏保持插值的高精度并在远偏保持插值的高效，在近偏和远偏采用了不同的方法。在近偏，用精度很高的(同时运算代价也更高)的 FocalCL-SRME 插值；在远偏，我们用精度较低(但运算代价也较低)的 DNMO 插值。最终的算法将传统的 SRME 与 FocalCL-SRME 的插值能力灵活的结合到一起。

传统 SRME 的局限性主要体现在要求沿采样区有高密度、均匀分布的激发和接收点，而这种要求在实际海洋地震资料采集中是不可能实现的，因此在多次波预测前必须进行数据插值。广义地表多次波预测算法(GSMP)解决了传统 SRME 的这一问题(Bisley 等，2005；Kurin 等，2006；Bill Dragoset 等，2008)。这种方法避免了任何多次波预测前专门进行的插值处理，而是在多次波估算过程中进行动态插值，多次波的预测来自部分 NMO(DNMO)插值的地震道(van Dedemand 和 Verschuur，1998)，这种插值是一种逐道插值的方式。只有对多次波贡献最强的道被褶积到一起产生多次波预测的结果。因为对数据的结构没有特殊要求，GSMP 能够适应不同类型的采集观测系统。

虽然 GSMP 在采集观测系统的适应性、提高运算效率上很成功，但仍存在一定的不足，主要体现在由于这种算法采用 DNMO 插值处理，因此对近道缺失非常敏感，特别是浅层反射。在这些情况下，DNMO 插值精度很低，褶积后，不精确的插值引起多次波(和一次波)估算的错误。另外的误差来自插值误差本身，插值算法假设介质横向不变，这种假设在对陡倾角和复杂构造反射插值时存在明显不足。

为了克服多次波预测时近道插值的这些问题，Lopez 和 Verschuur 在 2015 年提出了聚焦域闭环 SRME 算法。在这种多次波预测方案中，基于反演的闭环 SRME 技术用于产生一次波的预测，和以前介绍的聚焦域参数((Berkhout 和 Verschuur，2006；Kutscha 等，2010；Kutscha 和 Verschuur，2012；Lopez 和 Verschuur，2013)相结合，产生一种波动方程一致性数据插值技术。形成的最终算法具有同时执行多次波预测和数据插值的能力，主要的优点是算法通过反向投影多次波形成一次波来完成近道插值，因此较其他插值算法振幅一致性更好。

由于是波动方程的数据插值，这种算法较传统插值算法在处理超大空洞的近道插值问题上有更好的处理精度。这种算法的主要缺点是输入数据矩阵需要有全部相关激发接收点的位置（缺失的地震道需要补零道），因而这种算起在实际地震数据体的处理上显得相当笨拙。

这里，我们介绍一种扩展的聚焦域闭环 SRME 算法，它能够灵活地应用于不同的三维数据体中。我们首先用 GSMP 算法产生可能的采集观测系统，这样，在数据的空间采样稀疏和不规则时，我们就能够产生所有的褶积或相关同相轴。为了能够在任意需要的位置产生较好的插值结果，我们在近偏用精度很高的（同时运算代价也更高）的 FocalCL-SRME 插值；在远偏用精度较低的（但运算代价也较低）的 DNMO 插值。这种扩展使在常规的采集观测系统下一次波的估算更加灵活。

聚焦域算法用于实际的三维数据体时仍然存在许多局限性。主要的问题是，数据需要在一个密度很大的数据矩阵中重新组织，考虑到实际的三维数据往往非常巨大，这种方法非常不切实际，我们需要扩展 FocalCL-SRME 以适应稀疏的地震道分布和常规的观测系统。

为了规避上面提到的问题，我们提出的三维 FocalCL-SRME 算法做了以下的调整：

（1）理论上的数据矩阵（数据和数据的褶积）用 GSMP 成果代替。

（2）将 GSMP 的概念扩展到包括褶积和相关类的成果。这暗示通过增加两个波场的褶积或互相关来构建第二个波场。

（3）为了在近偏部分得到好的精度，我们在近偏区域引入一些额外的道。这些道初始值为零，用于聚焦域闭环 SRME 算法的插值。聚焦域的插值较 DNMO 有更强的物理意义而且能够产生振幅更可靠的同相轴。

（4）一般来说远偏更容易插值（因为远偏更接近线性），并且远偏对多次波预测的影响较小，因此远偏不需要非常精确的插值。在远偏部位，我们用 GSMP 自动进行 DNMO 插值。

在近炮检距和远炮检距部分的处理结果见图 5.3.24。我们能够看到，在近炮检距区域，通过聚焦域插值得到非常充分的数据的采样；在远炮检距区域，采用了相对粗略的 DNMO 插值。这种混合插值的方案可以保持较小的数据体，同时提供精确的插值结果。

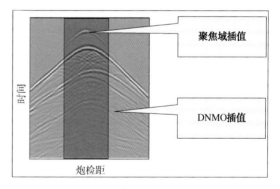

图 5.3.24　混合闭环 SRME 反演图示

图 5.3.25 显示了将我们建议的方法应用于一个简单三维数据体的结果。数据体来自一个地层分别位于 100m 和 350m 深度的反射速度模型。我们可以看到，三维聚焦域闭环 SRME 处理后，丢失的数据到被重构出来，并且一次反射波得到很好的估算。

总之，我们建议的算法将 Focal CL-SRME 算法的高精度和 GSMP 的高效率有机结合起来。采用这种方式，算法保持了远偏插值的高速和灵活性，同时有保持了近偏插值的高精度。这在多次波分离中是最切合实际的。

5.3.3.4　海洋资料层间多次波压制技术简述

由于海洋地震勘探施工环境的特点，海洋资料大部分的多次波属于地表相关多次波，但当地下介质中存在盐丘顶、煤层等强反射界面时，这些强反射界面间或强界面和海底之间也会产生明显的层间多次波。

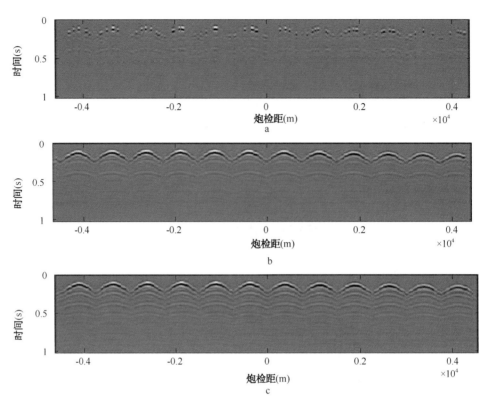

图 5.3.25　建议的混合闭环 SRME 方案生成的三维合成记录数据体

a—1∶3 抽稀的输入数据；b—估算的一次波；c—估算的全波场数据

与自由表面多次波不同，层间多次波的下行反射全部发生在地表或海面以下。相对于平坦的海水表面，海底或地下界面崎岖不平，因此，层间多次波的形态往往比自由表面多次波更加复杂。另外，层间多次波与一次波的速度差异较小，基于多次波周期性与可分离性的滤波方法很难取得压制效果。

层间多次波的压制是地震资料处理中长期存在的问题。目前，层间多次波压制仍然是业界面临的重大挑战。当前层间多次波压制技术主要有以下几类：Delft 的模型反馈法（Berkhout 和 andVerschuur，1997）、Jakubowicz 的褶积-相关法（Jakubowicz，1998）、Pica 的模型驱动法（Pica 和 Delmas，2008），以及基于逆散射级数的层间多次波压制方法（Weglein 等，1997）。前面 3 种方法都需要一些地下信息做支撑，如产生多次波的反射层、预测层间多次波的速度。但当产生多次波的层位比较多时，多次波层位的拾取是一个重大挑战。与此相比，逆散射级数的层间多次波压制方法（ISS）由于在预测层间多次波的过程中不需要任何先验信息，逐渐成为层级多次波压制的有效工具。

二维的 ISS 技术在一些地下构造相对简单的地区取得了较好效果。但在 些构造相对复杂的地区，如巴西的圣多斯盆地，由于盐丘引起的构造剧烈起伏，造成多次波存在非常强的离面成分，因此，二维 ISS 技术在这些地区往往不能很好的压制层间多次波。

理论上，将二维 ISS 算法拓展到三维是非常容易的。但实际上，由于传统拖缆勘探联线方向采样的稀疏性，造成三维 ISS 很难用于实际的三维拖缆资料。为克服这一问题，CGG 的 M. Wang 和 B. Hung 在 2014 年提出了一种真方位三维 ISS 处理技术方案。该方案可以基于现有常规的拖缆观测系统构建高密度、宽方位的地震数据、并同时进行三维层间多次波压制。

M. Wang 和 B. Hung 提出的技术方案如下：

(1) 从输入道中选择最合适的地震道(中心点坐标、炮检距、方位角等)，利用 DNMO 进行炮检距校正以形成一个高密度、宽方位的数据体。

(2) 在规则化数据体上应用三维 ISS 预测层间多次波。

(3) 将预测的层间多次波模型映射到原始数据不规则的位置。

(4) 应用自适应减去法从输入数据中移除层间多次波。

这种三维 ISS 方法首先在合成记录上取得了较好的效果。图 5.3.26 是用于产生合成记录的速度模型及相应的合成记录数据体。模型中，所有的一次波同相轴都产生了相应的层间多次波，并且最浅两层在联线方向具有较大分倾角。我们用二维和三维 ISS 方法对层间多次波进行了压制，并且对最外一缆的多次波压制效果做一比较。图 5.3.27 显示了 ISS 层间多次波预测的模型对比。可以看出，三维 ISS 预测的多次波模型(图 5.3.27c)较二维 ISS 预测的层间多次波模型(图 5.3.27b)旅行时更加准确。图 5.3.28 显示了多次波压制后的结果。

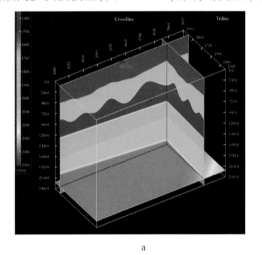
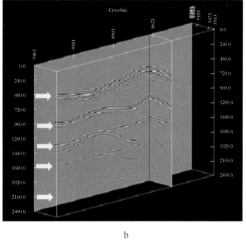

a   b

图 5.3.26　用于产生三维合成记录的速度模型(a)和三维数据体(b)

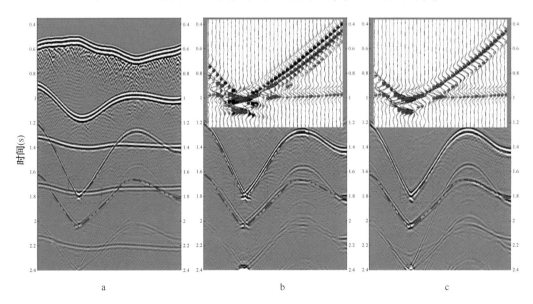

a   b   c

图 5.3.27　输入数据(a)、二维 ISS 模型(b)、三维 ISS 模型(c)的近偏剖面

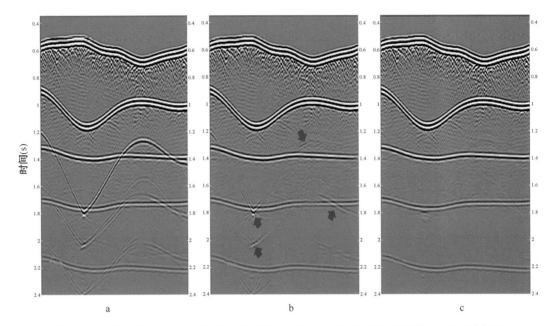

图 5.3.28　输入数据(a)、二维 ISS 多次波压制(b)、三维 ISS 多次波压制(c)的近偏剖面

　　ISS 层间多次波压制的可靠性从巴西圣多斯盆地三维地震资料的处理中进一步得到了验证。在该地区盐丘油气藏以上有一系列的强阻抗界面——如海底、盐顶等反射界面，这些界面形成的层间多次波和油藏反射的信号互相干涉。图 5.3.29 和图 5.3.30 显示了 ISS 多次波压制的结果，三维 ISS 多次波压制较二维 ISS 多次波压制算法处理效果有明显提高。

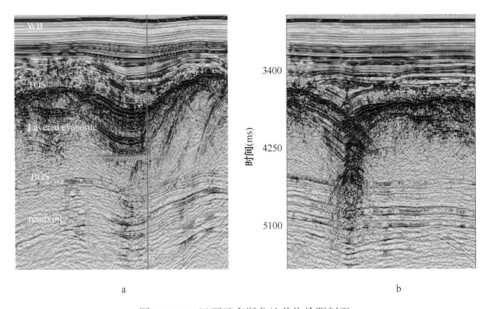

图 5.3.29　巴西圣多斯盆地共炮检距剖面

a—Inline 方向剖面；b—Crossline 方向剖面(Crossline 方向剖面显示多次波具有很陡的反射倾角)

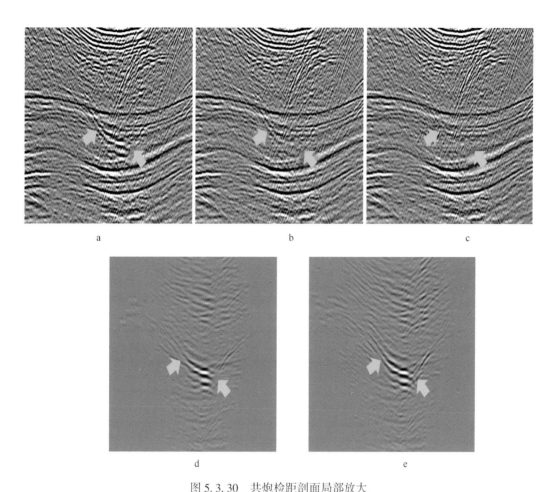

图 5.3.30　共炮检距剖面局部放大

a—输入数据；b—二维 ISS 输出；c—三维 ISS 输出；d—二维 ISS 差剖面；

e—三维 ISS 差剖面。蓝色箭头指示二维 ISS 剖面上存在较多次剩余层间多次波，而三维 ISS 的剖面上剩余多次较少

5.3.4　拖缆地震数据规则化处理技术

由于拖缆勘探是将电缆拖曳在水中完成采集，因此，电缆易受水流的影响发生横向漂移，造成接收点偏离设计位置、地下反射点分布不均、覆盖次数差异大等问题，给后续处理带来不利影响(如图 5.3.31 所示)。数据规则化是拖缆资料处理中消除电缆漂移影响，提高成像效果的必要手段。通过数据的规则化处理，可以使面元分布规则、覆盖次数均匀，面元内炮检距和方位角分布合理，有效提高成像精度。

最初的数据规则化技术一般称为面元均化处理。这项技术主要基于"借道"的思想，以当前处理面元为中心，定义一个宏面元，按照一定的借道原则，当前面元以不同的借道半径在相邻面元中寻找所缺失的炮检距，最大借道半径不得超过宏面元大小。面元均化处理后有利于提高叠加成像的效果。

面元均化技术在叠后偏移处理中有较好的效果，但随着叠前偏移处理的推广，面元均化的局限性也逐渐显现出来，主要表现在以下两方面：

(1) 面元均化的基本目的是实现炮检距的规则分布，没有考虑方位角的规则化处理，借

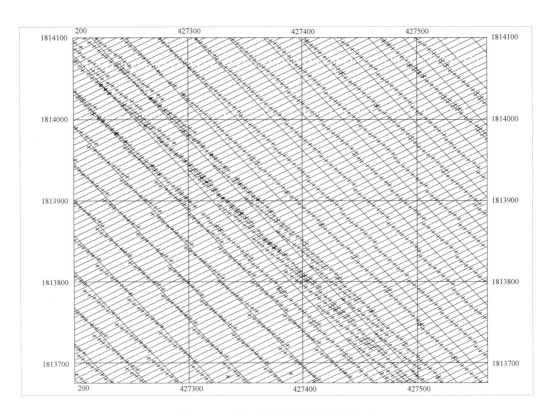

图 5.3.31　典型的拖缆数据反射点分布

道后的数据反射点空间分布仍然不规则，不利于叠前偏移处理。

（2）由于面元均化是简单的借道处理，所以，实际上存在借道范围内地层水平的假设，不适于复杂构造的处理。

（3）借道的思想也不适于弥补大的反射空洞。

最近几年来，随着各种高保真插值算法的发展，基于多维插值的数据规则化处理方法已经成为行规则化处理的主流。如近几年发展起来的五维插值技术，在宽方位资料插值处理上较传统方法具有明显优势。常规拖缆采集是一种典型的窄方位勘探形式，具有良好保真度的抗假频傅里叶重构技术被广泛应用于拖缆资料的规则化处理中。

2005 年，Sheng Xu 等人针对傅里叶重构中的能量泄漏问题，提出了一种抗假频防泄漏傅里叶重构算法，在实际拖缆资料的规则化处理中取得了良好效果。

在地震资料的规则化处理中，空间变换要求采集数据有规则的采样点，这一要求是长期困扰地震资料处理的问题。通过在不规则采样网格中估算空间频率成分，傅里叶变换理论可以被用于数据的规则化处理，然后数据能够在任意期望的输出网格中进行数据重构。但在一个不规则的网格上进行全局傅里叶变换时，数据的非正交性会带来一些问题，这将导致空间泄漏的出现，也就是能量从一个频率系数泄漏到其他频率系数里。

在防泄漏傅里叶变换中，假设能量最强的频率系数会造成最严重的泄漏，我们首先解决它的泄漏问题。将对应最强频率系数的数据成分从原始不规则的网格中减去，以衰减这个数据成分造成的所有假频和泄漏；然后，用这个数据作为新的输入以解决下一个频率系数的问题，重复以上过程，指导估算出所有的频率系数。

将这项技术应用于合成记录和地震数据中表明该技术是有效和稳健的。图 5.3.32 的合成记录包括 4 个倾角和振幅不同的同相轴，地震子波为 20Hz 雷克子波。有两个同相轴出现了假频。图 5.3.32a 是 25m 道间距的理想采样，图 5.3.32b 将奇数道左移 15m。图 5.3.33 是图 5.3.32b 数据插值后的结果，强、弱同相轴都得到了精确的重构。

　　图 5.3.34 是墨西哥湾实际数据的联线共炮检距剖面，图 5.3.35 为用防泄漏傅里叶变换插值处理的结果。和插值前比较，不仅所有空道得到了有效重构，反射同相轴的连续性也有了明显提高。

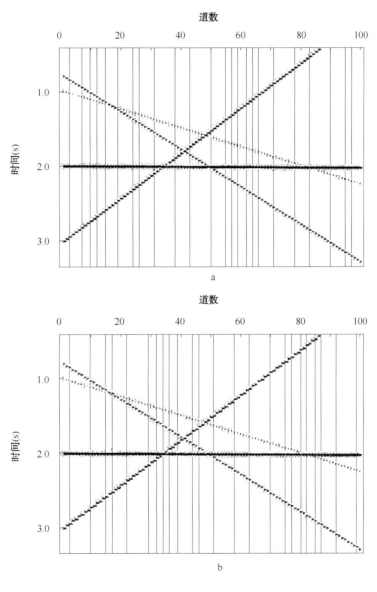

图 5.3.32　合成记录

a—理想采样；b—不规则采样

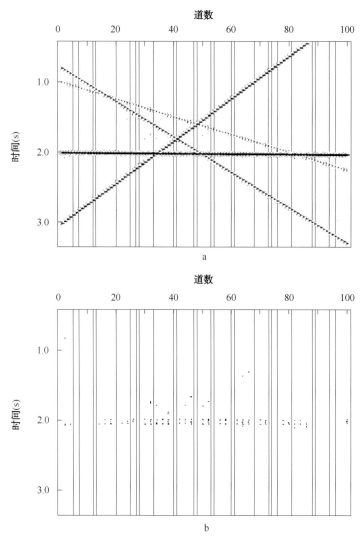

图 5.3.33　合成记录插值结果

a—插值结果；b—差剖面

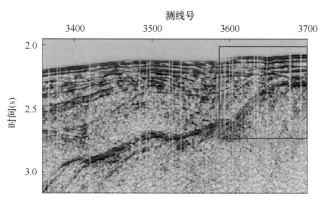

图 5.3.34　插值前共炮检距剖面

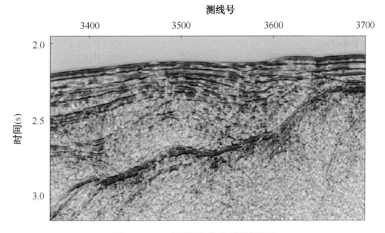

图 5.3.35　插值后共炮检距剖面

5.3.5　拖缆地震数据地表相关多次波成像技术发展现状

在传统的地震资料处理中，上行波（一次波）被当作有效波用于地质体的成像，而下行波（多次波）通常当作噪声被压制。随着地球物理技术的不断发展，多次波对复杂地质体成像的重要意义越来越被业界所认可，多次波成像技术也取得了快速的发展。

在多次波成像方面，OBS 勘探方式较拖缆更具优势，多次波成像效果也更突出。一方面，由于 OBS 勘探将接收点放置于海底，造成海底及浅层反射上行波场的缺失，下行波的成像结果能够明显弥补海底勘探资料海底和浅层反射信息的不足；另一方面，OBS 地震资料可以利用水、陆检资料的差异有效分离上、下行波场，进而更易于实现上下行波场的联合成像。与 OBS 数据相比，拖缆数据通常为单一压力检波器接收的纵波资料，双检求和分离上下行波场的数据基础不存在，因此，多次波成像首先要解决地表相关多次波的有效预测问题；同时，在深水勘探中，拖缆资料基本不存在浅层反射缺失问题，多次波成像对浅层成像的改进不大。但是，由于多次波较一次波具有更长的旅行路径和更大的资料覆盖范围，对复杂地质体而言，多次波能够提供较一次波更丰富的照明。因此，在复杂地质体成像方面，多次波成像对拖缆地震资料同样重要。

多次波成像一直是业界的热点问题，2006 年，Berkhout 和 Verschuur 就撰文提出，由于多次波较一次波包含更丰富的地下反射信息，因此，利用多次波成像能够达到一次波无法达到的油藏成像精度；在不远的将来，加权互相关概念（WCC）可能提供一种极具吸引力的多次波处理解决方案。和现在的通过自适应减去法压制多次波不同，加权互相关概念（WCC）允许将多次波变换成为一次波，这意味着随后可以通过执行一个线性处理序列完成一次波和多次波的联合成像（非线性处理）。

在最近几年，利用多次波成像的处理技术取得了重要进展。传统多次波成像最常用的方法是将每一个检波器当当作一个扩展的虚拟点震源，这些虚拟点震源产生的下行波场和反向投影的地表相关多次波互相关，产生多次波成像结果。多次波偏移利用传统的单程波偏移（Guitton，2002；Shan，2003）或双程波偏移方法（（Liu，2011）进行波场延拓，并用传统的成像条件得到多次波成像结果。

然而，由于不同阶次多次波的相互干涉，这种方案会产生严重的串扰痕迹。解决这个问题目前主要有两种可能的技术方案：

第一种可能方案是在偏移前先设法分离一次波以及不同阶次的多次波，然后分别进行偏移处理。如李志娜等(2015)在进行多次波偏移前首先利用 SRME 和聚焦变换分离一次波和不同阶次的多次波，然后选择不同波场对不同阶次的多次波用 RTM 分别偏移，最后将不同偏移结果叠加，得到最终的多次波偏移结果。图 5.3.36 显示了这种方法的偏移效果，图 5.3.36a 是一次波偏移结果，串扰噪声严重，同时，陡倾角的盐丘边界成像不清楚；图 5.3.36b 是用传统的多次波偏移方法得到的多次波偏移成果，盐丘边界成像有了明显改善，但串扰噪声仍然严重；图 5.3.36c 是用这种方法得到的多次波偏移成果，不仅盐丘边界成像有了明显改善，串扰噪声也明显减弱。

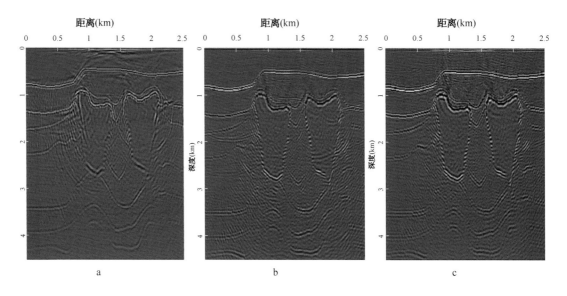

图 5.3.36　RTM 剖面

a——一次波 RTM；b—传统多次波 RTM；c—新的多次波 RTM

Dongliang Zhang(2014)和 Gerard T. Schuster 等采用最小平方逆时偏移改进了多次波偏移的成像效果。该方法通过偏移痕迹衰减、振幅均衡、串扰压制等提高了多次波的成像质量。试验表明，由于多次波对于盐丘等特殊地质体能够提供较一次波更好的照明，多次波的最小平方逆时偏移通常能够得到较一次波更好的成像结果。但如果一次波不能被 SRME 方法有效从多次波中分离出来，则多次波最小平方逆时偏移较传统偏移方法没有明显优势。

图 5.3.37 显示了多次波最小平方逆时偏移的效果。和传统的一次波逆时偏移(图 5.3.37b)比较，多次波逆时偏移(图 5.3.37d)在较高的纵向分辨率、较宽的地下照明(特别是盐丘底)方面具有优势。然而，多种原因造成在图中圈出的部位出现串扰噪声。图 5.3.37f 是多次波最小平方逆时偏移结果，和传统的多次波逆时偏移(图 5.3.37d)结果比较，用圆标志的区域中串扰噪声明显削弱，而且振幅更加均衡，纵向分辨率更高。

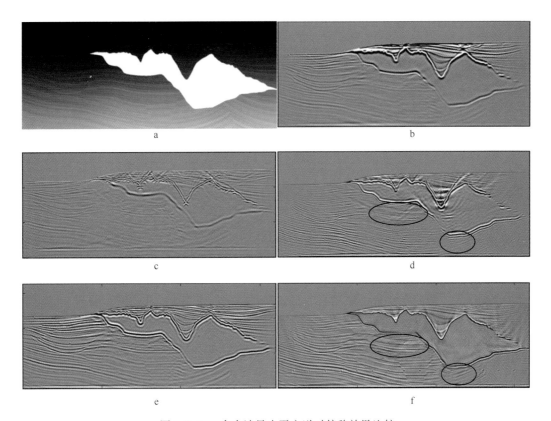

图 5.3.37　多次波最小平方逆时偏移效果比较

a—sigsbee2B 模型；b—未做延迟校正的一次波 RTM；c—做延迟校正的一次波 RTM；
d—传统的多次波 RTM；e——次波做小平方 RTM；f—多次波最小平方 RTM

6 海洋地震资料解释技术

由于海洋区域较之陆地区域构造活动更加频繁，且受不同水深的海水影响，海洋地质条件异常复杂，形成的地质体沉积或油气赋存状态与陆相有明显的差别，如生物礁、重力流沉积体系、天然气水合物等。针对现代海洋区域勘探特有海相沉积地质目标体的地震资料解释，在充分借鉴陆地成熟地震勘探技术的同时，采取了一些专有的研究方法及技术手段，并初步形成了相应的地震资料解释技术系列。

6.1 生物礁及其地震资料解释技术

生物礁作为一种油气储集体具有独特的孔隙空间，其孔隙度和渗透率普遍较高，是一种十分优良的碳酸盐岩型储集层，也是油气聚集的重要场所，因其良好的储集性能及富集油气潜力使其在油气田勘探中占有重要的地位。目前，在世界上五十几个大型的油田中，生物礁油气田就占了十几个。如波斯湾的基尔库克、墨西哥湾的波扎—里卡、锡尔特盆地的迪法等都是大型的生物礁油气田。在国内的珠江口盆地及南海其他盆地都有发现生物礁油气藏。因此，对生物礁进行研究，对于油气勘探有着非常重要的意义。

生物礁的研究历程比较久远，已经有约 200 年的历史。达尔文 1837 年首先从科学的角度阐明了珊瑚岛的成因，达尔文根据他在 Beagle 号巡洋舰环球航行中的观察，首次提出了比较系统的环礁成因假说，认为群礁和环礁，不过是同一生长过程中的不同阶段；著名地质学家 Lyell 在 1841 年也对生物礁进行了研究，随后 Hall（1862）、Vaughan（1911）、Embry 和 Klovan（1971）、Riding（1982，2002）、范嘉松（1985，1986）、Lavalet 等（2000）对生物礁的定义有过很多讨论研究。Heckel（1974）、Wilson（1975）、Riding（1977）、Hubbard 等（2001）详细阐述了生物礁的不同分类。Logan（1961）、Dill 等（1986）、Scoffin（1993）、Flugel 和 Kiessling（2002）、Fairchild（1991）对生物礁的形成过程以其破坏因素进行过细致的研究。生物礁油气田自 20 世纪 20 年代被发现之后，人们对于生物礁的勘探开始重视起来。墨西哥、美国等国家在 20 世纪 40 年代就发现了大型的油气田，促进了人们从 50 年代到 70 年代对生物礁勘探技术发展中倾注更大的热情。20 世纪 70 年代以后，随着勘探技术的发展，越来越多的大型生物礁油气田逐渐被发现。

我国对于生物礁的研究始于 20 世纪 30 年代，地质学者和古生物学者乐森璕就对南海珊瑚礁进行了调查。在生物礁研究中占领先地位的马廷英早在 1935 年就开始南海东沙群岛造礁珊瑚岛的研究，并多次发表文章来阐述珊瑚礁的年生长率与海水温度的关系，并且进一步讨论奥陶纪、志留纪、泥盆纪和二叠纪的古气候，以及北方地区的古地理及大陆漂移状况。我国对于生物礁研究的重视开始于 20 世纪 60 年代。开始主要重视的是生物礁的地质研究，而非其油气价值。这使得我国的生物礁研究与国外先进国家相比差距较大。20 世纪 70 年代在我国西南部地区的地质研究和调查为以后的勘探奠定了理论基础。20 世纪 80 年代以来，我国发表了很多篇生物礁研究论文，其研究范围之广，涉及领域之多，已经大大超过了简单报道和单纯描述的阶段。一系列总结性著作和专题研究著作的发表，更将我国生物礁研究工作推向深入。学者们不懈的努力使得我国的地球物理勘探技术理论得到了迅猛的发展，离世界先进技术的距离也越来越近。

6.1.1 生物礁基本特征

6.1.1.1 生物礁的定义

尽管对生物礁的研究历史已有 200 年左右，但对于生物礁的一般概念、确切定义还存在着不少分歧。现在最新且具有代表性的生物礁的定义是 Riding(2002)提出的，将生物礁定义为：由固着生物所建造的本质上是原地沉积的碳酸盐建造。也就是说，生物礁是原地生长的造礁生物建造的突出同期沉积物的丘状碳酸盐岩岩隆，具有抗浪格架、外形呈凸镜状等特征，而且在临近地域和沉积环境下，礁体及成因上有关的沉积岩体称为礁复合体。

一直以来，由于对生物礁定义的分歧，出现了很多容易与生物礁相混淆的相关术语，其中最容易混淆的是与生物丘和生物层的区分。现在一般认为：生物丘是完全或主要由固着生物所建造的丘状、透镜状的沉积块体，而且周围被不同岩性的正常沉积岩包围。而生物层有独特的层状构造，不能上隆形成透镜状或典型的生物礁形态，但是主要或完全由生物组成。它们与生物礁相比，造架生物明显减少，而且厚度规模均不如生物礁的巨大。同时，生物丘与生物层中的生物有相当一部分都经历了水动力的再改造。

6.1.1.2 生物礁的主要分类

生物礁的分类方法较多，比如：按构成生物礁的主要造礁生物类别可分为藻礁、古杯类礁、海绵礁、层孔虫礁和珊瑚礁等。按构造支撑方式的不同，比较有代表性的可分为三类：基质支撑的生物礁(凝集微生物礁、簇礁、节状礁)；骨架支撑的生物礁(骨架礁)；胶结物支撑的生物礁(胶结礁)等。根据生物礁与风向的关系区分出迎风礁和背风礁等。在地球物理学上，目前应用较多的生物礁分类是按照礁体的形态特征及其所在的地理位置和陆块的关系，主要划分为以下几种。

6.1.1.2.1 点礁

点礁又称补丁礁或斑礁，一般是发育未成熟、面积较小的呈不规则状或者环形的礁体，往往孤立地随机分布在浅水区的碳酸盐缓坡上或者陆棚上。它也可以在紧靠陆棚边缘以及广阔的浅海环境下生长，井下一般单井钻遇。

6.1.1.2.2 塔礁

塔礁一般在盆地或者台地内发育。塔礁是高宽比值大，向上变小的呈锥状、塔状或者柱状孤立分布的礁体。塔礁是在深水地带沉积，成礁时海底持续下降或者海平面缓慢上升而形成的。塔礁随着海平面上升而生长迅速，所以其高度一般大于其宽度，只有礁核和礁翼而无礁前、礁后之分，但是，高度大于宽度不是判别塔礁的主要因素，其生长环境才是至关重要的。在加拿大雨虹湖区的泥盆系就有塔礁生长。

6.1.1.2.3 台地边缘礁

台地边缘礁又称岸礁或裙礁，具有平顶和陡的斜坡特征，其面积和厚度较大，一般呈带状分布在台地或者陆棚边缘，也可分布在大陆架到大陆坡的转折处，可以形成高大而且延伸很长的礁群，在油气勘探中占重要地位。台地边缘礁在碳酸盐岩台地向海一侧的深水区沉积，而沉积另一侧则为浅水区。台地边缘礁是大型的礁体，可以划分出礁前、礁核和礁后 3 部分。西非侏罗系礁就是台地边缘礁类型。

6.1.1.2.4　堡礁

与台地边缘礁的生长环境不同，堡礁一般呈线状发育在台地外部边缘的断块高部位，在与陆地之间有潟湖相隔的大陆架外侧的陆坡区及深水海岛附近也有发育，沿着平行海岸的方向延伸，一般隐没于深水下。如果堡礁出露水面，就成为珊瑚岛。堡礁又称堤礁或障壁礁，是能够区分出礁前、礁核、礁后的大型的礁体，宽度达数百米，长度很长，现代世界上最大的堡礁就是澳大利亚东北海岸的大堡礁。

6.1.1.2.5　环礁

环礁是围绕广阔海洋中比较大的孤立碳酸盐岩台地的边缘生长的环状或者不规则状礁体。礁缘凸起，向海一侧的斜面较陡，礁内中心部分低凹成为与大洋相通的潟湖，其四周露出海面即为环形的礁岛，多分布于广海中，深度达数米到百余米。与堡礁不同的是，环礁都是珊瑚岛成因的。马尔代夫群岛、西沙群岛都是环礁的典型实例。

以上各类型之间的礁体是可以随着环境的变化相互转化或者产生一些过渡类型的，例如，台地边缘礁向海推进，沉积的另一侧进入深水区，可以沉积变化成堡礁。伴随着海平面的不断上升，浅水区的点礁随着海平面的上升快速生长，演化成塔礁。所以说礁体的类型划分并不是绝对的，环境变化会使其发生变化。上述礁体的分布如图 6.1.1 所示。

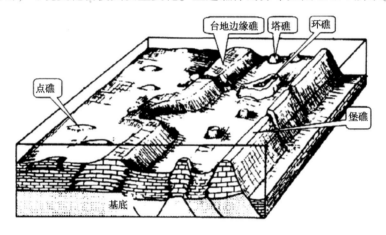

图 6.1.1　生物礁类型分布图(据 Bubb 和 Hatlelid，1977)

6.1.1.3　成礁条件

生物礁能否正常发育，基本上取决于主要的造礁生物是否能够繁衍生长，从而形成礁生物群落和礁生态系统。一旦主要造礁生物死亡，整个生物礁的生长就会停顿，礁体在风浪、化学和生物的侵蚀作用下将逐渐被破坏殆尽。因此生物礁的成礁条件可以归纳为内部因素和外部因素，内部因素主要包括造礁生物(包含附礁生物)，沉积颗粒的沉积有效速率；外部因素主要包括海洋中的水温、水动力状况、水化学、海水深度、碎屑物质等作用。

6.1.1.3.1　造礁生物

造礁生物主要有珊瑚、千孔螅、各种藻类、苔藓动物、有孔虫类、软体动物等。造礁生物的种类、生物体尺寸大小、生长速率、生命周期等对生物礁的建造过程起重要作用。不同种类的造礁生物在不同地质时期、不同地理环境下形成的生物礁种类和形态不同，这取决于外部地理环境、造礁生物本身代谢和捕获碎屑物的能力。图 6.1.2 是台湾本岛现代生物礁生活环境。

图 6.1.2　台湾本岛现代生物礁生活环境（据戴昌凤，2010）

a—西北部桃园海岸的藻礁；b—北部沿岸的珊瑚群聚主要由叶片形和团块形石珊瑚和软珊瑚构成；c—北部
沿岸的岩礁表面常有密集的海胆巢穴，造成强烈的生物侵蚀作用；d—东部石梯坪海岸的石珊瑚群落，以分枝
粗短的石珊瑚为优势种；e—南部恒春半岛沿岸的上升岸礁与水下的现生珊瑚礁互相连续；f—南部恒春沿海的
珊瑚群聚含丰富的石珊瑚和软珊瑚

6.1.1.3.2　水温条件

温度是控制现代礁型六射珊瑚生长的首要因素，不同的六射珊瑚属其温度适应范围也不尽相同。麦耶尔（1918）指出，根据试验，大多数礁型六射珊瑚能忍受 36~37℃ 的高温，却不能适应 13℃ 或 11℃ 的低温，常在几小时内死亡。马廷英（1937，1959）指出，礁型珊瑚最适宜生长的温度为 25~29℃，有些种属生存要求的最低水温为 13℃。Wel（1957）认为，珊瑚生长的年平均水温为 23~25℃。

6.1.1.3.3　水动力条件

海水的流动及洋流、潮汐和波浪对于造礁珊瑚的传播、生长、形态和礁体的营造与破坏都有重要的影响。洋流能携带造礁珊瑚的浮浪幼虫，成为影响珊瑚地理分布的重要因素。潮汐流对珊瑚的生存也是有利的因素，但珊瑚生长到低潮面附近，一般就会停止生长。适当的水流和波浪带来充足的食物颗粒和溶解氧，因而珊瑚等造礁生物通常在珊瑚礁的迎风面生长最茂盛，常形成扩展和隆起的构造。大浪冲击会折断鹿角珊瑚等枝状珊瑚；块状和皮壳状的珊瑚即使不被波浪击碎，也会因珊瑚断块和砂砾的反复摩擦而大片死亡。在高达 7~10m 的巨浪冲击下，珊瑚礁岩也会被破碎，礁的前缘大面积崩塌，形成巨大的砾块，滚下斜坡或被抛上礁平面形成垒石带。

6.1.1.3.4 海水的化学成分

礁区水体中溶解氧的含量对于水生动物是生命攸关的：它们的呼吸需要氧。礁体附近海水的含氧量主要由该礁的光合作用与新陈代谢作用的强度之比所决定的。在光照带的珊瑚礁水体中，长期的含氧状况通常是近于饱和的，利于礁体生长；礁型珊瑚对于盐度的适应范围比较狭窄，在34%~36%的正常盐度中生活得很好，但有些珊瑚则能够长时间忍受27%或高达48%盐度的海水，或者暂时生存。除氧气和海水盐度之外，海水中的二氧化碳、溶解养分等都直接关系到礁体的发育。

6.1.2 生物礁的地震响应特征

生物礁是一种由生物骨架构成的特殊碳酸盐岩沉积形态，它的生长结构、状况及其分布范围与其沉积环境紧密相关。由于经历了特殊的沉积作用和成岩过程，生物礁具有独特的地貌及岩石学特征，与一般的碳酸盐岩建造有明显区别。因此，生物礁具有其独特的结构构造、地质地貌及岩石学特征，导致了来自生物礁的反射波振幅、频率、连续性等属性与围岩不同，使得生物礁的地震反射具有以下特性：

（1）由于造礁生物生长速度快，生物礁的厚度比四周同期沉积物明显增大，因而生物礁外形在地震剖面上的反射特征多表现为丘状或透镜状凸起的反射特征。其规模大小不等，形态各异，有的呈对称状，有的呈不对称状，这与礁的生长环境及所处的地理位置有关。

（2）由于生物礁是由丰富的造礁生物和附礁生物形成的块状格架地质体，一般不显沉积层理，因此生物礁内部在地震剖面上多表现为断续、杂乱或无反射空白区等特征。如果生物礁在生长发育过程中伴随海水的进退而出现礁、滩互层，礁、滩沉积显现出旋回性时，也可出现层状反射结构。

（3）由于生物礁的生长速率远比周缘同期沉积物高，两者沉积厚度相差悬殊，因而会出现礁翼沉积物向礁体周缘上超的现象，在地震剖面上根据上超点的位置即可判定礁体边缘轮廓位置。另外，在礁体附近也容易出现顶超现象。

（4）生物礁的顶面上覆多为泥岩，与礁灰岩之间存在明显速度和密度的差异，即通常情况下，生物礁与围岩之间存在明星的波阻抗差，故礁的顶面一般具有强反射特征。

（5）生物礁的底部可因地质条件的不同而出现不同的反射结构特征。当礁体速度高于围岩速度时，底部反射界面上凸(上拉)，形如弯月状；当礁体速度低于围岩速度时，底部反射界面下凹(下拉)，形如杏仁状；当礁体速度与围岩速度差异不大时，底部反射界面近于平直。另外，如果礁体顶界面反射较强，可造成对底界面的屏蔽，从而使底界面反射变弱或反射不清。

（6）根据力学性质的研究结果，礁灰岩比围岩(尤其是含泥质的灰岩)更"硬"，这样的岩性异常体在构造变形中必然形成力学尖点，尤其在构造运动比较强烈的地区，容易产生以下几种效果：①生物礁内部裂缝非常发育。力学计算以及试验结果表明，在塑性的地层中夹有相对刚性的岩性体，刚性岩性体内应力得到大幅度增加，增加的幅度和岩性差异有关，同时还和岩性体体积差异有关(长、宽、高比值和体积大小)。这一原因使得生物礁灰岩内部的裂缝比较发育，一般情况下会造成生物礁下方形成一个地震模糊带。②在沉积相比较低的部位，生物礁的围岩必然是泥质含量较多的泥质灰岩，这样生物礁相灰岩就比围岩更加"硬"，在构造隆起过程中必然向上顶起，从而形成穿刺效应。在生物礁气藏上方，多数时候能够见到一定幅度的凸起，小断层、裂缝非常发育。③由于力学性质突变，生物礁相两侧断层非常发育。从以上分析可以得出，礁上方和下方小断层、裂缝都必然非常发育，尤其是在油、气、水充填在这些裂缝断层中时，某些部位反射波突然出现杂乱反射、振幅大幅度减弱，容易在地震剖面上形成一个地震模糊带，常常也将这个地震模糊带称之为气烟囱效应，是生物礁地震响应的重要识别标志之一。

（7）岩性的突变点和陡崖带的边缘都可使礁体的边界内部及基底出现绕射波。这种绕射波在一般常规处理中难以消除，可用作识别礁体的佐证。

（8）生物礁厚度比周缘同期沉积物增大，礁灰岩抗压强度也远比围岩大，因此，在礁体顶部因差异压实作用会产生披覆构造，披覆程度向上递减。

（9）生物礁的生长发育受古地理条件的控制，与当时的海水深度、水温、水动力条件、海底地形密切相关，往往较局限地分布在一定时代地层中的一定古地理位置或相带中。如常发育台地(陆棚)边缘、断块边缘、水下古隆起等部位。因此，加强盆地构造和沉积环境的研究，可以帮助推测礁体可能出现在地震剖面上的某一位置。

根据地震正演结果分析生物礁的地震响应特征，为生物礁的预测奠定了坚实的理论基础。在多数情况下，上述地震反射特征不一定同时出现，常在某个剖面见到几种特定的特征。图6.1.3全面总结了在二维地震剖面上的生物礁基本地震响应特征。

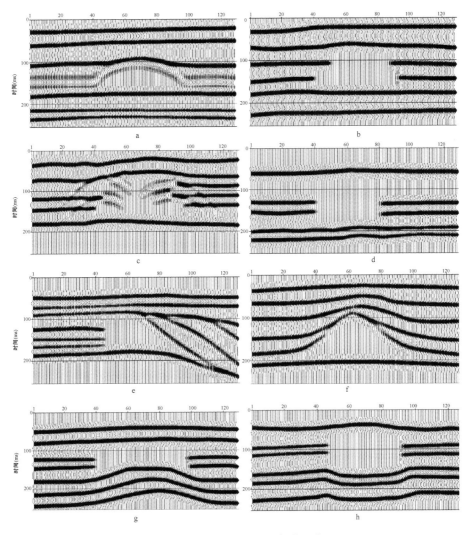

图6.1.3　生物礁地震响应特征(据黄继伟，2014)

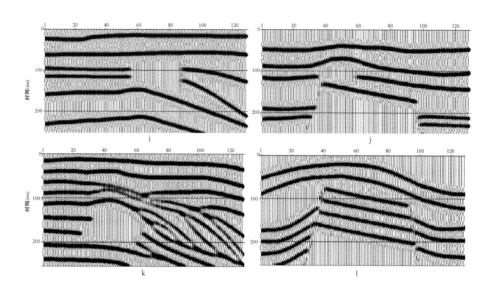

图6.1.3(续) 生物礁地震响应特征(据黄继伟,2014)

a—表示生物礁的存在使其地震反射同相轴在剖面上呈上隆形态;b—表示生物礁在反射剖面上原有的隆起形态缺失;c—表示时间剖面上礁体边缘的会产生绕射波;d—表示礁体处地震反射同相轴的中断;e—表示陆侧反射同相轴较平,靠海侧的反射同相轴倾斜,出现前积特征;f—表示礁体隆起后其上覆地层厚度较两侧薄,因此后续沉积可能出现披覆和上超的现象;g—表示由于礁体速度高于围岩,礁体下部水平地层的地震同相轴出现上凸现象;h—表示由于礁体地震波速度低于围岩,其下部同相轴出现的下凹现象;i—表示生物礁生长在古斜坡沉积陡缓转换带上产生的特征;j—表示断块构造(或火成岩)上部的生物礁特征;k—表示礁体承担了沉积挡板的特性,靠海洋的一侧可以看见下超和上
超等特征;l—表示断块构造体上部分中发育的礁,容易造成地震解释的多解性

6.1.3 生物礁地震资料解释

6.1.3.1 地震相识别技术

由于生物礁特殊的岩石格架、沉积环境和内部结构及地震速度与围岩存在明显的差异,通过正演模拟结果可明确生物礁的地震响应特征,因此可以利用地震相的变化特征进行生物礁的识别。生物礁是特殊的沉积体,生长在台地边缘或者台地内部,外形成丘状,边缘常出现上超及绕射等特有的地震反射特征。内部特征表现为振幅、频率和相位的连续性及结构与围岩有较大的区别,礁滩相内部反射波较为杂乱,或者无反射。生物礁典型地震相主要表现在:顶界反射上凸底平,呈丘状;与围岩相比振幅变弱,杂乱反射,反射中断或变弱。通过地震相特征可以从地震剖面上识别礁体。一些大型的生物礁或堤礁可以根据地震信息直接识别,主要标志包括:外部形态表现为丘形和透镜状反射外形,礁的边缘常出现上超及绕射等特有的地震反射现象;内部组成表现为振幅、频率和相位的连续性及结构与围岩有较大的区别,生物礁内部反射波较为杂乱,或者无反射,两翼有上超、底部有下拉等特征(图6.1.4)。

对于个体较小的礁体,地震异常特征可能并不明显,但还是可以总结一些特征:如生物礁的上方有披盖现象,由于速度差异,在礁的部位常出现上拉或下拉现象、绕射波、杂散波和盆地结构(断块边缘、构造高)及气烟囱效应等。由于不同类型的生物礁有不同的水深、温度和阳光等因素。因此,任何生物礁在海相的生长环境都不是孤立的。在平面上,总能找到这种有相同的海洋生物群相关联的裙带分布。这种地震相的平面的变化特征就反映了礁带的平面特征。

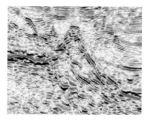 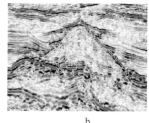

a   b

图 6.1.4 中国南海西沙海域生物礁地震反射特征(据张新元，2016)

a—表示 1 号生物礁地震反射特征；b—表示 2 号生物礁地震反射特征

6.1.3.2 基于层拉平古地貌恢复识别技术

古地貌是控制沉积体发育的关键因素之一，也是控制碳酸盐岩储层发育和分布的主要因素之一，同时在一定程度上控制着后期油藏的储盖组合。构造古地貌对沉积相和生物礁具有重要的控制作用，生物礁主要发育在断隆平台及台地边缘带上。恢复古地貌的形态、探讨古地貌对沉积环境、沉积相、碳酸盐岩储层的控制作用，寻找有利发育区带，是提高含油气盆地勘探开发成效的关键因素之一。基于层拉平基础上的地层残留厚度分析，得到古地貌形态特征是比较简单且目前比较常用的技术，也是碳酸盐岩地层中研究生物礁生长发育的简单而有效的技术方法之一。

图 6.1.5 是沿生物礁底部强反射地层拉平后的剖面，反映了可能由于生物礁的存在造成上部新地层出现上拉现象。而图 6.1.6 是沿生物礁上部强反射拉平后的剖面，说明由于生物礁体的地震波速度偏低，其下部同相轴将出现下拉现象。这些特征通过对生物礁下部或上部的反射同相轴做拉平处理后将会更加明显。同样，如果生物礁体的地震波速度偏高，则其下部同相轴将出现上拉现象。如图 6.1.7 所示，经过层拉平后恢复的古地貌图可以清楚地看到，台地边缘相带较为明显，呈北西—南东向展布，这是堤礁生长的有利区带，在该条带上已钻井均钻到生物礁储层，证实了该条带的潜力。在台地边缘以内的开阔台地，地势较为平稳，也能看到小型局部高点，是发育生物点礁的潜在区域，已钻井钻遇的就是台内点礁。这样指示了该研究区生物礁有利的古地貌背景是台地边缘及台内局部高点处。

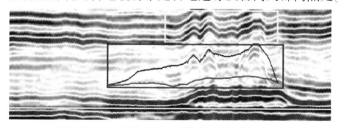

图 6.1.5 沿生物礁底部强反射地层拉平后的剖面(据李梅，2012)

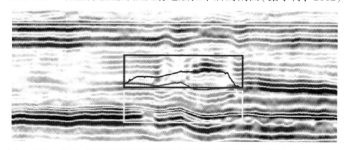

图 6.1.6 沿生物礁顶部强反射地层拉平后的剖面(据李梅，2012)

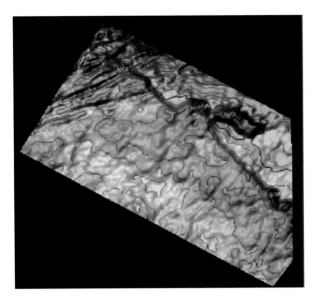

图 6.1.7　古地貌分析图(据李梅，2012)

6.1.3.3　波形聚类技术

由于生物礁体特殊的地震反射结构，其地震波形特征不同于周边围岩的地震反射特征。通过研究研究区内的地震波形变化信息，能有效地进行礁体的预测。地震波波形实际上是地震振幅、频率、相位的集中体现。如果一个地质体的参数(厚度、分布范围、内部结构、物性、含油气性等)变化会影响到地震波的变化，也必将在地震波的波形特征上有最客观的反映。首先把地震数据的值转化为地震波形的变化，然后再根据地震数据的值进行分类，这就是波形聚类技术。地震波形聚类就是充分利用了地震资料信息丰富的特点，达到识别特殊地质体或沉积相带的边界的目的。

首先通过井资料的分析，大致了解研究区的主要目的层段，以及储层类型；其次利用神经网络对地震层段间地震道形状进行分析，建立一个最能表征层段内地震道形状差异的模型道序列；最后实施层段中每一地震道与模型道序列的比较，并按最佳相关建立地震道和模型道之间的联系。通过多次迭代之后，神经网络构造合成地震道，通过自适应试验和误差处理，与实际地震数据进行对比，寻找在模型道和实际地震道之间最佳的相关性。神经网络波形分类方法中，我们通常用地震层位控制目标单元，在时窗内提取地震数据作为研究对象进行地震相的划分。经过多参数的反复试验和比较，确定时窗内所采用的分类数和迭代次数，再进行波形聚类，最后对波形聚类结果进行分析。

图 6.1.8 为钻井证实的大型块礁的地震反射特征，礁体厚度达 300m。图 6.1.9 是波形分类图与相应模型道色标。图 6.1.10 为神经网络波形分类平面分析图。通过与井对比后，标定出地震波形对应的地质含义，并与多种方法相结合，形成具有地质意义的沉积相图。可分为台缘礁相、滩相和陆棚相。

6.1.3.4　现代体属性技术

近几年来，现代体属性发展非常迅速，主要包括体曲率、相干能量梯度、方差、边缘检测等一系列体属性技术。可以进行生物礁等异常体的刻画和断层、裂缝带、河道、砂体边界的识别。现代体属性分析技术可以更充分地利用常规地震资料，降低预测多解性。

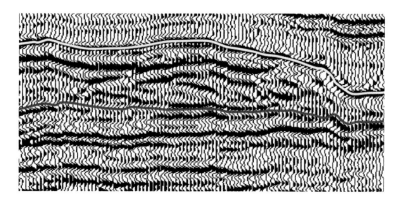

图 6.1.8 珠江口盆地块礁地震反射特征(据刘云，2011)

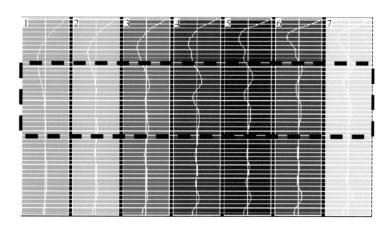

图 6.1.9 珠江口盆地目的层段地震波形分类(据刘云，2011)

图 6.1.10 珠江口盆地目的层段地震波形分类平面分析图(据刘云，2011)

6.1.3.4.1 体曲率

曲率在数学上用于度量曲线的弯曲程度，曲率属性是应用曲率方法来计算地质体在几何空间上的分布形态，从而实现对断层、裂缝及特殊异常体的有效识别。Roberts 详述了曲率属性的基本理论，提出了计算层面曲率属性的方法和流程，表明曲率属性对断层和裂缝走向等几何特征的提取十分有效；AI-Dossary 和 Marfurt 应用分波数傅里叶变换实现了曲率属性的多谱分析，并将二维层面曲率属性推广到三维体曲率属性；Klein 等人则提出通过寻找时窗内最大互相关值的方法来计算地震数据体中任意体元的曲率属性。曲率描述的是曲线上任意一点的弯曲程度，其在数学上可表示为曲线上某点的角度与弧长变化率之比，也可表示为该点的二阶微分，即

$$k_{2D} = \frac{1}{R} = \frac{d^2z}{dx^2} \Big/ \left[1 + \left(\frac{dz}{dx} \right)^2 \right]^{3/2} \tag{6.1.1}$$

式中，k 为曲率；R 为半径。

对于三维情况，在任意方向可得到一个曲率，因此可得到无数个法线曲率。人们发现最有用的子集是正交的法线曲率，用两个正交的法线曲率 K_1 和 K_2 定义平均曲率（图 6.1.11），即

$$K_{mean} = \frac{K_1 + K_2}{2} = \frac{K_{max} + K_{min}}{2} \tag{6.1.2}$$

式中，K_{mean} 为平均曲率；K_{max} 为最大曲率；K_{min} 为最小曲率。

在无限个法线曲率中，绝对值最大的叫最大曲率（K_{max}），而与之正交的叫最小曲率（K_{min}）。高斯曲率 K_{gauss} 描述了界面的弯曲度，也称为总曲率。

$$K_{gauss} = K_{max} K_{min} \tag{6.1.3}$$

二次曲面形状可用最大正曲率 K_{pos} 和最小负曲率 K_{neg} 来解释，可以看出：$K_{neg} \leq K_{pos}$。如果 K_{pos} 和 K_{neg} 都小于零，就是碗的形状；如果二者都大于零，就是圆顶形状；如果二者都等于零，就是一个平面（图 6.1.12）。

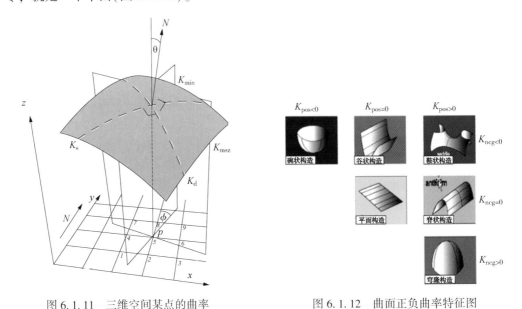

图 6.1.11　三维空间某点的曲率　　　　图 6.1.12　曲面正负曲率特征图

从平均曲率、高斯曲率、最大正曲率、最小负曲率等曲率体数据体切片上均可以清楚地看出生物礁异常体的分布范围（图 6.1.13）。红蓝色团块状区域代表生物礁的反映，生物礁与围岩的边界十分明确。

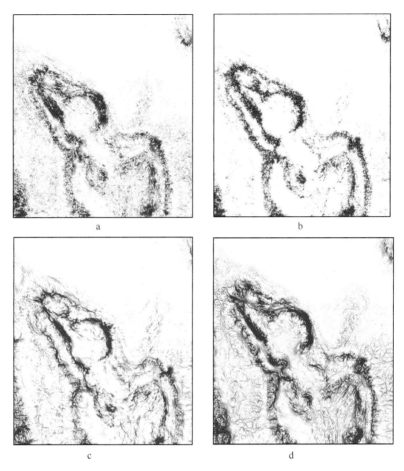

图 6.1.13　生物礁三维体曲率属性

a—为平均曲率；b—为高斯曲率；c—最大正曲率；d—为最小负曲率

6.1.3.4.2　相干及相干能量梯度分析技术

目前相干体的算法大致有：基于相关的算法、基于相似性的算法和基于本征结构分析的算法。基于相关的算法是：计算相邻地震道的互相关系数，即第一代相干技术；基于相似性的算法是：计算相邻地震道的相似系数，即第二代相干技术；基于特征值算法的相干属性体提取属于第三代相干算法，该算法的主要目的在于寻求一个目标道，使该目标道与所有的相干道相似程度最近。与估算平均道的第二代相干算法相比，该算法更多考虑了在相干道中占主要地位的目标道，因此基于该算法的相干属性体具有更高的横向分辨率。通常计算相干体的算法是计算地震数据的总振幅的变化。

利用相干能量梯度属性可估算地震数据相干分量的振幅变化，对于突出一些细微地质特征具有明显效果。该属性计算方法与相干属性不同：它是以分析时窗内的最佳匹配子波为基础，按一定比例关系估算各道的相干分量；再利用估算出的子波振幅定义一个主分量特征矢量，再计算相干振幅的能量加权梯度；然后对特征矢量求导，并利用分析时窗内的相干能量对它进行加权。在三维情况下，需要沿 x，y 两个方向进行加权运算，相关能量梯度属性计算步骤及图解如图 6.1.14 所示。

与相干体相比，利用相干能量梯度可更清楚地识别地下地质地异常体（图 6.1.15，图 6.1.16）。可以看出，相干能量梯度对于生物礁细节和边界的刻画更为清晰。

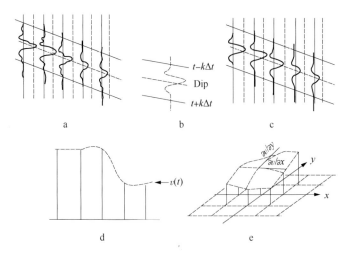

图 6.1.14　相干能量梯度计算方法示意图

a—计算输入道能量；b—分析时窗内最什匹配子波；c—按比例关系，估算各道相干分量；
d—计算相干振幅的能量权梯度；e—沿 x，y 方向计算

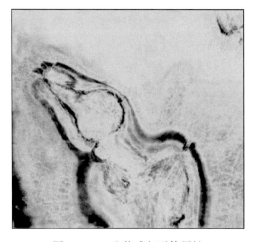

图 6.1.15　生物礁相干体属性

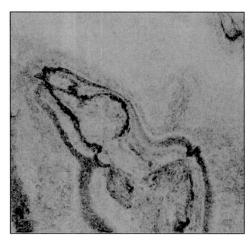

图 6.1.16　生物礁相干能量梯度属性

6.1.3.4.3　边缘检测技术

三维地震属性数据体及其属性参数平面图的边缘检测主要用于增强图像的边缘和灰度突变部分，使灰度反差增强以有利于边缘拾取。轮廓或边缘就是图像中灰度变化率最大的地方，它们与地下构造和岩性的变化密切相关。如果将图像平滑理解为积分作用和低通滤波，则图像的边缘检测相应于微分作用和高通滤波，它通过增强高频分量减少图像中的模糊。因此，常用于图像边缘检测的处理手段主要有空间微分法、差分法、高通滤波法、中值滤波法、相关系数法等，在对地震数据进行边缘检测时，最好采用层拉平的数据，这样能更好地检测地层的边缘关系。

一阶差分方法中有通常差分法、Roberts 差分法、Sobel 差分法；二阶微分方法有 Laplacion3 种方法；还有利用模板匹配法和基于分数导数的边缘检测方法。边缘检测中的模板法是 R. Kirsc 在 1971 年提出的一种能检测边缘方向的 Kirsch 算子方法，它使用了 8 个模板来确定梯度幅度值和梯度的方向（如图 6.1.17 所示）。

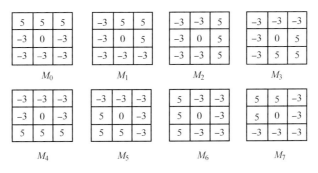

图 6.1.17　边缘检测模板

图像中的每个点都用 8 个掩模进行卷积，每个掩模对某个特定边缘方向做出最大响应。所有 8 个方向中的最大值作为边缘幅度图像的输出。Kirsch 算子的梯度幅度值用如下公式计算，即

$$G(x,y) = \max(\,|M_0|,|M_1|,|M_2|,|M_3|,|M_4|,|M_5|,|M_6|,|M_7|\,) \qquad (6.1.4)$$

利用 Roberts 差分法和 Sobel 差分法分别对生物礁进行预测（图 6.1.18）。从预测结果来看，两种方法差别不大，均可以清楚地反映出生物礁异常体的分布范围，生物礁与围岩的边界十分明确。

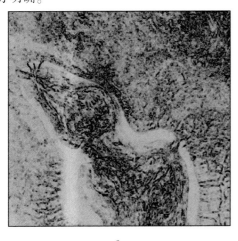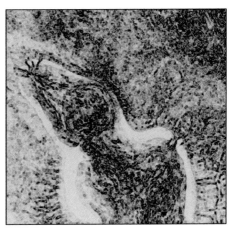

a

b

图 6.1.18　生物礁边缘检测属性

a—Roberts 差分法；b—Sobel 差分法

6.1.3.5　低频伴影技术

当地震纵波穿过含油气地层时，波的能量将产生较大的频率衰减，在储层下方会出现低频强振幅的"低频伴影"现象。当地震波在地下介质中传播时，由于孔隙流体具有黏滞性和热传导性，使得一部分能量转化为热能，从而引起地震波的吸收衰减。油气与水的物理性质存在差异，含水层和含油气储层地震波衰减模式必然不同，相对于含水层，含油气储层会对地震波产生更为强烈的高频吸收衰减。储层下方只能看到低频成分，称之为低频伴影异常。将低频伴影定义为：出现在含油气储层下方的低频强能量区域。因此，含油气储层有利的低频伴影识别标志是：对于低频分量，储层显示强能量，伴影能量强，称之为"上强下强"；对于高频分量，储层能量强，伴影能量弱，即"上强下弱"。

根据 BIOT 理论和实验数据，Sa Liming 等（2002）提出，当流体在固体颗粒中相对低速体中流动时，即流体被"锁在"岩石骨架中，衰减在最低水平面振幅最大，这种现象就是所谓的"共振"。当地震波穿过含流体或含气储层时，会产生低频能量的共振和散射，这就导致了相对高频能量来说较强的低频能量。基于之前的分析，我们采用之前基于 FFT 的频谱分解来分析单个时间窗的地震信号，并计算低频能量及它占总能量的比例，通过滑动的时间窗函数来得出低频能量数据体。应用基于小波变换的连续频谱分析方法，我们得到一系列单频能量和相位数据体，从这些数据中我们可以提取低频成分的特征。

　　在如图 6.1.19a 所示的模型中黑色区域为干层，红色区域为含油气层。由图 6.1.19b 中可见，由于流体的黏滞性和弥散性，使含油气层底界面的反射同相轴出现了时间延迟、主频降低及振幅衰减等现象，而干层底界面则未出现上述变化。

　　应用时频分析方法，根据地震数据的主频范围，分别选定 15Hz 低频和 45Hz 高频的单频剖面进行效果对比。在 15Hz 单频剖面（图 6.1.19c）中，含油气层顶、底界面的谱能量均相对较强，即谱能量上强下强；随着频率增至 45Hz 时（图 6.1.19d），其谱能量已明显降低，而油气层顶界面的谱能量相对底界面较强，即谱能量上强下弱。这反映出的是典型的低频阴影现象，而在不同频率的单频剖面中，干层底界面的谱能量则未出现上述相对变化。

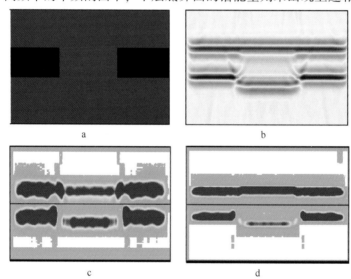

图 6.1.19　含油气地质模型的地震响应及谱分解（据杨璐，2013）
a—表示含油气地质模型；b—表示含油气地质模型的模拟剖面；
c—表示模拟剖面的 15Hz 单频剖面；d—表示模拟剖面的 45Hz 单频剖面

　　图 6.1.20a 和 b 分别为采用匹配追踪算法提取的 18Hz 和 32Hz 单频剖面。在 18Hz 单频剖面中，生物礁顶部表现为强能量，其正下方低频伴影也显示为较强的能量（图 6.1.20a 中箭头所示位置）；在 32Hz 单频剖面中，生物礁位置仍然显示为较强能量，但其下部伴影能量消失（图 6.1.20b）中箭头所示位置，可见低频伴影异常。测井和录井资料解释为气层，说明低频伴影方法用于生物礁含气性预测是有效的。

　　除了地震相识别技术、基于层拉平古地貌恢复识别技术、波形聚类技术、现代体属性技术，以及低频伴影技术之外，地震层属性分析、地层切片、三维可视化、波阻抗反演等技术对于包括生物礁在内的海洋勘探目标的识别也具有理想的效果。

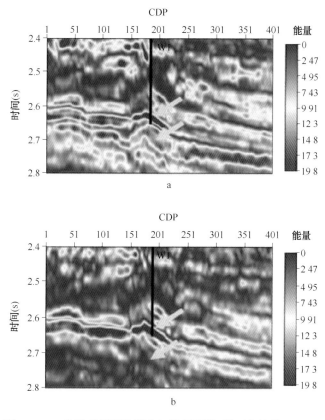

图 6.1.20　生物礁低频伴影含气储层预测（据石战战等，2014）

a—18Hz 单频剖面；b—32Hz 单频剖面

6.2　重力流沉积体系及其地震资料解释技术

沉积物重力流的研究随着深海、深湖环境油气资源的勘探成为现阶段沉积学领域研究的重点课题之一。沉积物重力流是指向深水环境中输送沉积物的主要过程。沉积物重力流之所以受到人们的重视，主要是具备下几个方面的特征：（1）重力流所携带的砂体在深海或深湖泥岩中沉积，成为烃源岩中的储集体；（2）重力流所形成的"块状砂体"成为油气储存的有利空间，其厚度大、分布广、砂质纯成为重力流储层勘探的重点；（3）"自生自储"模式使得重力流沉积砂体不但拥有持续的油气源供给，而且周围泥岩的封堵成为油气得天独厚的保存空间；（4）水平压裂技术的不断发展，储量可观的重力流储集层成为产量上升的另一突破点。基于以上几点，重力流沉积体系的研究不断的细化。

6.2.1　重力流沉积体系基本特征

6.2.1.1　重力流沉积体系定义

沉积物重力流（sediment gravity flow）是指砾、砂、粉砂、黏土等沉积物和水的混合物流的总称，也称为块体流（mass flow）或沉积物流（sediment flow）。沉积物重力流是借助重力从高处向低处流动，在流体力学上，重力流不符合牛顿流体定律。

6.2.1.2 重力流沉积体系分类

Middleton 和 Hampton(1976)按沉积物颗粒支撑机制可将沉积物重力流分为碎屑流、颗粒流、液化流和浊流等类型。Krishna(2000)将重力流分为以浊流为特征的牛顿流体和以碎屑流为代表的塑性流体两类。

碎屑流以沉积含砾或砾状砂岩、砾岩为主，多为杂基支撑。底面有冲刷擦痕，可见递变差的粗尾层理；上部可见块状层理，顶面为大颗粒突出的不规则面，分选差。颗粒流以中细砂岩沉积为主，含少量砾石，多发育递变层理、块状层理，底面附近存在反向递变，可见冲刷和注入构造。上部发育块状层理，顶面多为平顶。在颗粒流中，由于筛选机理的存在可形成反向递变构造。液化流也以中细砂岩沉积为主，基本不含砾石，以发育碟状构造、泥质纹层为特征，底面有冲沟、火焰状构造、负载擦痕构造，顶部发育旋卷纹层，流体逃逸"管"。浊流则以发育完整或不完整鲍马序列为特征，底部有槽痕、压刻痕，发育块状层理、递变层理、平行层理、斜层理、波状层理、负载构造等，顶面为波状或平顶。

根据流体密度、砂级颗粒含量和驱动力的差异，浊流分为低密度浊流和高密度浊流，但二者之间的划分标准不统一。许靖华教授(1979)认为，低密度浊流是以水为主、沉积物为辅的洪水在湖相中形成的；高密度浊流则是以沉积物为主、水为辅的海相浊流。Lowe(1982)则指出，低密度浊流由黏土、粉砂和细到中砂的质点在流体湍流作用下进行悬浮搬运，以鲍马序列的 B 段至 E 段为沉积特点；高密度浊流由黏土到细砾石的宽广质点组成。Shanmugam 认为高密度浊流应当是砂质碎屑流，而不是浊流。

高密度浊流和低密度浊流在流体的沉积环境、沉积物浓度、颗粒粗细等方面有明显的差异，沉积形成的岩石在岩性、沉积结构、沉积构造及沉积序列等方面都各不相同。Lowe 划分的低密度浊流形成的浊积岩是"经典浊积岩"，可以用鲍马序列来描述。一个完全鲍马序列的形成就是一次浊流由急流流动体制逐渐变为缓流流动体制的必然沉积结果。

6.2.1.3 典型沉积模式

6.2.1.3.1 深水扇

作为深水沉积的主体，深水扇形成于斜坡及以下的深海盆地。我们既无法对现代沉积进行直接观测，也很难进行实验模拟，对其沉积作用的研究很大程度上依赖于技术进步。深水扇储层预测远比我们想象的更复杂，甚至相反(Weimer 等，2000)。因此，迄今为止国内外研究人员在深水扇沉积作用的地质概念(Prabir Dasgupta，2003)和沉积模式等方面仍存在较大分歧，从而影响了油气勘探的成功率。

关于深水扇的概念、成因及沉积模式的研究时间较早，建立的模式较多，但目前尚无统一认识。如 Kuenen 和 Migliorini(1950)根据水槽实验及露头观察发表了论文"Turbidity currents as a cause of graded bedding(浊流是粒序层理成因)"，将深水沉积定义为递变层理，而浊流是将沉积物从浅水搬运到深水的重要载体，此后在浊流概念的基础上出现了一系列深水扇沉积和相模式。Bouma(1962)总结出了一次浊流在垂向上的层序特征，即著名的"鲍马序列"，被认为是浊积岩的标准层序而被广泛接受。经典的海底扇沉积模式，是 Walker(1978)在研究现代和古代深水扇沉积的基础上，采用了现代扇模型的主要单元及古代深水扇的相概念综合而成的"浊积扇"模式(图 6.2.1)。该模式将扇体划分为上扇、中扇和下扇 3 部分，上扇发育单一的主要供给水道，中扇发育网状分流水道及相关的溢岸沉积，下扇主要发育舌状或席状砂。在这之后 Vail(1987)认为深水扇沉积主要发生于低位体系域中，是在相对海平面下降及上升早期形成的，由先后形成的盆地扇、斜坡扇和低位进积楔构成，为深水扇的形成提出了较合理的解释、概念和理论模式。Reading 和 Richards（1994）在海底扇、海底斜坡和斜坡裙 3 类大陆边缘深水沉积环境的基础上，根据点物源、线物源和多物源物源供给系统特征和泥、砂泥、砂、砾 4 级沉积物粒度，划分出富泥、富砂和富砾的点物源水下扇、线状物源水下扇和多物源水下扇 12 种类型。Shanmugam（2000）提出了与流行观点相反的砂质碎屑流沉积模式，适合于盆地和斜坡沉积环境，以非水道化和水道化的两类碎屑流为主，形成的块状水道化砂体是分布广泛的重要油气储层。

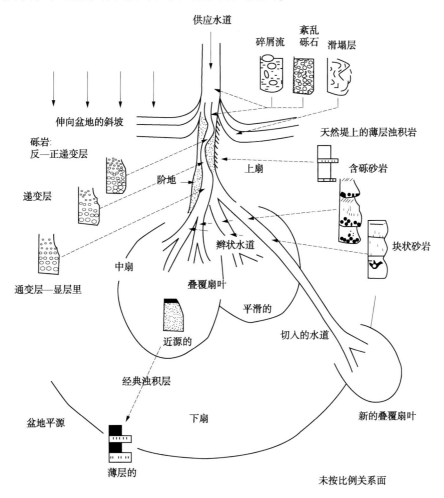

图 6.2.1　Walker 建立的深水扇沉积模式图（据 walker，1978）

6.2.1.3.2　块体搬运体系

在深水环境中，块体搬运体系（Mass Transport Depositions，简称 MTDs）是一种常见的沉积物搬运机制，主要包括滑动、滑塌和碎屑流等重力流过程及其沉积物，构成了深水沉积物的重要组成部分（图 6.2.2）。自美国的 Gary L. Peterson（1965 年）提出以来，已引起了国内外许多学者的普遍关注。调查结果显示，沿着绝大多数的深水边缘，块体搬运体系的发育相当普遍。例如，墨西哥湾西北部的 Brazos-Trinity 区的 4 号盆地，50% ~ 60% 的深水层序由MTDs 组成；南海南部文莱边缘的深水区，沉积层序中包含了约 50% 的块体搬运体系；尼日尔近岸外也有 50% 左右的块体搬运体系，并且在某些地区，块体搬运体系组成了差不多

90%的层序；特立尼达东部岸外第四系沉积层序中包含了近50%的块体搬运体系。

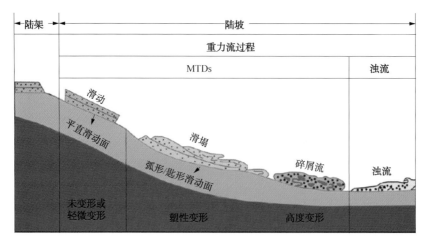

图6.2.2 块体搬运体系形成过程示意图(据秦志亮，2012)

块体搬运体系无论是在被动大陆边缘还是主动大陆边缘都经常发生。与陆架地区相比较，陆坡区具有较大的坡度和强烈的地质作用，如地震、水合物分解和超压异常等。陆架边缘和陆坡区的高沉积速率与超压在块体搬运体系中起着重要的作用。因此，块体搬运体系不仅涉及深水油气开发的商业利益，而且还对沿海地区的社会和海洋工程安全影响巨大。

根据块体搬运体系的搬运过程和受力特征，一般可将其划分为3个结构单元(图6.2.3)。

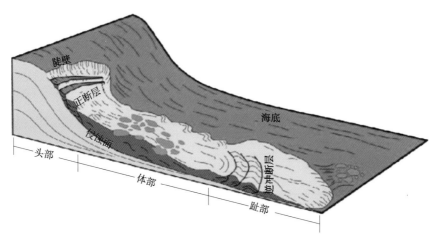

图6.2.3 块体搬运体系的结构示意图(据王大伟等，2009)

头部拉张区域，在块体搬运体系的头部，岩体受拉张作用而发生崩塌，一般发育上倾陡崖或犁式正断层，失稳物质在重力作用下沿陆坡向下搬运，并发育侧面陡壁；体部滑移—挤压区域，随着地形的逐渐平缓，碎屑物质的动能达到最大并开始有减小的趋势，携带物质逐渐发生沉积；趾部挤压区域，块体搬运体系逐渐失去动能，携带物质边流动边沉积，具有塑性流体特征。挤压作用是块体搬运体系趾部的主要受力特征，因此会发育许多由挤压而形成的长条形塑性沉积体—挤压脊或逆冲断层构造，呈平行或亚平行分布，并与沉积物搬运方向垂直。

6.2.2 重力流沉积体系地震资料解释技术

6.2.2.1 地震层属性分析技术

地震信号的任何物理参数变化总是通过地震道形状的变化来反映与表现,地震波形的变化定量为从一个采样点到另一个采样点采样值的变化。由于地层的变化必然引起反射特征或地震属性的横向变化,而地层尖灭点往往就对应着变化点。属性分析的实质就是在平面上对变化点进行分析和归类,排除干扰,综合判别出最能反映砂体尖灭点的点集。由于平面属性更具有可识别的规律性,同时更容易体现细节变化,因此在寻找岩性油气藏中属性分析比剖面解释具有更高的"分辨率"。

地震属性能够反映地下地质体的特征,但是地震属性与地下地质体之间并不存在一一对应的关系。实际上地震属性大多数情况下是地下构造、地层、岩性和油气等综合因素的反映,不能简单地说单独某个属性就是指地质上的某一具体特征。认真地剖析每一类地震属性所能反映的地质含义,对于要进行的地震属性分析是非常重要的。这里把地震属性分为 5种:振幅统计类、瞬时类参数、频能谱类、层序统计类、相关统计类。通过分析,从几十种地震属性中优选了 10 种可能与砂体展布和油气聚集相关的属性,其中:均方根振幅和平均振幅可能反应有关地层或流体的变化,只是对不同参数的敏感程度不同;平均反射强度、平均瞬时频率和平均瞬时相位都是复数道地震信息;频率序列 F1 频率(0~20Hz)、F2 频率(30~60Hz)、F3 频率(20~30Hz,大于 60Hz)、弧线长度为频谱信息,通过对频率成分的对比分析,可能揭示含油气吸收衰减引起的频率变化,弧线长度可用于区分具有相同振幅特征,但有高低频之分的地层情况,在砂泥岩互层中可识别富砂或富泥的地层;能量半衰时是地层层序特征,反应能量衰减的快慢,对于油气识别很有帮助。

利用地震属性可以很好地识别深水扇,由于深水扇对下伏地层有明显侵蚀下切,代表重力流形成时的强水动力环境,可以发育多期次海底扇朵叶,砂体反映在振幅属性上的形态可分为扇形和非扇形,水道以及扇朵叶特征明显(图 6.2.4 和图 6.2.5),其主水道显示为局部下切水道充填形态,中扇表现为宽缓下切水道形态。

振幅属性对于块体搬运体系(MTDs)也具有理想的识别效果,块体搬运体系趾部会出现多种挤压构造,在地震属性上表现为挤压构造连续的弧形向下坡方向凸出(图 6.2.6)。逆冲断层系统常出现在斜坡下部的末端,或在块体搬运体系的侧翼,趾部逆冲结构一般厚度较大,有的达到数百米。

6.2.2.2 地层切片技术

自 20 世纪 90 年代起,大量研究证实地震地貌学是沉积成像研究的有力工具。地震地貌成像是沿沉积界面(地质时间界面)提取振幅,反映地震工区内沉积体系的展布范围。地层切片技术就是以追踪的两个等时沉积界面为顶、底,在顶、底间等比例地内插出一系列的层位,再沿这些内插出的层位逐一生成切片。

传统的用以提取地层信息的切片方法包括等时切片和沿层切片。时间切片是按某一固定时间或深度沿垂直于时间或深度轴的方向对地震数据体切割形成切片,一般应用于断层的扫描和圈闭的识别,常见有振幅时间切片和相干体时间切片。沿层切片是沿着或平行于地震解释层位、限定的时间或深度间隔切割的地震数据切片,一般用于储层预测。然而对于沉积相分析而言,这两种方法都有局限性。时间切片只有在地层呈水平席状分布时才具有地质时间界面的意义。沿层切片适用于席状倾斜的地层。地层切片考虑了地层厚度变化,克服了地层

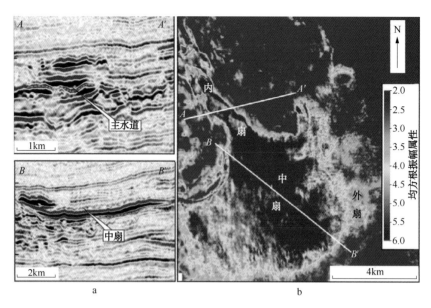

图 6.2.4 莺歌海盆地深水区典型深水扇地震反射特征及均方根振幅属性(据钟泽洪等, 2013)

a—表示海底扇地震反射特征; b—表示海底扇均方根振幅属性

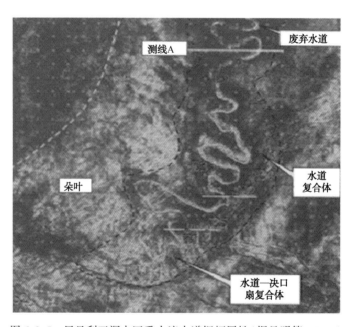

图 6.2.5 尼日利亚深水区重力流水道振幅属性(据吕明等, 2008)

构造样式的影响, 在沉积楔状体和生长断块中都可以获得正确的切片。其以等时层序地层格架为基础, 以等时地层界面为限定条件, 在界面之间等比例内插得到一系列具有等时沉积界面的层位, 进而应用内插出的层位制作切片。图 6.2.7 显示了 3 种切片方式的实现方法, 从图示可以看出地层切片比时间切片和沿层切片更具有地质等时意义。

(1)时间切片: 按同一时间深度沿水平方向对地震数据体切割形成的切片, 一般应用于断层的扫描, 常见有振幅时间切片和相干体时间切片(图 6.2.7a)。

图 6.2.6　文莱深水区块体搬运体系均方根振幅属性（据 McGilvery，2004）

（2）沿层切片：沿地震解释层位、限定的时间间隔切割的地震数据切片，一般用于储层预测（图 6.2.7b）。

（3）地层切片：这种切片属于地震沉积学研究范畴，它是沿等时面对地震数据体切割而成，对构造地质体的预测和描述非常有利，可以对研究区内沉积微相展开研究（图 6.2.7c）。

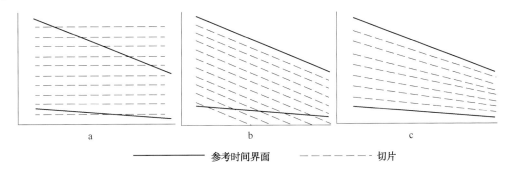

图 6.2.7　时间、沿层和地层 3 种切片示意图
a—时间切片；b—沿层切片；c—地层切片

利用地震资料提取相干体地震属性，并沿层序界面进行地层切片，开展复合水道间的平面分布特征研究。由于地层切片技术充分考虑了沉积速率随平面位置的变化，比时间切片和沿层切片更加合理而且更接近于等时沉积界面，在复合水道体系顶底界面内提取相干体地层切片，自下而上选取了可以反映复合水道平面展布演化的 6 张相干体切片（图 6.2.8a~f）。由图可以看出，在复合水道底部，水道轮廓比较模糊，边界不明显；自下而上，水道的边界逐渐清晰，复合水道多期次的特征也逐渐显示出来（图中蓝色虚线为复合水道体侵蚀边界）。在 3 号、4 号两个相干体切片中，多期水道在切片中显示出来，并且同一期次水道整体轮廓可以大致连接起来。再结合地震剖面，将每期水道完整地识别出来。4 号和 5 号相干切片，复合水道中的单个水道的边界清晰可见。6 号切片显示复合水道充填结束时的平面分布特

征，虽然被细粒沉积物和远洋泥所充填，但依然可以看出水道的轮廓，并且在水道的边部，发育许多沟槽(图6.2.8f中的红色部位)，是现今海底地形中水道再次发育的开始。

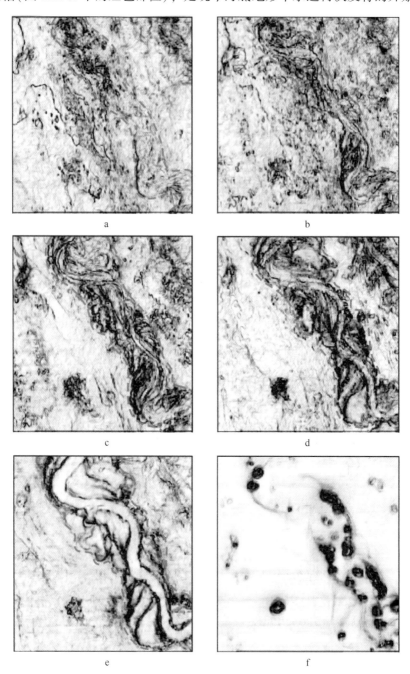

图 6.2.8 尼日利亚深水区复合水道相干体属性地层切片(据孙立春等，2014)

a—1号切片；b—2号切片；c—3号切片；d—4号切片；e—5号切片；f—6号切片

块体搬运体系(MTDs)通常向下坡方向延伸，且在平面图上有相当大的变化(图6.2.9，图6.2.10)。沉积物的范围基本反映了失稳区域的规模、盆地的边界，以及沉积物向下坡方向搬运的距离。块体搬运体系厚度的变化可以从几米到几百米不等。一般块体搬运体系的顶面不规则，通常被水道、漫滩、席状砂所覆盖。在陆坡盆地，浊积岩与块体搬运体系往往形成交互层。充填陆坡盆地沉积物卸载后，来源于翼部的块状块体搬运体系可以充填整个盆地。滑坡体可以被水道、天然堤或深海沉积物所覆盖。因此，块体搬运体系的顶面经常被水道系统和底流改造。

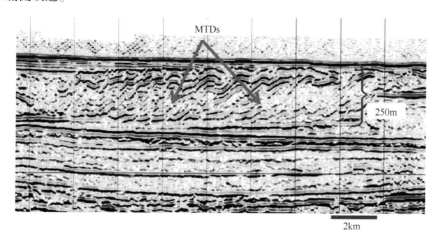

图 6.2.9　特立尼达海域块体搬运体系（MTDs）地震剖面（据秦志亮，2012）

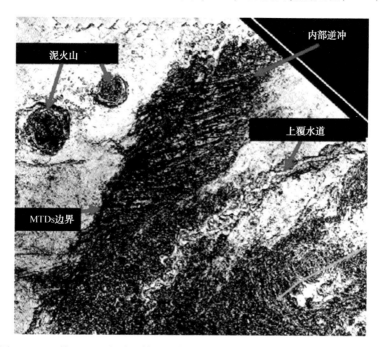

图 6.2.10　特立尼达海域块体搬运体系（MTDs）地层切片（据秦志亮，2012）

6.2.2.3　分频处理技术

不同尺度的地质目标对地震信号的不同频率成分敏感程度不同，很多地区沉积韵律层单层的时间域特征尺度小于地震子波的主波瓣长度及子波有效长度，因此多个波阻抗界面产生的子波叠加效应和鸣振效应使得地震道并不能直观反映界面位置和地层组合特点。另一方面，由于地层对地震信号的调谐和吸收作用，不同的地质目标对地震资料的不同频率成分的敏感程度不同。例如，深层目标和单层厚度较大的韵律层突出低频成分，浅层目标和单层厚度小的韵律层则突出高频成分。因此，利用地震信号的特定频率或频带信息来突出地质目标的成像效果一直是石油物探技术研究领域的期望。在地震资料解释过程中，解释人员可以充分使用不同频率响应特点的数据，选择能够充分揭示地质目标的频率信号响应特点的单频带数据体。特别是在互层状沉积韵律情况下，单频处理的数据可以在有效的地震频带内，降低子波叠加和鸣振效应造成的成像模糊，最大限度地突出薄层响应，使得薄层成像清晰；不仅可以提高纵向分辨率，横向上也更突出了地层的横向变化和边界点，有利于对储层的识别和追踪，以及对储层展布规律的认识。

常规分频处理的方法包括离散傅里叶变换、小波变换和S变换等。由于小波变换在时间域和频率域中都具有表征信号局部变化的能力，高时间分辨率具有较低频率分辨率，低时间分辨率具有较高频率分辨率，对信号的动态瞬时分析十分有利。因此通常情况采用小波变换构建分频处理函数。根据褶积公式，信号 $f(t)$ 的小波变换公式为

$$f(a, b) = \frac{1}{\sqrt{|a|}} \int_{-\infty}^{+\infty} f(t) \Psi * (\frac{t-b}{a}) \mathrm{d}t = f(t) * [\frac{1}{\sqrt{|a|}} \Psi(-\frac{t}{a})]$$

式中，$f(t)$ 的小波变换结果，为 a 和 b 的函数；t 为时间；a 为时间轴尺度伸缩因子；b 为时间平移因子，Ψ 为母小波函数的共轭函数；$*$ 代表褶积符号。

在小波变换中，由于母小波对应于带通滤波器，因此小波函数就对应着一组不同尺度的带通滤波器。从信号处理的角度上看，小波变换是用一组不同尺度的带通滤波器进行信号滤波，将信号分解到一系列不同的频带上进行分频处理。

理想情况下，地震信号可以看成是雷克子波与地层反射系数褶积的结果，也就是说，地震信号是由不同幅度的雷克子波互相叠加的结果。以雷克子波为信号，进行小波变化下的分频处理。在对雷克子波进行各个频率的分频处理中，发现某个频率段分频处理后雷克子波形特征十分清晰，能量相对较强，分辨率较高，即雷克子波信号分频处理存在优势频段。对峰值频率为20Hz的雷克子波进行分频处理，采样间隔是1ms，分频频率从1Hz提高到100Hz。从20Hz雷克子波分频处理波形图上可以看出（图6.2.11），当分频处理频率在27~35Hz时，处理后雷克子波的波形特征十分清晰，能量也很强，分辨率得到提高。低于27Hz，处理后雷克子波随着频率的减小能量逐渐减弱，波形逐渐模糊，分辨率逐渐下降；高于35Hz，处理后雷克子波随着频率的增大能量逐渐减弱，波形逐渐模糊，分辨率逐渐下降，直至波形难

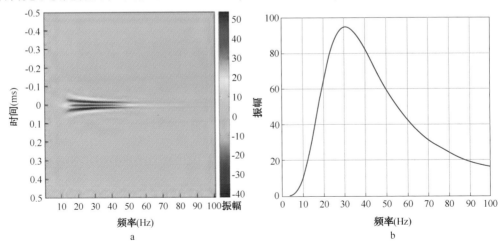

图 6.2.11　20Hz 雷克子波分频处理波形及不同频率极大振幅变化规律

a—雷克子波分频处理波形与频率关系；b—不同频率极大振幅变化规律

以分辨。通过分析发现，对固定峰值频率的雷克子波进行分频处理，能在某个频段范围内达到最佳处理效果。该频率段为雷克子波分频处理的优势频段，其对应于相对振幅最大的频率段。

优势频率范围内地震分频处理后水道和海底扇识别能力更强，分辨效果得到改善。然而，仅仅通过优势频段内分频剖面识别并不能充分展示分频解释的优势。本文将优势频段内分频处理剖面拓展至三维空间，结合地震属性分析进行储集体预测，从而在平面上进一步展示分频处理对水道及海底扇储集体的解释效果。

以目的层砂组顶、底界面为时窗，提取瞬时振幅属性。相对于原始数据体，优势频段内目的层瞬时属性对水道的刻画更加细致（图6.2.12）。以原始数据为载体提取的瞬时振幅属性所展示的海底扇主水道在末端发生中断，连续性较差，展布方向不明确；原始数据分析得到的主水道能量较弱，内幕细节不清晰，边界由于蓝色阴影干扰而无法准确识别。而以优势频段内分频处理数据为载体提取的瞬时振幅属性主水道末端展布方向更明确，特征更清晰；主水道宽度更大，内幕细节更清晰，内部能量更强，分辨率更高，边界范围也更清楚。

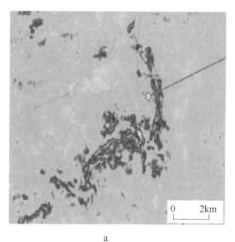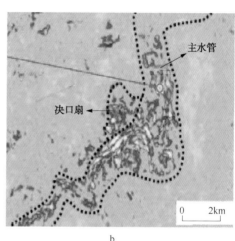

图6.2.12　西非深水区原始数据与分频处理优势频段属性对比（据刘静静等，2016）

a—表示原始资料瞬时振幅属性；b—表示分频处理优势频段资料瞬时振幅属性

以深水扇沉积为研究对象，按照层间属性提取的方法，以目的层解释层位为研究时窗，进行均方根振幅属性分析，并与常规数据体层间属性进行对比，以原始地震资料为载体的属性分析图无法识别出深水扇（图6.2.13a），而以经过分频处理后的优势频段数据为载体的属性分析可以清楚地识别出深水扇的边界（图6.2.13b），且内部细节刻画得也较清晰，充分展示其分频处理后在优势频段内的平面属性效果。

6.2.2.4　三维可视化技术

三维可视化是为适应目前大数据量三维地震资料解释和评价工作需求而发展起来的一项地震资料解释技术，传统的解释技术是把三维地震资料当作加密的二维地震资料进行解释，因而信息利用率低，解释成果质量不高，且工作效率很低。而三维可视化解释技术充分利用了三维地震资料分辨率高、空间连续和零闭合差等特性。通过全三维解释形成地质认识，并通过层面可视化评价三维空间中的层面，从而大大提高了地震资料解释工作的效率和成果精度。三维可视化技术可广泛应用于三维数据体评价、断层解释、全三维构造落实、储盖层研究和地质建模等方面的工作。

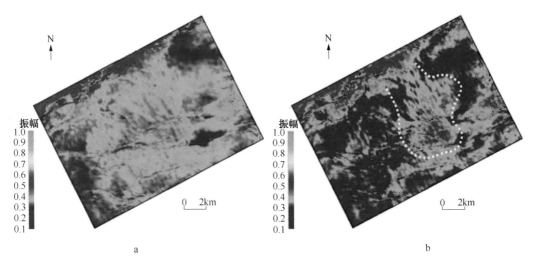

图 6.2.13　西非深水区原始数据与分频处理优势频段属性对比（据刘静静等，2016）

a—表示原始资料均方根振幅属性；b—表示分频处理优势频段资料均方根振幅属性

三维可视化技术的基本原理是通过对地震数据作透明度调整和立体显示，在三维空间中对地下反射界面的地震反射率作直接评估。简单地说，就是将地震道曲线的振幅值大小用一定的颜色来表示，从而使单个三维地震道数据体变成一个用不同的颜色体（通常称为体素）来代表的数据体。其中体素是一个三维图像，它的大小等于面元的间距和采样间隔控制的小三维体。在以体素为基础的可视化中，每个数据采样点都被转换成一个体素，每个地震道转换成一个体素队列。除了时间和振幅值外，每个体素还有一组对应于原三维数据体的值，这个值是一个 RGB（红、绿、蓝）颜色值和透明性变量。通过不透明性变量可以对透明度进行调节。而透明度是由可视化体素显示的，与基于地震数据体提取的信息完全不同的一种新属性，透明度的调节根据地震资料振幅值分布的统计特性进行。对于三维数据体通常看到的是外围和周边的资料，内部的现象被遮挡。如果采用透明的盒子，其内部也就清楚了。三维可视化引入了这一思路，根据地球物理勘探的基本原理，对于同一类型的地质体其地震属性应相同或相近，因此将三维地震资料各样点的属性按其数值大小，分别赋予不同的透明参数。通过调节地震数据体的透明度参数曲线来直接评价三维空间中地下界面的地震反射，如果把强振幅透明，看到的是弱振幅反映的地质现象；如把弱振幅透明，看到的是强振幅反映的地质现象，从而达到研究其内部地质体展布形态的目的。

地震三维可视化技术用综合处理和透视技术以通俗易懂的方式显示复杂的数据，利用三维可视化技术，对三维数据整体浏览搜索。通过调节显示数据的时间厚度，锁定沉积体所在位置，可发现深水沉积水道（图 6.2.14，其中暗色代表弱振幅，亮色代表强振幅）。通常情况下，水道轴部多为高砂泥比的块状砂所充填，边缘充填则具有低砂泥比特征；反映在地震响应上，粗粒富砂对应强振幅，细粒富泥对应弱振幅，这种特征在图 6.2.14 得到很好印证。即曲流水道的轴部表现为强振幅，而水道边缘为弱振幅。

由于块体搬运体系（MTDs）多在深水区发育，人们难以直接观察到其形成过程，块体搬运体系的研究可以利用三维可视化技术，通过海底形态学和沉积物变形理论对其形成机理和发育过程进行推测。图 6.2.15 展示了文莱深水区块体搬运体系的几何形态。从物源区开始，沉积物在重力作用下沿陆坡搬运，滑塌的同时部分搬运物质也不断沉积。图中左侧存在一个明显的陡壁，标志着块体搬运体系的侧面边界。陡壁右侧（中部）的平行、亚平行旋转和逆冲断块，形成挤压脊构造。右侧是一个混杂地形区域，反映了块体搬运体系内部沉积物的杂乱无序，并出现一系列不连续的块体。块体搬运体系顶部通常会受到水道和底流的改造，其几何形态也很不规则，一般被水道、漫滩和席状砂覆盖。

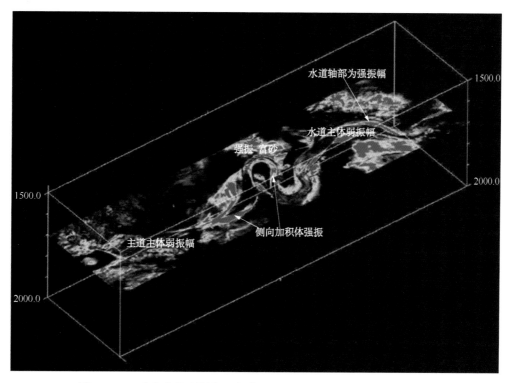

图 6.2.14　琼东南盆地深水区水道三维可视化图（据袁圣强等，2010）

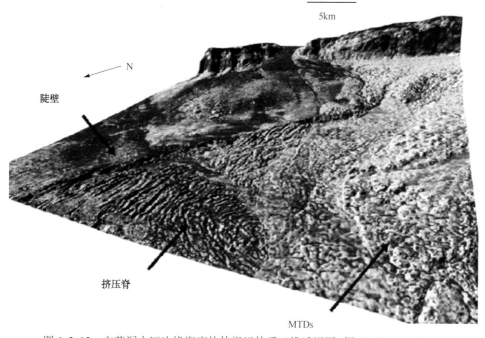

图 6.2.15　文莱深水区边缘海底块体搬运体系三维透视图（据 McGilvery，2003）

6.2.2.5 叠前属性分析技术

常规地震属性对构造和地层较为敏感，振幅随炮检距变化（AVO）对地层岩性、孔隙度和流体成分的变化敏感，因此，有限炮检距体产生的图像也具有这种敏感性，一般构造在近炮检距范围的 AVO 效应最大，而岩性和地层流体在较长炮检距范围的 AVO 效应最大。

传统 AVO 分析中，一个步骤是对全部振幅或者所有入射角的地震振幅拟合一条参数曲线，比较稳健的拟合曲线参数估算值；有时也可以用拟合短分析时窗内的振幅或者包络最大值曲线的方法求取。近些年，AVO 属性研究的目标多是薄层调谐对确定 AVO 振幅的作用，下伏 AVO 现象对薄层调谐空间的影响要求对全部炮检距或者所有角度的地震波形进行分析。

有限炮检距和有限角度叠加 AVO：不同的炮检距（入射角）不但照亮不同的地质构造，而且对平地质体的地震反射率也有影响。因此，应用有限炮检距或有限角度叠加衍生的地震属性体（常规的振幅属性、相干属性、加权能量相干振幅梯度等），结合常规 AVO 分析，能够比全炮检距叠加数据体更好地刻画油气藏边界和岩性界面。

有限方位叠加 AVO：当地下存在一定规模的平行排列的直立或近于直立的裂隙带时，垂直裂隙走向地震属性衰减最快，平行裂隙走向纵波地震属性衰减最慢。地震波在 HTI 介质传播时，其反射振幅、速度、频率和衰减与传播的方位相关（AVAz，VVAz，FVAz 等），即与裂隙的走向和密度有关。利用这个原理，利用叠前地震资料提取方位地震属性如振幅、方位速度、频率、衰减等就可以检测 HTI 或近似 HTI 型的裂隙。

图 6.2.16 和图 6.2.17 为南海某区域利用叠前属性进行储层及含气性预测放的应用效果。纵波速度对气的敏感度较高，少量的气就可以使纵波速度明显降低；而横波速度对地层含气并不敏感，地层含气仅使横波速度略微降低，因此地层含气会造成纵横波速度比下降（图 6.2.16）。$P * G$（碳烃检测剖面）多数情况下，油气的存在使反射振幅 P 和梯度 G 都会增大，因此 $P * G$ 可使能量更突出，高值区表明 AVO 增加区域，可暗示有油气存在（图6.2.17）。

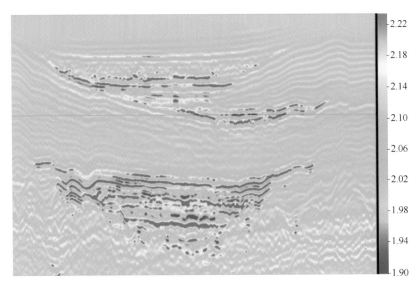

图 6.2.16　南海某区域大型水道 $v_\mathrm{P}/v_\mathrm{S}$ 剖面

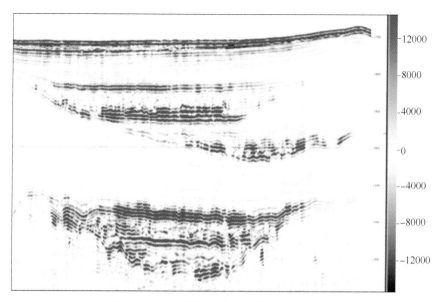

图 6.2.17 南海某区域大型水道 $P * G$ 剖面

6.2.2.6 多波多分量地震资料解释技术

随着勘探难度的增加和对岩性勘探要求的日益提高，以纵波勘探技术为依托的传统三维地震勘探已经难以应对勘探过程中遇到的诸多新问题的。在这样的背景下，多波多分量地震勘探技术在近年来得到了迅速的发展。所谓多波多分量勘探是指利用三分量检波器同时记录地震纵波（P波）、横波（S波）和转换波（P–S波）信号，并进行相应的资料处理和解释工作。相比以记录纵波为主的传统勘探方法，该技术能够获取更丰富的波动信息，在描述储层参数和空间展布、预测裂缝发育程度、研究储层含气性等方面表现出明显的优越性。在国外，多分量地震勘探首先在海上石油勘探中取得成功，国内在多波地震技术方面的技术水平与国外的差距还比较大，多波地震还一直处于试验应用阶段，离商业化应用还有一段距离。多波多分量地震资料解释研究的重点主要集中在以下几个方面。

6.2.2.6.1 纵横波联合标定

纵横波联合标定主要是确定纵波反射面和横波转换面的地质属性，并对比分析纵波反射面和横波转换面的相互关系，以此确定各地层分界面的纵横波波组特征和对比原则。纵波合成地震记录制作方法不能直接用于转换波，转换横波反射系数与入射角有关，不存在自激自收的转换波，实际的转换波记录是多个入射角共转换点道集的叠加。即使同一口井中既有纵波声波测井资料，又有横波测井资料，如何得到与叠后转换波剖面直接对比的转换波合成记录，一直缺少理论上的支持和相应的技术手段。

全波列测井合成记录层位标定法与三分量 VSP 层位标定法是国际上普遍采用的多波层位对比方法。在缺少井数据时，层位对比的难度较大，同一地层的 PP 与 PS 反射波同相轴往往存在较大的差异，两种波极性正、负的对应也没有统一标准，所以直接进行层位对比存在困难。Lawton 等提出在没有全波列测井和三分量 VSP 数据时，利用纵波测井资料与用户输入的纵横波速度比，模拟一定炮检距的 PP 与 PS 波合成记录，进行层位对比；当没有纵波测井数据或层位反射波离井较远时，Gaiser 提出用叠后局部标定的方法解决多波反射层位的匹配问题；贺振华等较系统地总结了多波层位识别的主要原则和方法，提出了多波层位对比五大原则。

6.2.2.6.2 纵横波匹配

纵横波匹配是纵横波联合解释和纵横波叠后联合反演的关键。在纵波和转换波标定的基础上，对纵波和转换波进行时间压缩或者拉伸，对振幅进行标定，对频率及相位作校正处理。目前纵横波时间匹配主要还是采用人工拾取特征反射层位，然后进行自动压缩拉伸处理。人工拾取反射层存在一定的不足，在一些层间"小层"或者"杂乱"层上很难对应。在主要反射层位控制下的基于目标函数反演获得的纵横波速度比在时间标定上具有更高的精度，目前已引起人们的广泛关注。振幅标定主要基于测井资料的合成地震记录，频率处理主要通过频率滤波使其频率在一个相近的范围内。

6.2.2.6.3 纵横波联合反演

纵横波联合反演虽然没有得到广泛应用，但已取得了相对长足的进步：1990年，卡尔加里大学 CREWES 研究小组创始人 Stewart（1990）利用 Gardner 公式扩展了 Smith 等提出的P-P 波反射系数加权叠加近似方法，建立了 P-P 波与 P-SV 波联合反演方程；Larsen（1999）进一步研究了同时反演纵波波阻抗和横波波阻抗的联合反演方法；Mahmoudian 等（2004）和Veire 等（2006）分别利用分解手段和最小二乘方法实现了联合方程下的三参数反演，并给出了在实际数据中的对比应用结果；孙鹏远（2004）提出了基于 P-P 波与 P-SV 波属性的联合反演思路，黄中玉等通过数值模拟证实了联合反演方法的可行性。张春涛等（2010）通过 Aki的纵横波反射近似公式联合消元建立两参数联合反演方程，避免了纵波与密度相关性不强造成的误差，之后侯栋甲等（2014）建立了基于贝叶斯理论的多波联合反演方法。

纵横波联合反演依据其原理和实现方法的不同可以分为叠后 P-P 波与 P-SV 波联合反演、基于 AVO 属性的 P-P 波与 P-SV 波间接联合反演、三参数 P-P 波与 P-SV 波直接联合反演、两参数 P-P 波与 P-SV 波直接联合反演 4 种。

6.2.2.6.4 全波属性分析

多波属性是指由纵波和横波同时作为源数据而提取的地震属性，如采用纵、横波叠前或叠后联合反演、数据融合等手段，获取除纵波属性、横波属性以外的地震属性，包括纵横波速度比、时间比、泊松比、吸收特征、AVO、弹性阻抗等。全波属性是指由纵波属性、横波属性、多波属性及融合、交会生成的全部地震属性。

利用传统的沿层属性和体属性分析技术，对纵波数据体、转换波数据体及纵横波联合反演数据体，提取主要目的层的地震属性并进行分析。也可采用体交汇、多体融合显示和多体解释技术，同时提取纵波和转换波及纵横波联合反演成果中具有某种特定规律的属性。

6.2.2.6.5 裂缝预测

自 20 世纪 80 年代 Crampin 等提出并证实了裂隙诱导各向异性和横波分裂的存在并提出了 EDA（Extensive Dilatancy Anisotropic，扩容性各向异性）介质模型以来，国内外学者就裂隙介质的多波多分量地震响应开展了大量研究。Alford 提出用坐标旋转分析方法从地面多分量与 VSP 数据中提取裂缝信息，该方法也是目前从多分量地震资料中解释地层各向异性信息用得最多的方法。Vintersten 等提出在地层存在不同深度的多套裂隙系统时，用剥层法进行横波分裂分析。但是剥层法的应用常常受到储层条件的限制，如当目的层为薄层时，顶底界面的快慢波时差往往难以提取；另外静校正的误差可导致假的时移，使得目的层各向异性信息难以准确提取，其中以发育裂缝的薄层各向异性信息检测最为困难。大量的含裂缝薄层波场的理论数值模拟证明，薄层的快慢波差异很少表现为时差的明显变化，主要反映在振幅与频率特征上；而各向同性薄层的反射系数同时受薄层厚度、入射角与频率的影响，累加各向异性裂缝信息后波场更为复杂。通常反演的参数增加，必然导致反演结果的不确定性增高。

目前，海上多波多分量地震勘探正逐渐趋于成熟。北海地区的 Alba 油田是应用多波多分量进行勘探取得良好效果的典范，利用 P-S 转换波（图 6.2.18b）的地震解释发现了纵波（图 6.2.18a）难以识别的含油饱和河道砂岩，进而从根本上改变了对该区域的油藏构造认识。

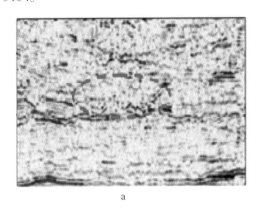 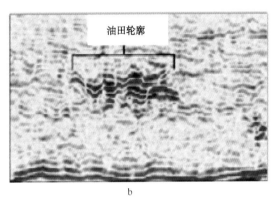

图 6.2.18　北海 Alba 油田多分量地震勘探实例（据刘海波等，2007）
a—纵波剖面；b—转换波剖面

6.3　天然气水合物及其识别技术

在石油即将耗尽的现代，科学家积极地寻找有效的替代能源，近年来在海中发现的大量天然气水合物固体。世界上 90% 以上的天然气水合物分布于板块聚合边缘大陆坡、离散边缘大陆坡、水下高地等大陆边缘海底的砂砾中，包括沟盆体系、陆坡体系、边缘海盆陆缘，尤其是与泥火山、热水活动、盐（泥）底辟及大型断裂构造有关的深海盆地中，分布面积达 $4 \times 10^7 \mathrm{km}^2$，约占地球海洋总面积的 1/4。因此从能源的角度看，天然气水合物是 21 世纪最具开发前景的替代能源。开发天然气水合物资源，对我国宏观能源战略决策和可持续发展具有重大的现实意义。发展天然气水合物勘探技术，准确分析天然气水合物的分布和蕴藏量，对我国天然气水合物产业的建立有至关重要的作用。

6.3.1　天然气水合物的基本性质

天然气水合物是一种由水分子和气体分子组成的似冰状笼形化合物，其外形如冰晶状，通常呈白色（图 6.3.1），它广泛分布于大陆边缘海底沉积物和永久冻土层中。它的分子式可以用 $M \cdot nH_2O$ 来表示，式中 M 表示"客体"分子，n 表示水合系数。在这种冰状的结晶体中，甲烷（CH_4）、乙烷（C_2H_6）、丙烷（C_3H_8）、异丁烷、常态丁烷、氮（N_2）、二氧化碳（CO_2）和硫化氢（H_2S）等"客体"分子充填于水分子结晶骨架结构的孔穴中，它们在低温高压（$0℃ < T < 10℃$，$p > 10\mathrm{MPa}$）条件下通过范德华力稳定地相互结合在一起。由于天然气水合物中通常含有大量的甲烷或其他碳氢气体分子，因此极易燃烧，所以有人称之为"可燃冰"。它在燃烧后几乎不产生任何残渣和废弃物，是一种非常洁净的能源。

a   b

图 6.3.1　钻获天然气水合物样品及其燃烧照片
a—钻获的天然气水合物；b—燃烧的天然气水合物样品

　　自然界的天然气水合物并非都是白色的，它还有许多其他的颜色。如从墨西哥湾海底获取的天然气水合物，它们呈现绚丽的橙色、黄色，甚至红色等多种很鲜艳的颜色；而从大西洋海底取得的天然气水合物则呈灰色或蓝色。赋存于天然气水合物的一些其他物质（如油类、细菌和矿物等）都可能对这些色彩的产生起关键作用。

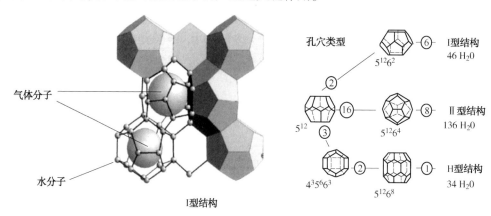

图 6.3.2　天然气水合物晶体结构类型（据公衍芬等，2008）

　　天然气水合物按产出环境可以分为海底天然气水合物和极地天然气水合物；按结构类型可分为 4 类（图 6.3.2），即 I 型、II 型、H 型和一种新型的水合物（它是由生物分子和水分子生成的）。I 型结构的水合物为立方晶体结构，其笼状格架中只能容纳一些较小分子的碳氢化合物，如甲烷（C_1）和乙烷（C_2），以及一些非碳氢气体，如 N_2、CO_2 和 H_2S。I 型结构的水合物是由 46 个水分子构成 2 个小的十二面体"笼子"以容纳气体分子，I 型水合物中的甲烷主要是生物成因气。II 型结构的水合物为菱形晶体结构，其笼状格架较大，不但可以容纳甲烷（C_1）和乙烷（C_2），而且可以容纳较大的丙烷（C_3）和异丁烷（iC_4）分子。H 型结构的水合物，为六方晶体结构，具有最大的笼状格架，可以容纳分子直径大于 iC_4 的有机气体分子。II 型水合物和 H 型水合物中的烃类主要来源于热成因，常与油气藏的渗漏有关。II 型和 H 型结构的天然气水合物比 I 型的要稳定得多，它们可以在较高温度和较低压力下保持稳定，但自然界的天然气水合物以 I 型为主。

天然气水合物的形成取决于温度、压力、水离子能及气体组成和含量，甲烷水合物形成所需压力—温度如图 6.3.3 所示。

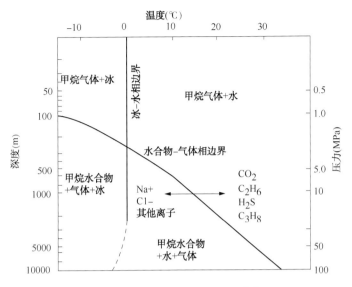

图 6.3.3　甲烷水合物相位图（据公衍芬等，2008）

甲烷水合物在高于 15℃ 时，只在高压（$p>10\mathrm{MPa}$）下稳定．较低压力条件下，甲烷水合物形成需要较低温度（如 $p<6\mathrm{MPa}$；$T<10℃$）。在一定温度压力条件下，相边界取决于气体组成和水离子能。在给定压力条件下，CO_2、H_2S、乙烷或丙烷将增加甲烷水合物稳定区域，使稳定曲线向更高温度方向移动；孔隙流体中溶解离子将减小水合物稳定性，甲烷水合物在 33%NaCl 中比相对纯水中水合物形成有 $-1.1℃$ 偏移；形成水合物流体盐度增加将使相位界限向左移动。

6.3.2　天然气水合物的国内外研究现状

6.3.2.1　国外研究现状

自 20 世纪 60 年代开始，俄、美、巴、德、英、加等许多发达国家，甚至一些发展中国家对天然气水合物也极为重视，开展了大量的工作。目前已调查发现并圈定有天然气水合物的地区主要分布在西太平洋海域的白令海、鄂霍茨克海、千岛海沟、冲绳海槽、日本海、四国海槽、南海海槽、苏拉威西海、新西兰北岛；东太平洋海域的中美海槽、北加利福尼亚—俄勒冈滨外、秘鲁海槽；大西洋海域的美国东海岸外布莱克海台、墨西哥湾、加勒比海、南美东海岸外陆缘、非洲西西海岸海域；印度洋的阿曼海湾；北极的巴伦支海和波弗特海；南极的罗斯海和威德尔海，以及黑海与里海等。目前世界这些海域内有 88 处直接或间接发现了天然气水合物，其中 26 处岩心见到天然气水合物，62 处见到有天然气水合物地震标志的似海底反射（BSR），许多地方见有生物及碳酸盐结壳标志。据专家估算：在全世界的边缘海、深海槽区及大洋盆地中，目前已发现的水深 3000m 以内沉积物中天然气水合物中甲烷资源量为 $2.1\times10^{16}\mathrm{m}^3$。水合物中甲烷的碳总量相当于全世界已知煤、石油和天然气总量的两倍，可满足人类 1000 年的需求。其储量之大，分布面积之广，是人类未来不可多得的能源。以上储量的估算尚不包括天然气水合物层之下的游离气体。

6.3.2.2　国内研究现状

近年来，国家领导和国土资源部、科技部、财政部等部委领导非常重视天然气水合物的调查与研究。首先是对我国管辖海域历年来做过大量的地震勘查资料分析，在冲绳海槽的边坡、南海的北部陆坡、西沙海槽和西沙群岛南坡等处发现了海底天然气水合物存在的似海底地震反射层(BSR)标志。并在对海底天然气水合物的成因、地球化学、地球物理特征、资料采集、资料处理解释、钻孔取样、测井分析、资源评价、海底地质灾害等方面进行了系统的研究，并取得了丰富的资料和大量的数据。资料表明：南海海域水含物可能赋存的有利部位是：北部陆坡区、西部走滑剪切带、东部板块聚合边缘及南部台槽区。本区具有增生楔型双 BSR、槽缘斜坡型 BSR、台地型 BSR 及盆缘斜坡型 BSR 等四种类型的水合物地震标志 BSR 构型。从地球化学研究发现南海北部陆坡区和南沙海域，经常存在临震前的卫星热红外增温异常，其温度较周围海域升高 5~6℃，特别是南海北部陆坡区，从琼东南开始，经东沙群岛，直到台湾西南一带，多次重复出现增温异常，它可能与海底的天然气水合物及油气有关。综合资料表明：南海陆坡和陆隆区应有丰富的天然气水合物矿藏，估算其总资源量达 $(643.5~772.2)\times10^8t$ 油当量，大约相当于我国陆上和近海石油天然气总资源量的 1/2。

6.3.3 天然气水合物的成藏特征

6.3.3.1 稳定域特征

天然气水合物稳定域(HSZ)是由温度、压力等条件决定的水合物生成的空间范围，对水合物的发育分布具有重要影响。水合物生成带是指水合物在稳定带内富集成藏的空间范围。水合物稳定带主要受地层的温度及压力相平衡条件制约，其底界是由水合物相边界曲线和地温梯度曲线决定的。海底、相边界曲线和稳定带底界之间的区域为稳定带。一般而言，地温梯度越小，海底温度越低，水深越大，水合物稳定带厚度越大，反之越小。此外，形成水合物的气体组分和孔隙水的盐度对相平衡边界也有一定影响，水合物中的重烃含量越高，盐度越低，稳定带厚度也越大。

南海北部陆坡区水深变化范围介于 300~3500m 之间，海底温度介于 1.45~9.00℃，而且与水深有很好的相关性。热流分布较复杂(20~1710mW/m²)。利用 Miles 提出的海水中甲烷稳定带边界曲线方程，以孔隙水盐度为 3.5%，气体为纯甲烷为约束条件，并根据热流数据、热导率、水深、海底温度等参数进行了稳定带厚度估算。计算结果表明，南海北部陆坡水合物稳定带厚度介于 0~350m，在水深较大海盆区可超过 500m(图 6.3.4)，在水深小于 500m 的区域基本不具备形成水合物的条件。稳定域厚度与水深变化呈正相关关系，而且水合物稳定域受热流变化驱动明显，稳定域厚度的变化梯度与热流值变化梯度有很大相关性，热流值变小的地方稳定域厚度变大，呈负相关关系。

同样，对神狐海域钻探区稳定域厚度进行了计算，大量钻探实测数据为稳定域计算提供了准确的参数。钻探区热流值为 98.0~62.2mW/m²，在钻探区内 8 口先导孔均进行了温度测井和水深测量，在其中 5 个取心孔不同深度进行了原位地层温度测量，地温梯度介于 43.5~67.0℃/km。水合物甲烷含量超过 99%，为 I 型水合物。计算结果表明，水合物稳定域深度与 BSR 深度以及测井和取心揭示的水合物底界深度基本相符(表 6.3.1)。钻探区稳定域厚度在 80~224m，海底热流变化对稳定带分布制约作用明显，在 SH2、SH3 和 SH7 等 3 个井位附近，稳定域厚度最大，也是热流值最低的区域(66~75mW/m²)。

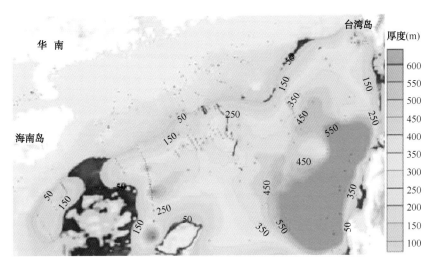

图 6.3.4　南海北部陆坡及邻域水合物稳定带厚度分布图(据梁金强等，2014)

表 6.3.1　神狐海域钻孔水合物稳定域深度、矿层深度及 BSR 深度对比表(据梁金强等，2014)

井名	BSR 深度(m)	水合物矿层底界深度(m)	稳定域底界深度(m)
SH2	202	201	209
SH3	222	224.5	221
SH7	182	180	198

6.3.3.2　气体来源

天然气水合物气体成因、来源及供给潜力是水合物成藏研究的最基本问题，它决定着水合物形成的物质基础及矿藏的资源潜力。深部的热成因气以及由水合物稳定带下部向上运移的生物气对于形成水合物是必需的，不同成因类型的烃类气体具有不同的形成机理和运聚方式，并影响水合物的成藏和分布。目前世界各地发现的水合物大多数由微生物气生成，仅墨西哥湾、黑海、麦肯齐三角洲等地区的水合物是由热解气或混合气生成的。因此，生物成因气在水合物成藏研究中得到了较大的关注。由于顶空气代表充填在沉积物孔隙或裂隙中的游离气，与水合物矿藏气体的成因关系密切。近年对南海北部陆坡大量浅表层沉积物(海底以下 0~10m)中顶空气的测试分析结果表明，顶空气中的 $\delta^{13}C_1$ 值介于 $-102.6‰ \sim -24.0‰$，平均值为 $-71.1‰$，$C_1/(C_2+C_3)$ 值介于 6~84659，δD 值介于 $-180‰ \sim -145‰$，研究表明气体来源具有多源性，而且在不同区域有所差别。东沙海域顶空气的 $\delta^{13}C_1$ 值为 $-102.6‰ \sim -38.2‰$，平均值为 $-78.5‰$，是以微生物气为主的混合气；西沙海域顶空气 $\delta^{13}C_1$ 值为 $-94.2‰ \sim -71.4‰$，平均值为 $-85.5‰$，微生物气。从神狐钻探区情况看，水合物样品中的烃类气体以甲烷为主，甲烷含量高达 99.89% 和 99.91%，$C_1/(C_2+C_3)$ 值分别为 911.7 和 1094，$\delta^{13}C_1$ 值为 $-56.7‰$ 和 $-60.9‰$，δD 值为 $-199‰$ 和 $-180‰$；2 个顶空气样品的甲烷含量分别达 99.92% 和 99.96%，$C_1/(C_2+C_3)$ 值分别为 1373.5 和 2447，$\delta^{13}C_1$ 值为 $-62.2‰$ 和 $-54.1‰$，δD 值为 $-225‰$ 和 $-191‰$。神狐钻探区呈现以微生物气为主的混合气特征，根据甲烷碳、氢同位素特征分析，主要为 CO_2 还原型甲烷(图 6.3.5)，水合物具有自生自储原地附近运聚的成藏特征。

6.3.3.3　气体疏导体系

在水合物成藏研究中，气体疏导体系作为成藏的重要控制因素被关注。Tréhu 等根据气

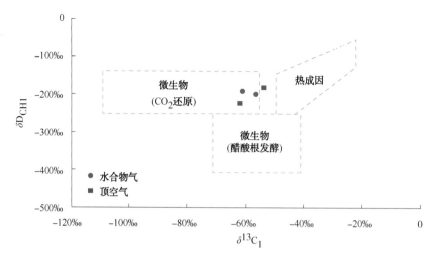

图 6.3.5　神狐钻探区甲烷碳、氢同位素值投点图（据梁金强等，2014）

体的运移方式提出了扩散型和渗漏型二种水合物的成藏环境和模式。Milkov 等根据气体运移的地质条件提出了断层构造型、泥火山型、地层控制型和构造—地层型 4 种水合物成藏模型。大量研究成果证实，断裂或断层、泥火山或泥底辟、海底滑塌体等地质构造作用与水合物成藏关系极为密切。以南海北部陆坡为例，其新构造活动强烈，特别晚中新世以来断层发育，构成了气体的主要疏导体系，区内影响水合物成藏的断层主要分为以下 3 类：（1）属于长期活动的继承性正断层，部分断层向上直达海底，有些断层与气烟囱相伴生；（2）第二类断层主要发育于气烟囱和泥底辟的顶部或翼部，主要分布在第四纪地层中，数量众多，对烃类气体形成了强烈的渗漏作用；（3）第三类断层主要发育于较陡的陆坡区，发育于第四纪地层中，为与海底滑塌密切相关的活动断层。在南海北部陆坡存在 3 个大型气烟囱发育区以及大量气烟囱发育点，主要分布在琼东南盆地、台西南盆地和珠江口盆地白云凹陷。此外，在琼东南盆地深水区以及珠江口盆地白云凹陷气烟囱非常发育，在台西南盆地和琼东南盆地发育大量底辟构造，为烃类气体运移提供了有利的条件。图 6.3.6 为根据区域性高分辨率地震

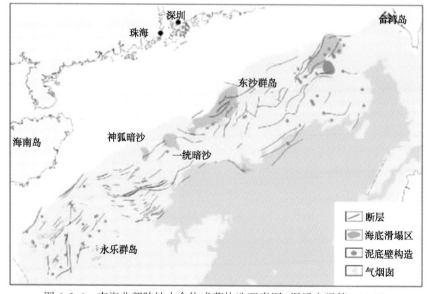

图 6.3.6　南海北部陆坡水合物成藏构造要素图（据梁金强等，2014）

剖面解释得到的第四系断层、气烟囱及泥底辟的区域分布图。总体而言，白云凹陷和西沙海槽盆地疏导体系以断层为主，其次为底辟和气烟囱，琼东南盆地以气烟囱和泥底辟为主。

南海北部陆坡水合物成藏气体的运聚方式主要有以下4种：(1)受流体势控制的运移方式。在流体势控制下，气体通过沉积物孔隙及微裂缝体系运移，在稳定域底部聚集形成水合物藏，是生物甲烷气型水合物的重要成藏方式。(2)受断裂发育带控制的运移方式。在不同构造单元结合部的断阶带，具有较强的流体输导能力，深部气体沿着断层或裂隙系统向上运移到稳定域不同部位形成水合物矿藏。(3)受底辟控制的垂向运移方式。底辟在形成过程中会引起侧翼和顶部沉积层的破裂，形成大量裂隙和断层，气体可通过底辟及其上覆疏导体系运移到稳定域内成藏。(4)受气烟囱控制的垂向运移方式。

气烟囱作为超压流体泄压的通道，将大量气体运移到浅部稳定域中形成水合物矿藏，部分天然气渗漏导致在海底形成冷泉喷口、麻坑、丘状体、碳酸盐岩丘等并引起海底微地貌的变化，在其周围分布有大量如菌席、蠕虫类、双壳类等组成的以溢出天然气为营养源的生物组合。例如，在南海东北部陆坡广泛发育海底麻坑、丘状体、自生碳酸盐岩结壳等微地貌标志(图6.3.7)，表明该区存在着大规模的海底渗漏现象。2004年中德合作SO177航次在该海域也发现了大量的结核状、结壳状或管状自生碳酸岩盐和典型的化能生物群落(双壳类生物和管状蠕虫类及厌氧菌席)。

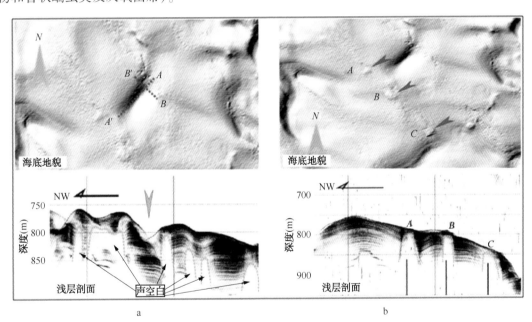

图6.3.7　气体渗漏形成的海底地形地貌图(据梁金强等，2014)

a—麻坑；b—丘状体

6.3.3.4　储层特征

从目前海域钻探发现水合物的情况看，水合物富集层岩性呈现多样性。在美国东部陆缘布莱克海台的钻孔中，含水合物沉积物为中新世—更新世的灰绿色含有孔虫和富含钙质超微化石软泥；在美国西部陆缘的水合物脊，主要由富含硅藻的粉砂质黏土和浊流沉积物组成；在墨西哥湾，水合物赋存在多层砂体中；在印度洋的 Krishna—Godavari、Mahanadi、Kerala Konkan 和安达曼岛，水合物主要分布于泥质细粒沉积物裂隙中；在日本的 Nankai 海槽，水合物富集于浊积扇砂体中；在韩国郁陵盆地，水合物发育在陆坡碎屑沉积物、浊流或半深海沉积物中。总体而言，由于水合物主要分布的陆坡深水区，沉积物整体偏细。但是在深水区局部发育的浊积扇、斜坡扇、等深流、水道等砂体发育的体系对水合物成藏更为有利。

南海北部陆坡水合物主要富集在晚中新世以来的海相沉积物中，分布深度和层位深浅不一。通过对神狐钻孔岩心分析，根据生物地层带对比划分标准，水合物层分布在 NN12-NN16 和 NN11 带，分别对应为上新统下部和上中新统（图 6.3.8）。从区域性沉积相分析，晚中新世以来南海北部陆坡区沉积演化具有明显的继承性，早期为滨海—浅海—深海的沉积环境，后期主要为半深海和深海沉积环境，陆坡沉积物总体岩性偏细。但是在台西南盆地、珠江口盆地白云凹陷以及琼东南盆地，局部发育了等深流、浊积扇、滑塌沉积、陆坡水道等沉积体系。由于沉积速率高，沉积物偏粗，有机碳含量较高，利于水合物富集成藏（图 6.3.9）。

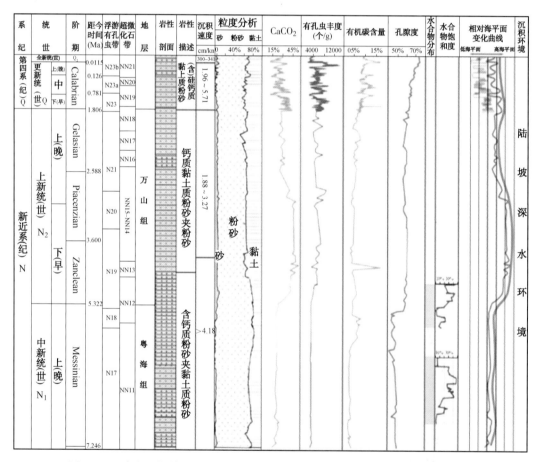

图 6.3.8　南海北部神狐海域水合物钻探区地层综合柱状图（据梁金强等，2014）

从神狐钻孔沉积物组分看，以粉砂和黏土为主，其中粉砂平均含量介于 72.89% ~ 74.75%，砂含量偏低，偶见极细砂。通过对水合物层沉积物粒度、组分与水合物饱和度关系的分析，发现水合物层沉积物粗粒级组分平均含量明显偏大，这种差异性在 SH7B 钻孔最明显，而且沉积物中砂、粗粉砂含量高，水合物饱和度也高，且具有较好的相关性。此外，含水合物层的声波速度与饱和度呈正相关的对应关系非常明显。分析发现，含水合物层中砂和粗粉砂的主要组分为有孔虫，有孔虫平均含量高达 65.5%，高饱和度水合物主要集中在富含有孔虫的层位。由于有孔虫的大量存在，不但可以增加沉积物中的粒间孔隙空间，还可

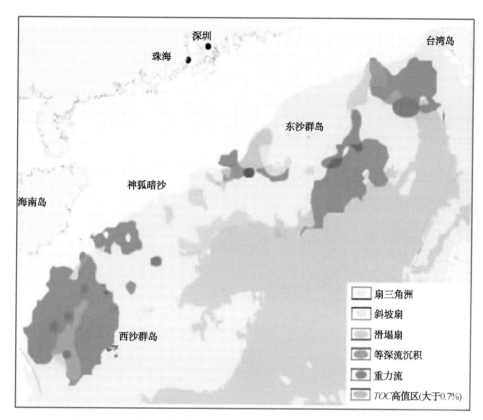

图 6.3.9　南海北部陆坡水合物成藏沉积要素图(据梁金强等，2014)

以提供粒中孔隙，而且比粒间孔隙要大得多，从而为水合物富集成藏提供更多的可容空间。研究表明，沉积物的组分构成对水合物的成藏有重要影响，粗粒沉积物不但可以增加水合物富集的孔隙空间，更重要的是在未固结成岩的沉积物中，粗粒沉积物渗透性更好，有利于气体的扩散和运移，从而影响水合物的成藏。

6.3.4　天然气水合物的地球物理识别标志

6.3.4.1　测井识别标志

通过钻探在全球多处发现了天然气水合物(表 6.3.2)。测井资料分析表明含天然气水合物沉积层具有如下测井识别标志。

(1)气测异常：在含水合物岩层钻井过程中，洗涤液和钻头工作时放出的热量可以分解井壁的水合物，形成气体异常，泥浆含气录井和气测井中有明显显示。

(2)井径扩大：钻井过程中井壁水合物的分解本身造成井径扩大，同时水合物的分解将使岩石受到破坏，出现局部崩塌，也将出现井径局部明显扩大。

(3)电阻率增高：孔隙被水合物充填后的岩层导电率降低，即电阻值升高，在 Cascadia 海域的 ODP889 站位的视电阻率测井曲线上，水合物沉积层的顶部呈台阶状，突变增大。

(4)低自然电位：与含游离气层相比，含水合物层存在较低自然电位异常，且长电位与短电位分离。

(5)密度降低，声波速率增大：与含水或含游离气沉积层相比，含水合物沉积层的密度降低，声波速率增大，水合物底界面存在速度负异常。西西伯利亚麦索雅哈气田的资料表明，在原为含水砂层内形成水合物之后，其纵波的传播速度会从 1850m/s 提高到 2700m/s；而在胶结砂岩层，这种速度会从 3000m/s 提高到 3500m/s。深海钻探计划的 570 站位的测井结果表明，由含水砂岩层进入含水合物砂岩层时，密度由 1.79g/cm³ 缩小至 1.19g/cm³，声波的传播速度从 1700m/s 提高到 3600m/s，且导电率剧烈下降。Cascadia 海域 ODP889 站位的 VSP 测井资料反映水合物层底界为强烈的负速度界面，速度从水合物沉积层的 1900m/s 陡降到含游离气层的 1580m/s。由于 VSP 测井为地震测井，受钻井因素的影响较少，因此认为 VSP 测井真实地反映了水合物沉积层底界的速度变化。

表 6.3.2　全球钻井获得水合物部分产地（据陈建文等，2004）

序号	类型	地理位置
1	海洋	哥斯达黎加外中美海沟
2		危地马拉中美海沟
3		秘鲁外秘鲁—智利海沟
4		美国南部的墨西哥湾
5		美国东南部布莱克外海岭
6		加拿大外波弗特海
7		加拿大外斯弗德鲁普盆地
8		原苏联黑海
9		原苏联里海
10		日本南海海槽
A	大陆	阿拉斯加北部
B		加拿大马更些三角洲
C		加拿大北极群岛
D		原苏联麦索雅哈气田

6.3.4.2　地震识别标志

（1）常规地震剖面上的 BSR：海域天然气水合物在地震剖面上的识别标志之一 BSR，具有与海底大体平行、与海底反射波极性相反、高振幅、与沉积层理斜交的特点。BSR 上方振幅极小，呈现空白带的特征。但 Finley 和 Krason（1986）在研究中发现 BSR 不一定是代表水合物存在的标志，如在中美海沟处进行的 DSDP84 航次中，钻孔 490、498、565 和 570 处钻遇了天然气水合物，但这些位置的地震剖面上未出现 BSR 反射；而在钻孔 496 和 569 处的地震剖面上有明显的 BSR 反射，但在 200m 长的岩心中却没有发现天然气水合物。

（2）AVO 属性剖面上的识别标志（BSR 的 AVO 响应）：由于水合物沉积层与其上覆、下伏沉积层的明显的速度和泊淞比特征的差异，AVO 分析与反演技术在天然气水合物的研究中被广泛应用，几乎所有的水合物研究区都进行了以真假 BSR 的识别为目的的 AVO 研究。研究表明，BSR 反射波在 AVO 角度道集上的一般特征（AVA）为振幅随入射角（炮检距）的增加而增加。AVO 属性分析和实际的地震资料分析表明，水合物层顶部反射也具有振幅的绝对值随入射角（炮检距）的增加而增加。利用岩石物性分析的结果进行理论计算表明，在水合物沉积层的孔隙度为 40% 时，0~60% 饱和度的天然气水合物沉积层覆盖 2% 游离气沉积之上。随着天然气水合物饱和度的增加，反射系数值增加，AVA 的形态是相似的，呈现振幅随入射角增加而增大的特征。80% 饱和度的天然气水合物沉积层覆盖在 2% 游离气沉积之上，反射系数随入射角增加呈先减小后又增大的特征。100% 饱和度天然气水合物沉积层覆盖在 2% 游离气沉积之上，反射系数随入射角增大而减小。天然气水合物饱和度 20%~100% 的沉积层与饱和水沉积界面的反射振幅也呈随入射角增加而增大的特征，但理论计算表明含天然气水合物饱和度 100% 的沉积层与饱和水沉积界面的反射振幅呈现随入射角增大反射系数绝对值变小的现象。这是与含天然气水合物饱和度 100% 泊松比急剧下降有关，而泊松比对 AVA 曲线影响较大。在获取角度道集成果的基础上，AVO 处理一般还要获取反映近似于零炮检距的反射纵波的 P 波剖面，反映反射振幅随入射角的变化率以及变化趋势的梯度剖面 G 剖面，反映地层横波变化的拟横波剖面 S 波剖面，反映水合物异常的亮点剖面和反映泊淞比变化的泊淞比差值剖面，这些剖面统称为 AVO 属性剖面。但到目前为止，还未见到有关在这些属性剖面上的水合物识别标志的成果报道，只能根据水合物沉积层及其上覆下伏沉积层的岩石地球物理特征的差异，推断在属性剖面上的水合物识别特征（表 6.3.3）。

（3）波阻抗反演剖面上的识别标志：美国得克萨斯大学岩石圈研究中心的 Lu Shaoming 对布莱克海台的 994、995 和 997 站位的地震剖面进行了宽带约束反演处理，并得到了波阻抗反演剖面。由于它充分地利用测井信息的纵向高分辨性和地震资料的横向连续性，反演的波阻抗剖面具有较高的分辨率。其特征如下：水合物沉积层的顶界面得到了清晰的反映，且在横向上可以追踪，水合物沉积层为高阻抗值，其下伏含游离气层为低阻抗值；水合物层和含游离气层的横向分布得到了清晰的反映；相对于饱和海水沉积层和含游离气沉积层，水合物沉积层具有高波阻抗值，波阻抗由低向高变化的拐点处为水合物层的顶界面，波阻抗由高向低变化的拐点处为水合物沉积层的底界面。

表 6.3.3　AVO 属性剖面上的水合物识别特征（据陈建文等，2004）

AVO 属性剖面	水合物识别特征
P 波剖面	与海底大体平行、与海底反射波极性相反、强振幅、与沉积层理斜交；BSR 上方振幅极小，呈现空白带特征
梯度剖面	在水合物沉积层的底界处表现为强振幅（高梯度值），在沉积层的内部为弱振幅或空白状（梯度值很小）
拟横波剖面	与海底大体平行、与海底反射波极性相反、强振幅、与沉积层理斜交；BSR 上方振幅极小，呈现空白带特征
亮点剖面	在水合物沉积层的底界处表现为强亮点，在顶界出表现为中或弱亮点，内部为暗点或空白
泊松比差值剖面	在水合物沉积层的底界处表现为强泊松比差值，在顶界处表现为中或小泊松比差值，水合物沉积层内部无泊松比差值（表现为空白状）

6.3.5　天然气水合物地震识别

6.3.5.1　基于 BSR 反射识别技术

天然气水合物在地震剖面上通常出现一强反射波，大致与海底平行，故称似海底反射（BSR）（图 6.3.10），它基本代表水合物稳定域的底界。含天然气水合物可靠层段在地震剖面上必须具备如下基本条件：一是基本符合天然气水合物赋存的水深条件（主要存在于300~4000m水深范围内的大陆坡和深海盆内的海底及海底以下数百米沉积层内）；二是有较强的BSR异常反射波；三是BSR异常反射波之上有空白带存在，其层速度相对较高；四是BSR异常反射波之下层速度较低；五是BSR异常反射波与海底反射波的极性相反。

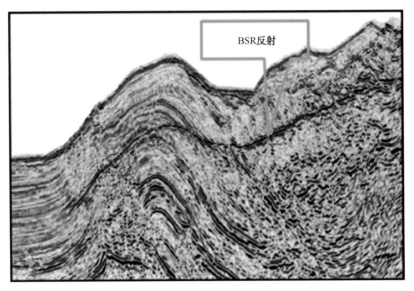

图 6.3.10　巴布亚湾某区块海底 BSR 反射

在现有的地震反射波分辨率的基础上，只有当水合物沉积层的厚度大于3m、其下含游离气层的厚度大于5m这两个条件都满足时，才能形成BSR。尽管海底沉积物的压力变化不大，但地温变化却很大，海底的起伏变化将引起沉积物中等温面的起伏变化，因此，BSR大致与海底地形平行，而与地层层面斜交（当地层层面与海底斜交时）或平行（当地层层面与海底平行时）。通常BSR有以下识别特征：（1）BSR一般与现代海底近于平行，并且多与海底沉积层反射相交；（2）BSR相对于海底反射具有较强的反射振幅和极性反转的特征；（3）BSR在地震剖面上呈现一条亮点带，上下常出现反射空白区；（4）BSR常分布于海底地形高地之下或出现于陆坡之上；（5）BSR规模不等，小的只有几千米，大的可延伸数十万千米。

6.3.5.2　层速度反演技术

层速度是天然气水合物研究中的重要参数之一。不仅速度异常是天然气水合物判定和识别的重要标志，在层速度剖面上还可以较清晰地反映天然气水合物的顶底界面。

正常的地震波穿过海水进入地层，随着地层深度增加，其层速度递增。但某段地层中如果赋存天然气水合物，地震波穿过时往往出现上高下低的层速度倒转现象。利用射线追踪层速度反演方法，可以不受高陡构造或大倾角地层的限制，充分考虑了波的干涉和衍射，尤其在速度突变带和断距较大的断层附近，可以完全模拟地震波的传播路径，最终得到与实际地震记录较为吻合的叠加速度，可以保证反演层速度的准确性。

在南海北部神狐海域A测线的层速度反演剖面上（图6.3.11），可以清晰地识别到海底浅层存在一个高速异常区域。这与水合物赋存造成的速度倒转相吻合，后经钻探证实，该异常区域赋存有高饱和度的天然气水合物。从图6.3.11中可知，高速异常大约为2000~2300m/s，其下部的低速异常1600~1900m/s，这可能与不同地区沉积物含水合物或者游离气状态有关，由此可见，层速度对检测天然气水合物顶底界面及其展布有较好的指示作用。

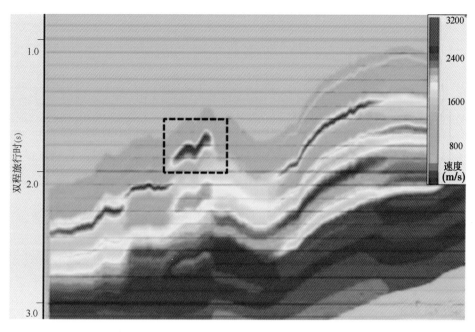

图 6.3.11 南海北部神狐海域 A 测线层速度反演剖面(据杨睿等, 2006)

6.3.5.3 AVO 属性分析技术

6.3.5.3.1 各类 AVO 属性的含义

天然气水合物的 AVO 属性研究兴起于 20 世纪 90 年代, 一般是研究地震反射叠前振幅生成的属性, 在国外有一套成熟的理论基础。我国对天然气水合物的调查研究起步较晚, 特别是对 AVO 属性的研究才刚刚开始。

AVO 是一种振幅随炮检距的变化特征分析和识别岩性及油气藏的地震勘探技术, 通过研究振幅随炮检距的变化特征, 来探讨反射系数响应随炮检距的变化, 进而确定反射界面上覆、下伏介质的岩性特征及物性参数。长期以来, 人们对地震数据的使用仅局限于对地震波同相轴的拾取, 以实现对地质体几何形态的描述。事实上, 地震数据中隐藏着非常丰富的、有关物性以及流体成分的信息。众所周知, 地震信号的特征是由岩石物理特征及其变异直接引起的, 所以, 地层岩性、物性、流体成分等信息, 虽然可能发生各种畸变, 但确实是隐藏在地震数据之中。进行地震分析的目的是消除数据畸变, 发现和抽取出隐藏在这些数据中的有关岩性和物性的信息, 无疑是一项非常有意义的技术。常规的 AVO 有 9 种属性剖面, 具体物理意义见表 6.3.4。

表 6.3.4 AVO 属性意义对照表(据梁劲等, 2008)

序号	名称	物理意义及用法
1	AVO1	截距剖面, 零炮检距 P 波叠加剖面
2	AVO2	梯度剖面, P 波反射振幅随炮检距变化的梯度
3	AVO3	乘积剖面, $P * G$ 振幅随炮检距增大为峰, 反之为谷
4	AVO4	乘积相关剖面、梯度、截距和相关系数乘积, 用于检测气层
5	AVO5	转换角剖面, 表示极性反转出现的角度
6	AVO6	梯度与截距符号乘积剖面, 用于检测气藏

序号	名称	物理意义及用法
7	AVO7	相关系数剖面，检测剖面地震资料的可信度
8	AVO8	连续同号残差统计剖面，检测野外及处理流程的问题
9	AVO9	流体因子剖面，反映储层及流体的不同状况

在应用 AVO 进行含气检测的研究过程中，大量的试验表明 AVO 1、AVO 4、AVO 6 和 AVO 9 属性剖面对水合物及其游离气的识别有明显效果，它们可以反映水合物成矿带内水合物的富集程度、分布状态。其中 AVO 4 和 AVO 6 对于游离气的反应明显，在 BSR 之下可以看到明显的含气异常。

AVO 1 属性剖面：截距（Intercept）剖面（P 波叠加剖面）。当入射波垂直入射到界面时 $R \approx R_0$，截距反映了垂直入射时 P 波反射系数的近似值。这里没有转换波，只有反射纵波。因此，由截距值构成的剖面叫 P 波剖面。与常规的叠加剖面相比，P 波剖面更接近于零炮检距剖面，反映地震波在垂直入射时的振幅叠加。截距值大，表明上、下层 P 波速度差值大，反之则小。故可以主要利用该剖面识别 BSR、含水合物和游离气带。

AVO 4 属性剖面：梯度与截距、相关系数乘积剖面。在该属性剖面中加入了相关系数，剔除或压制了信噪比低的部分。因此可以主要利用该剖面与其他属性结合，来检测游离气。

AVO 6 属性剖面：梯度与截距符号乘积剖面。它保留了梯度值，但极性变化却取决于梯度与截距的综合。因此，主要利用该剖面与其他属性结合，检测水合物和游离气。

AVO 9 属性剖面：流体因子（Fluid Factor）剖面。在地震解释中，可以主要利用流体因子剖面，来检测含水合物和游离气带。

由于天然气水合物的性质及成矿的特殊性，因此在各种 AVO 属性剖面上，会产生重要的识别标志。AVO 1 和 AVO 9 对 BSR 和水合物成矿带响应比较敏感，可用于检测 BSR 和水合物成矿带。AVO 4、AVO 6、AVO 9 能够反映岩性的信息，又可以反映流体的信息，因此对反射极性、流体性质、游离气的检测比较敏感。对天然气水合物 AVO 属性的分析，一般选择在 BSR 显示较为明显的地震剖面进行。BSR 是指在地震剖面上近似平行于海底展布的反射面，该反射面的形成是由含天然气水合物沉积层与下覆地层（通常为含游离气层）之间的波阻抗差异所致。当气体供给及储集层充分的条件下，水合物稳定带的分布仅与地层的温度及压力有关。BSR 代表水合物成矿带的底面，它是一个近似于平行海底的等温面，与地层产状无关，当地层产状与海底不一致时，BSR 往往与地层斜交。在地震反射剖面上，BSR 一般位于海底以下 1000ms 以内的范围内（双程反射时间），水深大于 300m。由于 BSR 的分布深度与温度和压力有关，一般情况下，BSR 的深度随着水深的增大而略有增大。

6.3.5.3.2　AVO 属性在南海北部水合物预测的实例

图 6.3.12 是南海北部测线 B 的地震反射剖面。从图 6.12 可以看出，距海底大约 200ms 处，有两段近似平行于海底较强反射（BSR），横向上表现为与地层斜交，其连续性较好，BSR 上面有明显的、连续性较好的振幅空白带。

图 6.3.13 为测线 B 的截距剖面（AVO 1 属性剖面）。从图 6.13 可以看到，剖面上 BSR 特征为中—强 BSR 反射，强振幅中—高连续，波形极性反转较明显；高截距值集中在 BSR 位置附近，表明 BSR 上、下层 P 波速度差值大；BSR 上方表现为弱反射或空白反射，空白

带发育情况良好；估计水合物分布均匀，含量较高，是水合物富集的稳定区。

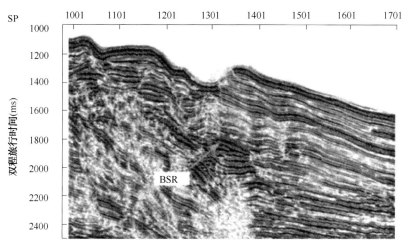

图 6.3.12 南海北部测线 B 地震反射剖面（据梁劲等，2008）

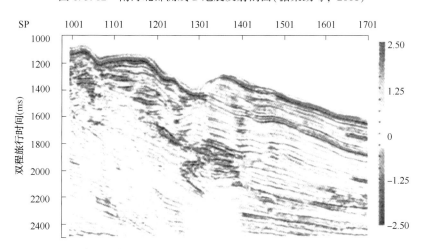

图 6.3.13 南海北部测线 B 截距剖面（AVO 1 属性剖面）（据梁劲等，2008）

图 6.3.14 为测线 B 的梯度和截距与相关系数乘积剖面（AVO 4 属性剖面）。图中，高值

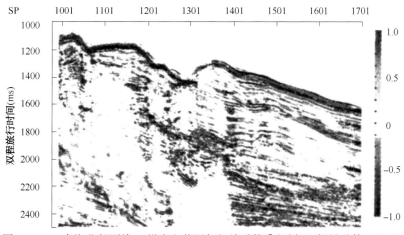

图 6.3.14 南海北部测线 B 梯度和截距与相关系数乘积剖面（据梁劲等，2008）

区出现在 BSR 下方, 表明 BSR 之下有游离气存在, 强反射特征为游离气顶的反射。

图 6.3.15 为测线 B 梯度与截距符号乘积剖面(AVO 6 属性剖面), 其特征为 BSR 之下为正值, 表明 BSR 之下有游离气存在, 强反射的发育厚度代表游离气的发育厚度。

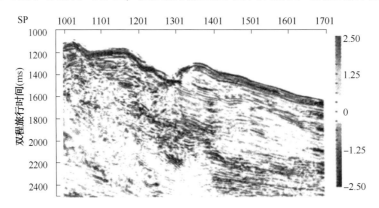

图 6.3.15 南海北部测线 B 梯度与截距符号乘积剖面(据梁劲等, 2008)

图 6.3.16 为测线 B 流体因子剖面(AVO 9 属性剖面), 其特征为: 水合物成矿带表现为低幅值(近于零值), 游离气带表现为正值。图中, BSR 之上的空白带基本上为零值带, 表明这是一个物性均匀的岩体, 其内部有微小的强、弱变化, 结合其他特征可推测为含水合物带。BSR 之下 100ms 内基本为正值, 高频强烈吸收现象明显, 估计游离气丰度较高, 为水合物的形成提供了充足的气源保证。

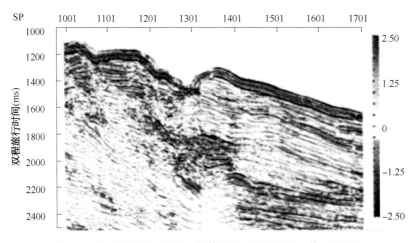

图 6.3.16 南海北部测线 B 流体因子剖面(据梁劲等, 2008)

6.3.5.4 弹性波阻抗反演技术

通过弹性波阻抗反演的方法得到的纵波波阻抗、横波波阻抗、泊松比、拉梅常数和剪切模量等弹性参数, 不但可以清楚地展示水合物层的顶界面, 还可以提高对游离气层的纵向分辨能力, 同时对推断 BSR 的形成机制和判断水合物的储集方式都具有非常重要的意义。

美国布莱克海台地区是世界上最早探测出水合物的地区之一, 其水合物发育区的沉积地层未固结成岩, 孔隙度比较大。该地区的两条测线(BT-1 和 USGS95-1)的地震数据是由美国的 GSI 公司于 1974 年采集得到。后来的 ODP164 航次在该处所钻的 3 口井(994、995 和 997 井)均证实了水合物的存在。

地震数据预处理的主要目标是: 保持和恢复道间的振幅关系; 改善数据质量, 提高信噪比；使反射界面正确归位。测线 USGS95-1 的目标层(水合物地层和游离气地层)深度浅，因此与目标层反射波到达时间相比，多次波到达晚，所以不需要消除多次波；其次，该地区反射界面比较水平，DMO 处理的作用非常小。所以对该测线所进行的预处理步骤主要有：振幅保真处理；球面扩散补偿；地表一致性振幅恢复；地表一致性剩余静校正；地表一致性反褶积。图 6.3.17 是对该测线处理后所得到的叠加剖面。

该剖面上能比较清楚地看到指示水合物带存在的 BSR(4.2s 处的反射同相轴)，其上为指示水合物层的空白带。但仅从该剖面并不能完全确定水合物层的顶、底面和游离气层的分布范围。下面将利用反演所得到的参数剖面来解决这些问题。

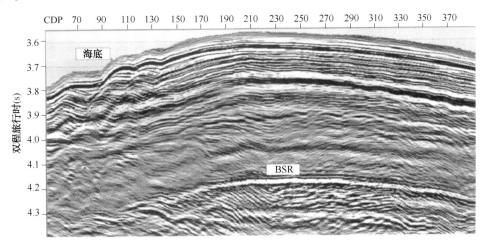

图 6.3.17　布莱克海台 USGS95.1 测线叠加剖面(据梁劲等，2008)

图 6.3.18 展示了反演所得到的参数剖面。在此从以下 3 个方面进行分析：

(1)水合物聚集带的确定。水合物聚集带的确定主要是分辨其顶、底界面。在纵波波阻抗剖面上(图 6.3.18a)和横波波阻抗剖面(图 6.3.18b)上，可以看到 3.8~4.0s 之间有一个波阻抗明显升高的平行于海底的分界面(界面 A)。将其与钻井曲线特征对照，并结合水合物的储集能使纵、横波速度明显升高的特征，可以推断该界面为水合物带的顶界面。该界面之下波阻抗逐渐进一步升高，这是由于水合物在介质孔隙中并不是均匀分布的。从水合物层的顶界面向下，水合物的饱和度逐渐增加，而该顶界面附近水合物的饱和度比较小。水合物真正聚集是从界面 B 开始，到界面 C 结束的。所以如果我们判断界面 A 到 BSR 之间为水合物存在区域的话，那么界面 B 和界面 C 之间平行于海底的波阻抗和拉梅系数的高值带(图 6.3.18a、图 6.3.18b 和图 6.3.18d)就代表了水合物聚集区域，从而可以推断出水合物存在区域的时间厚度约为 0.3s(双程旅行时)，而水合物聚集带的时间厚度约为 0.15s(双程旅行时)。这些结论与该地区现有的研究成果以及测井资料都是一致的。但是，泊松比在水合物带并没有表现出明显的异常特征(图 6.3.18c)，这说明该地区的介质中水合物主要影响计算。

(2)游离气层的确定。在纵波波阻抗剖面(图 6.3.18a)、泊松比剖面(图 6.3.18c)和拉梅系数剖面(图 6.3.18d)中，BSR 之下是一个分布并不均匀的低波阻抗和低泊松比区域。该区域就是游离气带。虽然游离气带的顶界面对应 BSR 位置，且在这 3 种剖面中均表现明显，很容易识别，但气层的底界面只在泊松比剖面上最为明显。这说明利用泊松比识别气层效果要比图 6.3.18 所显示的其他 3 种参数好。同时在泊松比剖面上气层明显地分为两个薄层 G1

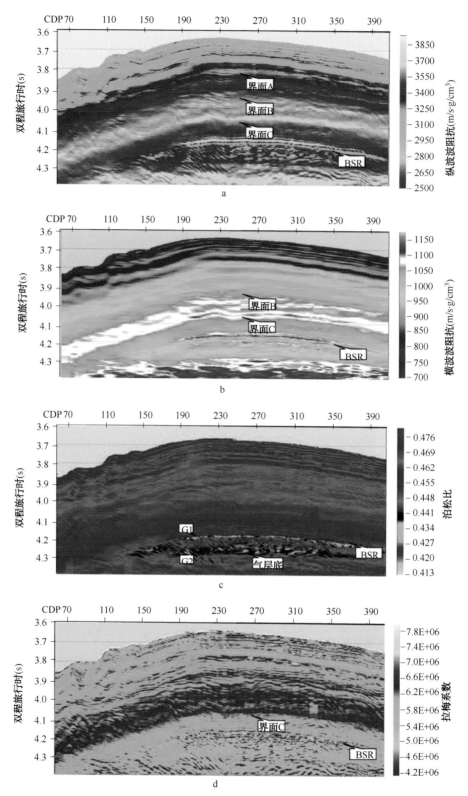

图 6.3.18　布莱克海台 USGS95-1 测线弹性波阻抗反演剖面

a—纵波波阻抗；b—横波波阻抗；c—泊松比；d—拉梅系数

和 G2，这也说明了泊松比在识别气层时的纵向分辨能力比较高。根据 Lu Shaoming 和 George 对该地区另外一条相交测线（BT-1）的分析发现，在该区域 BSR 之下主要存在两个薄的气层。因此，所显示出来的这两个气层 G1 和 G2 也印证了他们的这一结论。

（3）BSR 的形成机制分析。通常来说，对于 BSR 的形成机制有两种看法：一种认为 BSR 对应水合物层的底界面，所以 BSR 主要是由其上覆的水合物层引起；另一种认为 BSR 对应游离气层的顶界面，所以它主要是由下伏气层引起的。从图 6.16 的纵波波阻抗剖面（图 6.3.18a）和拉梅系数剖面（图 6.3.18d）可以看出该地区的 BSR 对应气层 G1 的顶界面。气层显示出明显的低波阻抗特征，这样在该气层的顶界面形成了很强的负的波阻抗差，对应叠加剖面（图 6.3.17）上的 BSR 处的强同相轴。所以可以推断本测线上的 BSR 主要是由其下的游离气聚集引起的。

7 勘探实例

目前全球陆上油气勘探程度较高，新增储量对世界油气储量增长的贡献有所降低，而海洋油气勘探尚处于早期阶段。近年来，不断获得重大发现，油气产量占世界总产量比例不断增加。海洋油气资源主要分布在大陆架，约占全部海洋油气资源的60%，大陆坡的深水、超深水域的油气资源约占30%。在全球海洋油气探明储量中，目前浅海仍占主导地位，但随着石油勘探技术的进步，海洋勘探已广泛使用三维地震技术和海上多维多分量勘探技术等，促进了勘探效率的提升。人们逐渐将目光转向之前涉足较少的深海（水深小于300m为浅海，300~1500m为深海，1500m以上为超深海）。

从区域看，海洋石油分布与生产极不平衡。目前，海上石油开发已形成三湾、两海、两湖的生产格局。"三湾"即波斯湾、墨西哥湾和几内亚湾；"两海"即北海和南海；"两湖"即里海和马拉开波湖。近年来，在波斯湾、墨西哥湾、北海以及西非海岸盆地海洋石油勘探开发取得了最富有成效的成果。

（1）波斯湾盆地。

波斯湾盆地为发育于阿拉伯板块之上的大型沉积盆地，西与阿拉伯地盾相邻，地层剥蚀线构成了其西部边界，阿拉伯板块的北部、东北部和东南部边界线构成了盆地边界，盆地面积约 $300 \times 10^4 km^2$。波斯湾盆地石油剩余探明储量为 $7542 \times 10^8 bbl$，占世界石油剩余探明储量（$13952 \times 10^8 bbl$）的 56.6%。波斯湾盆地的基底由前寒武纪的结晶岩和始寒武纪的变质岩及火山碎屑岩构成，盆地的沉积盖层巨厚，时代从前寒武纪一直到新近纪，沉积厚度可达 13.7km。前寒武系—石炭系以碎屑岩为主，二叠系—新近系以碳酸盐岩为主。发现的油气主要储集于二叠系、侏罗系、白垩系、新近系及古近系中。

（2）墨西哥湾盆地。

墨西哥湾盆地位于美国、墨西哥和古巴环抱的海域，为近圆形的构造盆地，面积约 $200 \times 10^4 km^2$，目前已发现1200多个油气田，已探明石油储量约 $189.6 \times 10^8 bbl$，天然气 $5.05 \times 10^{12} m^3$。盆地沉积厚度可达20km，从上三叠统到第四系均有分布，20%的海域水深3000m以上。墨西哥湾水深200m的海域离岸较远，地形平坦，大陆架宽阔，向南水深快速加大。根据墨西哥湾盆地生储盖组合和圈闭特征等油气成藏条件，可以划分出3种成藏模式：中生界礁相油气藏、新生界断背斜三角洲油气藏及推覆构造油气藏。

（3）北海地区。

北海位于大西洋边缘，在大不列颠岛和欧洲大陆之间，东通波罗的海，西南由多佛尔海峡通往大西洋，面积 $57 \times ^4 km^2$。这是一块地质史上沉陷不久的大陆，海底石油、天然气资源很丰富。沿岸国中，英国获得51%的面积。北海油田自20世纪70年代开始产油，80年代起大规模开采，使英国成为世界重要产油国之一，挪威次之，产量除满足两国需要外大量出口。据英国油气行业协会公布的统计数据显示，预计未来30年，北海地区仍有 $140 \times 10^8 bbl$ 至 $240 \times 10^8 bbl$ 油当量的可采油气资源。

（4）西非海岸盆地带。

西非是非洲大陆主要油气富集区之一，在长达1万余公里的非洲西海岸，共发育大小

30 多个沉积盆地。由于这些盆地基本上沿着海岸跨海陆分布，称为西非海岸盆地带。该地区是目前世界上深水油气勘探的热点区域和油气集中发现区域。据 HIS 资料统计，截至 2009 年底，全球共发现大油气田 1024 个，在西非海岸盆地带有大气田 11 个，大油田 43 个。54 个大油气田可采油当量为 522.25×10^8 bbl。西非海岸盆地带的形成与发育和中生代以来大西洋裂开和后期的持续扩张作用有关，是冈瓦纳大陆解体和大西洋扩张形成的大陆裂谷和被动陆缘盆地两种类型相叠合的盆地。油气主要富集在古近—新近系广泛发育的滚动背斜和盐岩相关构造圈闭内的三角洲、水下扇碎屑岩储层中。

除此之外，近几年在俄罗斯北部海域、南中国海及印尼沿海、巴西坎波斯盆地、里海等地区也发现了较丰富的石油天然气资源，且部分油气田已开发。可以说，近年来全球油气新发现中较大的发现主要位于海上，海洋石油储量和产量在全球石油产量中所占的份额也在不断增加。海洋油气勘探已成为世界各大石油公司竞争的一个热点领域。

与陆地油气勘探相比较，海洋油气田勘探需要克服海洋环境等因素的影响。海上的台风所形成的巨浪、狂风影响勘探工作进度，甚至威胁着勘探人员的生命和财产安全。受恶劣的海洋自然地理环境的影响，许多勘探方法与技术受到了限制。目前海洋地震勘探常用的方法主要有滩浅海地震，海洋拖缆地震及海底地震等。

（1）滩浅海地震勘探。

滩浅海地区一般指包括滩涂、潮间带至 10m 水深以内的浅海区域，滩浅海地区由于地表的特殊性，激发方式在小于 3m 水深时使用陆上井中激发方式。而在大于 3m 水深时一般需要采用气枪作为激发震源；接收方式在小于 1.5m 水深时需要使用防水的沼泽检波器，而大于 1.5m 水深时需要使用压电检波器；滩浅海地区施工需要进行二次定位，以确定每个震源点和检波器的实际坐标方位；还需要掌握潮涨、潮落时间，以合理安排激发震源和接收检波器及施工时间。

（2）海洋拖缆地震勘探。

海洋地震勘探在水深大于 3~5m 时，采用地震工作船施工，激发系统采用多枪气枪激发，接收系统采用压电检波器，按不同需要固定在海上拖缆上，工作船引导拖缆按测线方向前进，形成边行驶、边激发、边接收的工作方法。由于其数据采集的高效性，海上拖缆地震采集模式被广泛使用。海上拖缆地震勘探模式不受水深的限制，在浅水水域和深水水域都可以进行地震数据采集。

（3）海底地震勘探。

海底地震（OBS）利用物探船在水中激发震源，检波器按照一定的方式布置在海底，其检波器可以装在电缆或光缆中（海底电缆采集 OBC），也可以置于独立的节点仪器中（海底节点采集 OBN）。由于海底地震的检波器放置在海底干扰少，位置稳定，资料的信噪比有很大提高。另外可采集多波多分量数据，能提高地震勘探资料解释精度，降低勘探风险。

随着全球经济快速增长，人们对能源的需求也不断增长，陆上油气勘探日趋成熟到高熟，油气产量不断递减，于是人们逐渐将目光投向海洋。海洋油气资源的勘探与开发已成为能源发展的重点和热点，并在未来很长一段时间内将持续发展。尽管海洋油气勘探与开发受到恶劣环境、高风险和高技术的限制，但是其资源潜力非常大，勘探前景好，受到世界大油公司及资源国广泛关注。通过国内外海洋勘探技术应用实例的解剖，对海洋地震勘探中勘探难点、关键问题以及注意事项等方面进行了梳理，论述了不同地区、不同水深地震勘探技术应用情况和取得的效果，以期为其他类似地区的海洋地震勘探提供一些借鉴。

7.1 沙特波斯湾地区滩浅海地震勘探实例

7.1.1 工区概况

研究区位于沙特东部阿拉伯湾西海岸沿海，满覆盖面积为 1843.64km²，施工面积 2351.5km²，包含城区、沙漠、潮间带、浅水和油田开发区等多种地形。研究区包括陆域和水域两部分。陆域部分主要包括城区、农场区、季节性湖区和沙漠开阔区；水域部分包括滩涂过渡带及浅水区，其滩涂过渡带非常复杂困难，有暗礁、珊瑚礁、牛轭水洼区、断管线、油田管线，以及平台；浅水区水深最深达 60 多米。根据地形特点，按照沙漠、农场、城区、季节湖、湿地过渡带-极浅水区(2~7m)，一般浅水区(7m 以上)的顺序，工区划分为 Zone1 至 Zone 6 这 6 种特征区块(图 7.1.1)。

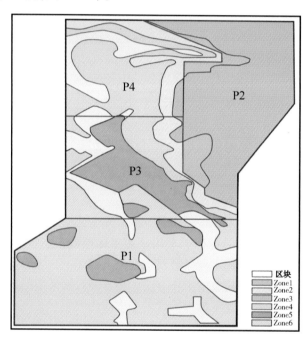

图 7.1.1　工区地表类型图

7.1.2 勘探难点

由于研究区地形条件复杂多变，在施工过程中遇到很多难题，主要有以下几点：

(1) 研究区包含着陆域和水域两大部分，造成激发震源、接收设备和观测系统都采用了各自不同类型，实现从陆地跨越过渡带至浅海的地震资料无缝采集，存在着合理拼接问题。

(2) 工区水深变化大，最深达 60 多米，在复杂动态水域环境下，获得精确的检波点位置非常困难。

(3) 研究项目采用多种震源类型，多种检波器类型，多种定位导航系统，多种观测系统，海陆两支队伍同时作业的模式，涉及系统多，质量控制非常难。因此，如何保证采集的地震资料符合标准的要求，且所有的资料准确无误，是研究项目的重点和难点。

7.1.3 技术对策与措施

针对这种复杂的大型过渡带项目难点问题，通过大量装备适应性改进、制造和施工方法的创新，形成了一套有效的采集方法，解决了施工过程中的技术难题，保证了采集项目的高质量和完整性。

7.1.3.1 海陆一体化无缝连接技术

7.1.3.1.1 观测系统拼接方法

观测系统拼接原则：两种观测系统拼接时，使拼接区域的面元属性基本保持一致；海上少道多炮、陆上多道少炮。

基于研究区陆域和水域的地表特点，为了提高生产时效，并且保证观测属性一致性原则，其观测系统的拼接，陆地采用12线24炮，海上6线48炮的观测系统(如图7.1.2所示)，海上的6条排列和陆地观测系统的小号6条排列重合，保证了海陆观测系统的排列、炮点连续衔接不重复。

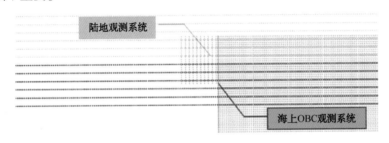

图7.1.2 海陆观测系统过渡示意图

7.1.3.1.2 激发方式拼接方法

由于研究区地表条件变化较大，激发方式受到很大限制，原有的激发设备不能保证资料的完整性。

为了满足施工的要求，通过论证，在保留侧吊式作业功能的基础上，在现场将气枪震源增加拖枪式功能；对于正常的气枪船以及钻井船无法作业的浅水暗礁区或牛轭水洼区，现场设计了浅水小气枪阵列以及浅水小气枪船，以便能够在这些复杂受限水域采集资料，避免因地形原因造成资料空白区(如图7.1.3所示)。

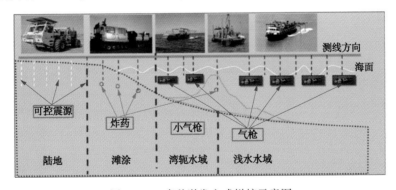

图7.1.3 多种激发方式拼接示意图

7.1.3.1.3 接收方式拼接方法

接收方式拼接方法：水域使用沼泽检波器和双检检波器，陆域使用速度型检波器；即陆地检波器、双检检波器和沼泽检波器3种接收设备无缝衔接（如图7.1.4所示）。

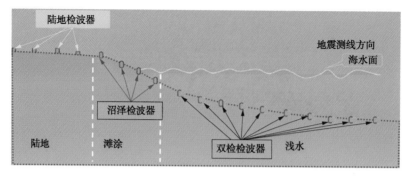

图 7.1.4　多种接收方式示意图

7.1.3.2.3 双检接收技术的运用

研究项目应用海底电缆双检接收技术，即采用单道两种检波器同时接收的方法，每个接收点包含一个压电检波器（水听器）和一个速度检波器（陆上检波器）。这两种检波器接收到的地震信息通过双检求和处理（图7.1.5），能有效消除浅海地震资料中的鬼波，从而提高地震资料的分辨能力。

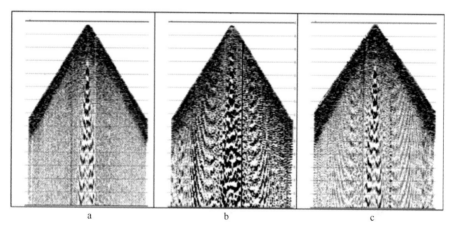

图 7.1.5　不同接收技术效果图

a—水检；b—陆检；c—双检

7.1.3.3　声学二次定位技术的运用

对于海上地震资料采集，检波点位置的准确性是影响资料品质的重要因素之一。对于研究区的海上地震勘探，采用声学二次定位系统，获得了准确完整的检波点二次定位数据，精度控制在10m以内（图7.1.6），满足了海上地震勘探的要求。

7.1.3.4　综合质量控制技术的应用

研究项目既涉及可控震源系统，又有炸药和气枪震源；既有陆地、沼泽检波器，又有双检检波器；既有陆地和可控震源定位系统，又有导航和声学二次定位系统；地震数据和地震质量控制的辅助数据非常多，同时采用两套仪器系统进行作业，既有陆地观测系统采集的数

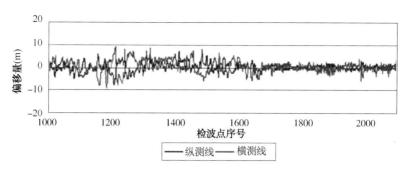

图 7.1.6　局部声学定位后的效果

据。又有 OBC 观测系统采集的数据。由于采用了多数据和系统联合应用,质量控制难度相对比较大。为了确保采集质量,一方面充分利用仪器设备的现场质量监控功能,加强现场质量监控,如利用 408 仪器结合 VE432(可控震源编码器)现场监控可控震源工作状态,利用 GATOR 软件监控气枪工作状态,利用 SQC-PRO(408 仪器自带 QC 软件)监控地震记录质量,利用仪器监控排列情况等;另一方面加强室内质量控制,利用现场处理监控地震资料,同时应用根据过渡带地震勘探的特点编写的质量监控软件,以及生产数据统计软件,从而保证了质量控制既准确又快速。

7.1.4　地震勘探效果

通过上述多种技术的综合应用,解决了施工中的技术难题。图 7.1.7 显示了最终震源类型分布及覆盖次数,图 7.1.7a 中粉色部分为沉放深度 5m 的深水气枪、棕红色部分为沉放深度为 2m 的浅水气枪、天蓝色为沉放深度为 2.5m 的浅水气枪、蓝色为 2m 沉放深度的浅水小气枪、绿色为可控震源、红色为炸药震源;图 7.1.7b 从左下到右上代表由陆地到浅海,覆盖次数从陆地 360 次平稳过渡到海上 720 次,中间无跳变。

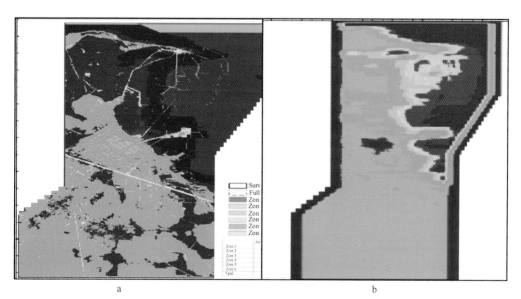

图 7.1.7　全区最终震源类型分布及覆盖次数图

a—震源类型;b—覆盖次数

图 7.1.8 为一束横穿整个工区的三维束线，地表类型有工业城区、生活区、施工工地、工业码头等。图的上部为测线炮检点分布，黄色表示陆地观测系统炮点，红色表示 OBC 观测系统炮点，剖面为海陆观测系统分别获得的地震资料的合并处理结果。

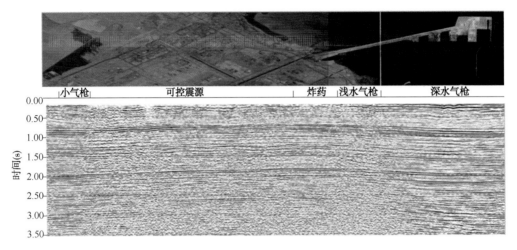

图 7.1.8　束线位置及现场处理剖面

7.2　北海 DAN 油田 OBN 地震勘探实例

7.2.1　工区概况

北海位于大西洋边缘，在大不列颠岛和欧洲大陆之间，东通波罗的海，西南由多佛尔海峡通往大西洋，面积 $57 \times 10^4 km^2$。这是一块地质史上沉陷不久的大陆，海底石油、天然气资源十分丰富。DAN 油田位于丹麦北海中央地堑，是 Maersk 石油公司经营区域的一部分。Maersk 石油公司为丹麦地下联盟（DUC）代表。DAN 油田的生产始于 1972 年，此后面临油田枯竭的问题。这种情况在 1989 年出现了转机，当时使用水驱来保持压力和优化注水。储层深度约 2km，属于白垩系 Chalk 组地层，该套地层具有孔隙度（25%～40%）相对较高、渗透率低（1～5mD）的特点。油田中心存在气顶，属于复杂断裂区。油柱高度范围从油田西侧翼大约 50ft 到主体部位大约 300ft 变化，最厚的部分位于中央，该部位被平台障碍物所影响。即使油田相对成熟，剩余油气储量仍很巨大，并且任何采收率的提高都将对油气产量产生很大的商业影响。

DAN 油田先后完成 4 次拖缆数据采集，一块在 1988 年采集，两块在 2005 年采集，还有一块在 2012 年采集。特别是在 2005 年地震采集的方向发生了变化，在同一块勘探中同时完成两个方位角的采集，一个是北东—南西方向，重复原来的 1988 年采集方位，另一个在东西方向，与覆盖几个油田的更大区域勘探方位角相一致。该策略可以去除方位角间的 4D 效应，即 1988—2005 年的北东—南西方向和 2005—2012 年的东西向之间的方位角。

7.2.2　勘探难点

现有 DAN 地区拖缆数据的 4D 结果显示了优良的资料品质，允许水驱追踪及其他如

Dons，Gommesen，Calvert 和 Zaske 所述的生产效应，如图 7.2.1 所示。由于主平台复合体相距仅 1.7km，该平台障碍物的存在限制了地震资料的品质，同时出于安全考虑，2012 年决定，除了常规的双船激发(two boat undershooting)和斜缆采集(oblique lines)，不得在平台之间实施任何拖缆采集。

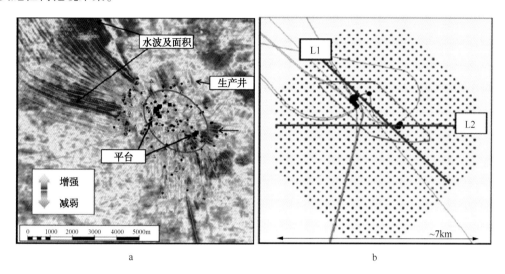

图 7.2.1　DAN 地区地震勘探形势图

a—声阻抗差异图，平台周围和之间的区域质量差；b—OBN 勘探检波点排列方式，覆盖了包括平台在内的
油田主要部分，蓝色粗线指示图 7.2.2，图 7.2.3 所示的 L1 和 L2 剖面

在利用 OBN 进行地震勘探时，在恢复了这些节点之后发现，尽管保安船只 24h 监控，仍有 34 个节点因渔船拖网捕鱼而从它们预先设置的位置被移走。此外，23 个节点缺失最终 GPS 钟表时间。还有 24 个节点具有各种故障(例如电池问题，漏水，传感器故障或数据不完整)。后来通过岸上的附加工作使得有故障的节点减少到 17 个。另外，由于大风暴和浅水环境的影响，在勘测期间也观察到部分节点存在倾斜的问题。

7.2.3　主要技术措施

7.2.3.1　OBN 地震勘探技术

在 2012 年在 DAN 油田实施了 OBN 勘探，填补了与平台相关的拖缆数据缺失区。进而勘探范围进一步扩大，以允许 OBN 技术在整个油田范围内得以应用及尝试。在 DAN 油田完成了由 959 个地震节点组成的 OBN 勘探采集。节点由 3 个 14Hz 全倾斜检波器(omni-tilt geo-phones)，1 个水中检波器和 3 个正交倾斜传感器组成，其中检波器安装在 GalPerin 装置中。节点放置在集装箱化的处理系统中进行存储、清洁和下载。将它们放在节点缆内，利用发射和恢复系统(LARS)将节点缆降到海底，远程操作车辆(ROV)根据预先设计绘制的位置将其精确放置在海底，使其精确部署到海面及水下设施中。节点间隔 225m×225m，涵盖了包括平台在内的油田大部分领域，如图 7.2.1 所示。使用一条单独的震源船操作，在船航线上拖曳双震源，其间距 75m。炮点设置在 37.5m×37.5m 网格上，整个工区最小远偏移为 4000m。接收点布局大致呈八边形，以匹配地下构造。震源线采集主要沿北东—南西方向，与 2005 年平台间的航线方向相一致。

OBN 数据采集在研究区应用效果较为理想，其原因包括：由于更好的针对目的层的照明，可改善复杂地质环境中成像质量；利用多分量数据，拓展频谱带宽及改进处理解决方案，如多次波衰减。如果在 4D 应用中使用该技术，则节点布置的高精度具有较好的重复性。节点技术另一个重要优点是，检波器布置操作简易、安全，无论其靠近海面或水下设施，而有些地区常规拖缆技术则受到限制。

7.2.3.2 针对性处理

经过包括炮检距矢量片（OVT）偏移和逆时偏移（RTM）处理等常规程序处理后，得到快速处理数据体和最终数据体。在数据采集竣工 2 个月后，交付了快速处理数据体，仅包括油田内部和处理质量控制的那些节点数据，共由 851 个节点组成。同时调动了专门的处理人员进行平行处理，以克服采集中的相关问题对资料品质的影响，得到最终较高质量的数据体。除了船上时钟漂移质量控制外，使用初至迭代和互相关方法进行质量控制和校正节点测定时间。该方案用于解决时钟漂移校正，并被成功应用于初始受影响的 23 个节点和另外 30 个节点，这 30 个节点未做处理质量控制。另外，应用来自倾斜传感器分量的时变倾角来补偿在采集期间的风暴影响，并用矢端曲线（hodogram）分析得到验证。在 OVT 域中处理数据允许方位速度校正，并从宽方位角勘探特性中提供进一步信息（快、慢速度方向）。最终的处理流程包括：水陆检求和前的模式识别提高信噪比，用于去噪三维 $f–k$ 和 $\tau–p$ 变换，以及基于模型的水层去多次波（MWD）来改进多次波模型。

7.2.4 应用效果

应用效果如图 7.2.2 和图 7.2.3 所示，对 2012 年 OBN 和拖缆数据集进行了比较。在平台之间和平台周围，无论 Chalk 组目的层还是其上覆和下覆地层，OBN 数据成像质量都有明显提高。该区域是油层最厚的地方，这对未来任何的提高采收率（EOR）努力都将特别重要，如 CO_2 驱油。除了构造成像更加清晰，断层成像效果和反射层的连续性都有明显提高。OBN 结果还显示出更宽的频带宽度。在平台区域之外，差异没有那么明显，但总的来说，OBN 数据至少与拖缆数据质量相当或者更好。

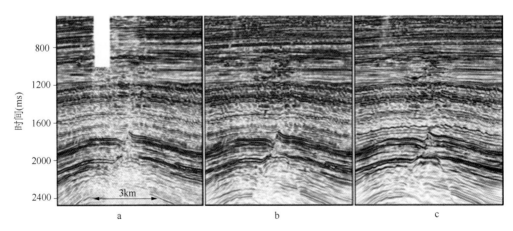

图 7.2.2　沿图 7.2.1 中 L1 测线方向，欠能量的拖缆采集和 OBN 采集后逆时偏移处理结果比较图
a—拖缆；b—与拖缆频带相匹配的 OBN 数据；c—OBN 全频带数据

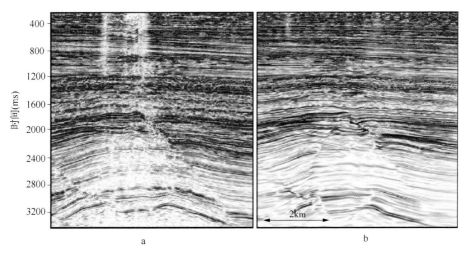

图 7.2.3 沿图 7.2.1 所示的 L2 线方向，欠能量拖缆采集和 OBN 采集后逆时偏移处理结果比较图

a—拖缆；b—全频带 OBN 剖面

在 DAN 油田浅水环境中进行了广泛的 OBN 资料采集，补充拖缆数据的缺失，以提高平台区域中的数据质量，并完成了 OBN 和拖缆技术之间充分的野外测试。OBN 采集技术在浅水域的应用存在很多复杂情况，包括暴风雨期间的时变倾斜和因捕鱼活动而丢失节点。在勘探结束时，时间同步性对于大量节点均不成功。其中一些问题需要创新处理解决方案，并将这些方案用于数据处理来克服野外采集存在的问题。相比于拖缆数据，尤其是在受平台影响的区域，得到的 OBN 数据成像结果显示出品质极大提升，并为任何未来在该地区地震数据的采集可以提供几种策略选择。

7.3 西非近海拖缆地震勘探实例

7.3.1 工区概况

近年来，开发了很多的采集和处理解决方案，实现了利用海上拖缆获得宽频海洋地震数据的目的。其重点是在频谱的高频端和低频端同时扩展瞬时带宽。衰减接收端鬼波的技术包括可变深度拖缆和结合多分量拖缆(通常为总压力 p 和质点速度 v)来填补鬼波陷频。

勘探区位于西非海域，该区地质情况极其复杂。水深相对较浅，约 170m 左右。古近—新近系近地表地层中发育大量的浅水河道，其下覆是快速沉积的三角洲沉积相和规模较小的河道沉积，地震反射表现为杂乱特征。目的层位于不整合面之下，该不整合面将盖层和狭长拉伸型的半地堑构造相分离，目的层是下白垩统—三叠系湖相的砂泥岩互层。铲式断层形成半地堑的构造将其与下伏层分开，这在老地震资料中被认为是无法区分的基底。此次勘探目的是提高构造和地层圈闭成像精度，以增强井位确定和远景区带划分的信心。

7.3.2 勘探难点

为了确定研究区的有利目标，对 20 世纪 80 年代和 90 年代后期(2008 年进行重新处理)采集的多期老二维地震测线以及 20 世纪 80 年代后期勘探井测井数据进行解释。除了二维观测系统的先天性缺陷，老数据有很大的局限性，主要包括强烈的多次波，缺少低频和连续性的可靠的振幅反演。因此，基于上述资料的研究成果并不适合于有利区带的确定。地震数据和速度信息的分析表明，考虑到环境噪声、地层衰减和目的层深度，目的层高频端约 80Hz（从峰值频率向下测量 30dB 处）。为满足断阶区确定、尖灭线刻画及微断裂解释的地质需求，高分辨率、高质量的宽频带三维地震数据被认为是提高井位确定信心所不可或缺的。沉积地层倾角达到 25°，而断层倾角可达至 50°，并且有证据表明多处具有复杂的悬垂构造，成像难度都很大。

7.3.3 主要技术措施

新的地震勘探预期目标是：它不仅能提供陡倾角断层成像和定量上下缆振幅反演所需的低频，还能提供满足两套主要目的层薄层识别、尖灭线刻画及小规模断层精确成像所需的高频。此外，需要良好的空间分辨率来正确定位断层体系，并且满足准确确定评价井和开发井井位需求。

7.3.3.1 宽带地震采集

多分量拖缆数据采集观测系统如下：8m×4.5km 拖缆，以 100m 的横向间距拖曳，双源交替（flip-flop sources），震源间距 25m。相对较宽的 100m 拖缆间隔是典型的满足勘探程度的调查，但本实例应用此种观测系统是用于评价和开发目的。使用多级震源阵列组合（multi-level source array）来部分地消除震源端鬼波的影响。最终的处理流程包括相位和振幅反 Q 滤波。

拖缆在 23m 的固定深度拖曳，因此可以受益于水检数据丰富的低频信息和包括所有炮检距在内的更安静的采集环境。使用 ODG 算法进行波场分离，可以有效补偿常规拖缆在低频和高频端受带宽限制造成接收端鬼波的影响，并因此可以获得高分辨率的地震数据。

该勘探工作于 2013 年初完成，整个勘探期间天气状况总体良好，勘探期间的涌浪高度在 1.5~3.5m 之间。由于拖缆深水拖曳，涌浪相对高的时期也没有影响数据质量。在海面平静的日子，会发生"上升流"（upwelling）现象，也就是由于相邻海水聚集成团和热效应使更深的水上升到表面。这会引起柱状水扰动，这种现象可以在海面上看到与周围海水不同颜色的海面带斑。当拖缆遇到这些上升流时，它产生的湍流影响到了拖缆的深度和形状。上升流持续约 30 分钟并对约 50% 主测线产生影响。

7.3.3.2 宽频带地震处理

在应用 ODG 算法完成前期的单传感器噪声衰减、去子波反褶积及 P 波和 v_z 数据波场分离之后，剩余处理流程主要包括以下步骤。

7.3.3.2.1 去多次波

结合真方位角三维表层多次波预测、确定性水层去多次波（DWD）和加权最小二乘 Radon 变换，来成功完成数据中多次波的偏移前压制。使用适当的联络线孔径，同时应用预测海面多次波模型与来自 DWD 的预测多次波模型，并将它们从输入数据中减去。随后应用加权最小二乘 Radon 变换，以进一步压制在该联合应用中剩余的多次波能量。

7.3.3.2.2 成像和密集速度分析

完整的预偏移处理数据被分成 60 个炮检距组，进行数据规则化和面元中心化处理。然后使用克希霍夫算法对不同炮检距进行时间偏移。由于从基底一直到地堑构造，速度剖面发生快速横向变化，因此导出了非常详细的偏移后的叠加速度场，以提供最佳的叠加响应，并确保通过加权最小二乘 Radon 变换达到最佳效果。该速度场网格间距为 125m×125m，随后在每个共中心点(12.5m×12.5m)处自动进行剩余速度分析。

7.3.4 应用效果

图 7.3.1 比较了老二维资料和来自应用 ODG 算法后三维数据体中的一条联络测线偏移剖面。正如所预期的那样，相对于老二维资料，新三维数据品质有了显著提高。原来与盖层没有差异的基底现在可以识别了。成层性比较明显，在半地堑构造周围的不同级次断层成像清楚，而且基底清晰的反射表明存在侵入和喷出的火成岩。盆地内部显示更多的细节，表明在早期充填期间，存在快速沉积环境，但是在地堑中沉积速度放缓并且提高了沉积强度，并伴随有小规模的上超现象。这表明在断裂过程早期形成的潜在烃源岩，显示为声阻抗(白色波谷)的降低，表明在盆地填充时更高的有机含量和在两个方向上厚度的变化。潜在的横向速度快速变化还表明在地堑边缘周围更复杂的地质构造。

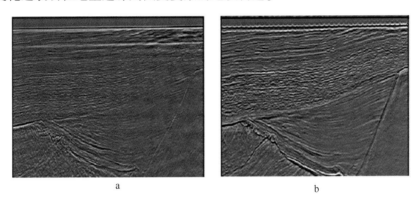

图 7.3.1　老二维数据与多分量三维 ODG 叠前偏移数据对比图
a—老二维数据；b—多分量三维 ODG 叠前偏移数据

三维数据上明显的狭窄波峰和受压制的旁瓣很好的显示出时间域宽频带数据可以同时扩展高频和低频分量，并且与致力于在接收端去鬼波的处理程序相一致。

图 7.3.2 是老资料与 ODG 资料的振幅谱对比。多分量 ODG 数据显示倾斜斜坡与预期的震源子波截止频率一致，其中接收端的鬼波陷频被充填，并且有效频率远高于 80Hz(由粉红色重叠区 30dB 截止频率以上的部分表示)。在低频端，其频带拓展到至少 5Hz。该频谱是宽带的，正如所预期的，比浅拖缆老二维数据品质有明显提高。可以利用剩余震源端去鬼波(residual source-side deghosting)实现进一步低频信号增强。

图 7.3.3 比较了未偏移叠加的 ODG 数据与等效叠加的分离的 P 波和 v_z 数据。图 7.3.4 是应用了 10Hz 高截滤波器后对图 7.3.3 的重新显示。正如所预期的那样，v_z 叠加展示出更强的噪声背景；然而它也表明在频率低于 10Hz 时 v_z 信号含量有助于去鬼波和波场分离。

初步解释表明，包括盖层，储层和烃源岩层在内的宽频数据体中，提供了丰富的地质信息。图 7.3.5 是浅层成像的一个示例，其显示出了复杂环境，如蜿蜒重叠的河道、侵蚀地表和区域性断层等。尽管 100m 的拖缆间隔相对较宽，但是小规模的构造圈闭和岩性特征也表征的非常清楚。

在多分量三维拖缆地震数据采集基础上，完成叠前时间偏移处理，主要环节包括波场分

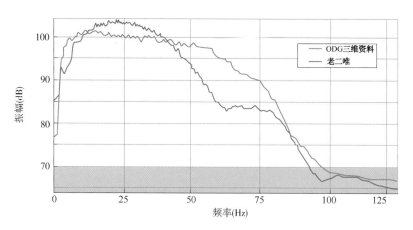

图 7.3.2 偏移成像后的振幅谱

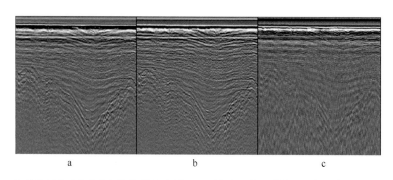

图 7.3.3 未偏移叠加剖面对比接收端去鬼波 ODG 输出、输入数据 P 波和输入数据 v_z 的对比图

a—接收端去鬼波 ODG 输出；b—输入数据 P 波；c—输入数据 v_z

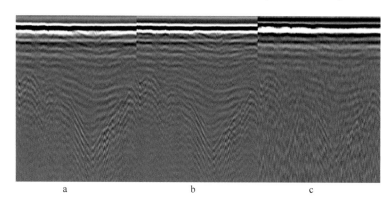

图 7.3.4 对图 7.3.3 应用 10Hz 高截滤波

a—接收端去鬼波 ODG 输出；b—输入数据 P 波；c—输入数据 v_z

离和应用 ODG 技术实现 P 波和 v_z 分量在接收端去鬼波。采集受益于低频增强，多传感器拖缆在 23m 的深度处跨越整个炮检距范围进行拖曳。下一步对低频的提升将来自剩余震源端的去鬼波。早期在地震加速度检波器数据上的点接收处理也提供了噪声压制，确保 v_z 数据能够在低于 10Hz 的频率下去鬼波。最终数据体的初步解释表明数据体具有高分辨率、宽频带特点，可以用于构造精细解释和定量储层反演。

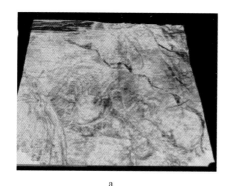 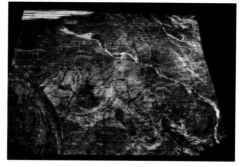

a b

图 7.3.5 浅部刻画河道效果图

a—古近—新近系剖面解释层提取的时间切片；b—经频率包络颜色混合后的重显示

7.4 北海 Edvard Grieg 油田拖缆地震勘探实例

7.4.1 工区概况

北海油田自 20 世纪 70 年代开始产油，80 年代起大规模开采，使英国成为世界重要产油国之一，挪威次之，产量除满足两国需要外大量出口。挪威的 Ard Grieg 油田发现于 2007年，位于 Stavanger 以西大约 180km 处。该油田包括多套不同年代和品质的油藏，其深度约为 1900m，还包含了不带气顶的未饱和油藏。北海地区的储层具有非均质性强的特点，并且研究区断裂体系较为发达，近地表和上覆地层比较复杂。

7.4.2 勘探难点

在北海地区，拖缆观测系统通常是最经济实用的三维地震采集方式。然而，拖缆技术会产生海面反射波，接收端和震源端的"鬼波效应"会极大地限制记录数据的带宽，使成像和反演分辨率大打折扣，从而降低解释可信度。另外北海地区的储层非均质性强，并且由于发达的断裂体系及近地表和上覆地层的复杂性导致精确的成像变得更加困难。因此，需要进行三维宽频带成像并且拓展时间域频带宽度。这就需要足够的空间分辨率，而由于必要的拖缆分离通常在经济上并不划算，甚至不切实际，现代的拖缆宽频带观测系统设计往往忽略了这一点。克服联络线方向采样稀疏的方法之一就是进行某种形式的多维插值，以减小联络测线方向的面元尺寸。然而，这种方法通常具有一定的局限性，因为无法获得联络线方向的压力梯度，往往完全依赖于由低频插值得到高频。

7.4.3 主要技术措施

7.4.3.1 多分量拖缆系统采集技术

近年来，各种形式的宽频带解决方案已经形成了行业标准。与某种特殊处理相结合的采集技术，如上下缆（over-under）、斜缆（slanted）、基于水下检波器 P 波和速度 v_z 的双传感器，或者甚至是传统的平缆检波器采集与先进的处理技术的结合，都以消除接收端的鬼波效应为目的。所有这些技术都在不同程度上有助于克服鬼波效应，并在频谱两端有所拓宽。

研究区采用多分量拖缆系统采集的一个小三维地震工区。该系统采用高密度采样的微电子机械系统(MEMS)地震加速度检波器同时记录总压力和质点加速度矢量。在一些初始预处理和噪声衰减之后，垂直质点加速度(a_z)和水平联络线方向质点加速度(a_y)被转换为压力梯度(p_z 和 p_y)，与压力(p)共同作为输入进行联合三维插值并通过广义匹配追踪(generalized matching pursuit)进行接收端去鬼波(即 GMP)，这样便以 6.25m×6.25m 的网格对每一炮生成重建的上行波场。从这点来说，依据勘探目标，资料可在常规密度下进行处理，例如，只利用原始拖缆位置处的数据，或者，高密度采样的炮点数据可用来建立任意大小的面元，用于后续的资料处理和成像。采用一套标准的叠前时间偏移处理流程对本次研究的数据进行处理，但处理中使用了所有的重建数据道和较小的等距面元，其大小为 6.25m×6.25m。

采用 10 条拖缆进行采集，最大炮检距为 6km，拖缆间距为 75m，在恶劣的天气条件下(涌浪高度在 1.5~2.5m 之间)将其置于水下 18m 的深度。当涌浪较高时，通过将拖缆置于较深的位置并结合原始资料的高密度采样来消除影响，这样就可记录非假频噪声及有效噪声衰减。震源包括两个宽频带、三角形的多级震源，其大小均为 5085in^2，并以 6-9-6m 的方式进行拖曳。对震源组合进行了特别设计，以提高其相对于类似尺寸常规单级震源排列的低频输出，并在 20°初始角度范围内消除 150Hz 以下的高频鬼波。在逐炮采集的基础上，采用标准的海上震源(CMS)技术来记录各排列的近场信息，这样能够消除任意单炮之间的变化，并能进行剩余震源鬼波的去除，以便提供完全去鬼波之后且频带最佳的震源波场。

7.4.3.2 去鬼波及针对性处理

这里对附加压力梯度的测量值进行了估算，使联络测线的重构更加稳定，从而有助于接收端去鬼波。此外还对震源端去鬼波的效果进行了评估。

最初的预处理在船上进行，包括单分量检波器的拖缆噪声衰减。接着进行与项目采集目的相关的特定噪声的衰减，以便在全部 3 个分量中进一步提高信噪比。图 7.4.1 展示了一条外侧拖缆(outer cable)中原始 p，p_z 及 p_y 分量叠加的对比。该图表明，尽管排列的联络测线炮检距有限，但我们仍然可以看到来自垂直以及水平梯度数据的贡献。在 p_z 及 p_y 方向，均

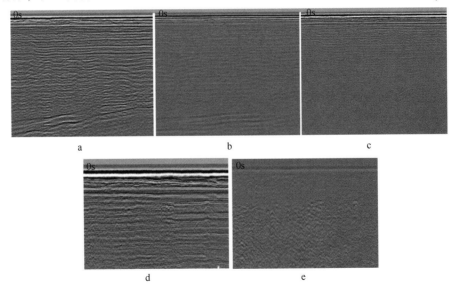

图 7.4.1 初始预处理之后单一分量的原始叠加

a—p 分量，外侧拖缆；b—p_z 分量，外侧拖缆；c—p_y 分量，外侧拖缆；
d—外侧拖缆 p_y 分量的放大；e—表示内侧拖缆 p_y 分量的放大

能在地表向下至 2.5~3s 的范围内，甚至在较强的基底反射之下观测到有效信号。正如预期的那样，相对于外侧拖缆（图 7.4.1d），内侧拖缆 p_y 方向的叠加剖面（图 7.4.1e）上并没有太多来自水平反射界面的能量。然而，两条测线上的 p_y 叠加均可见到来自平面之外的明显相干同向轴，例如绕射波。

如果在去鬼波处理中能够成功分离上行波场和下行波场，那么我们就能重新对其进行求和（生成 p_{total}），并观察其相对于最初原始压力分量的最小差值。图 7.4.2 和图 7.4.3a，b，c 展示了拖缆处波场重建的炮集和共中心点叠加剖面，应用 GMP 算法求取 p_{raw} 与 p_{total} 的差值，以及仅利用 p 和 p_z 分量去鬼波方法得到的等效结果，所用的方法为 Caprioli 等提出的优化去鬼波技术（ODG）。这些结果的对比表明，利用 GMP 方法得到的 p_{raw} 和 p_{total} 之间更加匹配。该方法基于联络线的梯度测量，剩余噪声主要包括不匹配的低频噪声。图 7.4.2f 中的频谱同样证实了这一结论。ODG（二维）结果中最大的差异在于用来生成上行和下行波场的去鬼波滤波算法的二维性质所致，而原始地震数据的本身是三维的。

图 7.4.3c 及图 7.4.3d 所示为内侧拖缆记录的上行波场（p_{up}）的叠加剖面，重构的虚拟拖缆正好位于两条最内侧拖缆之间。尽管由于检波器所在位置不同而可能出现一些微小差异，但是地质特征和细节层次有着很大的相似性。

在波场重构之后，利用 CMS 记录的震源子波进行了震源端的剩余鬼波校正，结果如图 7.4.4 所示。需要重点指出的是，在这个过程中没有对子波进行额外的频谱整形或者白化，因此数据中的子波与没有鬼波效应的远场子波特征相似，从而使得地震响应主要受低频成分控制。这样相应的可以对低频成分进行简单的视觉上的质控，以确保其保真度，并在后续的反 Q 滤波（包括相位和振幅）及偏移后剩余子波整形中突出其重要性。从这一点来说，数据已经完全进行了去鬼波并作为常规数据进行处理。要注意此时数据拥有更宽的频带和更加精细的空间采样率。

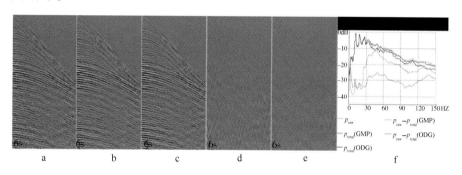

图 7.4.2　去鬼波之后的炮集

a—原始炮集 p_{raw}；b—GMP 之后的炮集 p_{total}；c—ODG 之后的炮集 p_{total}；
d—GMP 之后 p_{raw} 与 p_{total} 之差；e—ODG 之后 p_{raw} 与 p_{total} 之差；f—振幅谱

空间上密集采样的炮点记录能够通过在最精确的位置利用给定的采集地震道建立地表多次波模型的方式为三维表层相关多次波衰减提供优化的信息。在最大限度地保留地震道所携带的信息的同时，褶积前快速的预备处理和校正是其次的。在面对复杂的地下地质情况和宽频带地震处理时这点尤为重要。如前所述，在信号处理流程中并没有对数据进行大量的抽稀，以保持高密度采样波场的优势。以 3.125m×3.125m 的地下面元完全预处理之后的数据按炮检距被分为 80 组，然后进行规则化并置于大小为 6.25m×6.5m 的面元中心。随后利用各向异性克希霍夫叠前时间偏移算法对炮检距道集进行偏移处理。

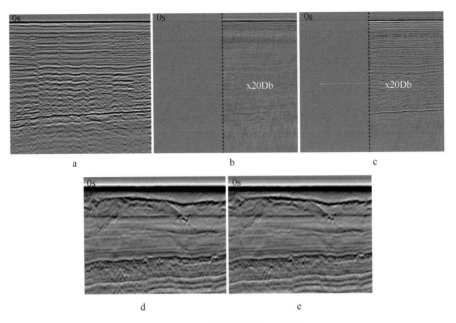

图 7.4.3　外侧拖缆叠加剖面

a—原始炮集 p_{raw}；b—GMP 之后 p_{raw} 与 p_{total} 之差；c—ODG 之后 p_{raw} 与 p_{total} 之差；

d—重构的内侧电缆上行波 p_{up}；e—重构的虚拟电缆

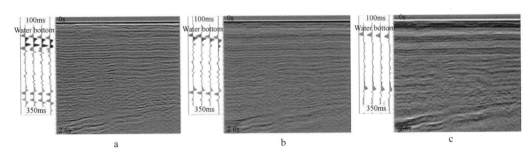

图 7.4.4　来自一个炮集的前 4 道及其叠加剖面

a—去鬼波之前的数据；b—GMP 之后的数据；c—震源端去鬼波之后的数据

7.4.4　应用效果

采用多分量拖缆和多级宽频带震源完成了北海某三维地震工区的采集工作。联合应用基于广义匹配追踪的插值及去鬼波技术完成 p，p_z 以及 p_y 分量的处理，在 6.25m × 6.25m 的网格下获得高密度采样的上行压力波场，并进一步用于震源端的去鬼波处理。应用高分辨率叠前时间偏移流程完成资料的处理，处理中保持精细的等距采样。得益于深层拖缆，宽频带震源以及三维去鬼波的结合，处理结果在超低频和超高频端都显示了较高的信噪比。

分析最终成像结果(如图 7.4.5)表明，时间和空间分辨率同时得到拓展的地震资料从多个层面上有助于了解释精度的提高。中新世—上新世地震反射同向轴连续性得到改善，内部的断层成像较好，侵入系统得到明显突出，中生界目的层的成层性及成像也得到改善。此外，基底断层成像也得到较好的解决。通过更好地利用高密度均匀采样的炮集数据，将可能实现对数据的进一步改善。例如，在进行噪声衰减时通过将每一炮当作一个三维道集，并转

— 254 —

换为高频，就能实现共炮点深度域偏移。此外，进一步研究更好的空间采样率对信号保真度的影响，特别是在进行反演时对高频成分的影响，同样也会很有意义。

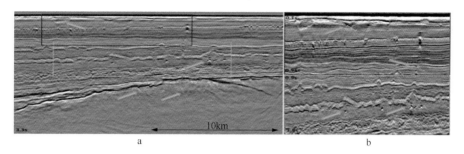

图 7.4.5　叠前时间偏移剖面

a—叠前时间偏移剖面全貌；b—右边是对浅层及古近—新近系断层高度发育区的局部放大

8 海洋油气地震勘探技术展望

8.1 海洋宽频地震勘探技术

随着宽频勘探研究的深入，地球物理工作者越来越清楚地认识到宽频地震资料具有诸多优势：宽频地震数据的地震子波旁瓣少而小，地震子波的主峰尖而能量强，提高了地震数据的纵向分辨能力；有利于提高地下介质的成像质量和储层内幕细节的识别；有利于地震同相轴的自动追踪、拾取；低频信息的增加，提高了地震波的穿透能力，有利于复杂构造下伏地层和中深层的成像；低频信息的增加，减少了反演工作对井信息的依赖度，提高了反演的精度和可信度；宽频地震数据丰富的高、低频信息，增强了地震数据对岩石物性和流体属性的识别能力；宽频地震数据丰富的低频信息也更有利于全波形反演工作的开展，提高了全波形反演的稳定性和收敛速度。这也促使业界更加致力于宽频勘探技术的研究，推动了宽频勘探技术的进步和发展。

随着海洋油气勘探逐步转向深部油气层、高速屏蔽层下油气储层和复杂构造油气藏等领域，为适应新的勘探形势对地震资料精确成像的要求，海洋宽频带、宽方位、高密度勘探技术也得到了迅速发展，并将成为海洋拖缆高精度地震勘探的主要技术手段。但海洋地震勘探所特有的施工环境、施工特点、施工工艺和施工装备，为海洋宽频带、宽方位、高密度三维地震勘探技术的实现提出了严峻的挑战。

8.1.1 海洋宽频震源

8.1.1.1 宽频气枪震源

随着气枪制造技术及气枪阵列设计技术的进步，有效降低气泡震荡对气枪子波频谱低频端引起的畸变，提高气枪子波频谱低频端的能量，同时拓展高频将成为可能(图 8.1.1)。

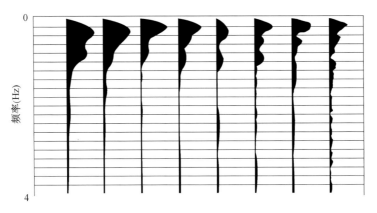

图 8.1.1　低频气枪震源可输出超低频的低频信号

8.1.1.2 多层枪阵震源技术

为了消除虚反射所引起陷波效应的影响，尽量拓展地震数据的频带范围，将气枪子阵沉放于不同深度,从最上层子阵开始顺序地延迟激发各层子阵,延迟时间是上层子阵激发的下行波波前到达下一层的走时。这样,在保证下行波波前同相叠加能量不变的同时,到海平面的上行波能量不能同相叠加而受到削弱,降低了虚反射的效应,增强了子波低频端的能量,拓展了子波的频谱宽度(图 8.1.2、图 8.1.3)。

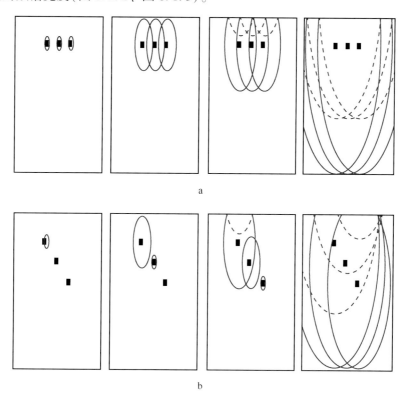

图 8.1.2　平面震源(a)与多层震源(b)激发效果对比示意图(据 Cambois 等)

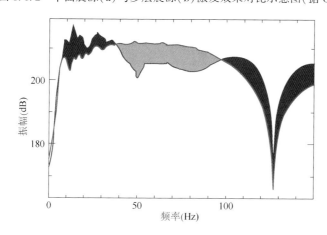

图 8.1.3　平面震源(蓝色)与多层震源(红色)子波频谱对比(据 Cambois 等)

8.1.1.3　海洋偶极子震源(Marine Dipole Source)

海洋偶极子震源通过反向旋转两个离心体激励器(Counter-Rotating Eccentric-Mass Actuator,图 8.1.4)产生方向相反的力来调节地下反射波与鬼波的极性,从而使反射波和鬼波相干干涉,消除鬼波陷波效应的影响(图 8.1.5),进而加强低频端的能量。这种海洋偶极子震源可以产生低频端达到 1Hz 的低频信号(图 8.1.6)。

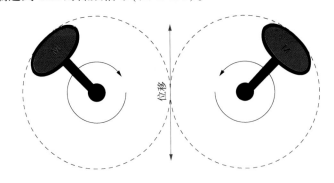

图 8.1.4　海洋偶极子震源示意图

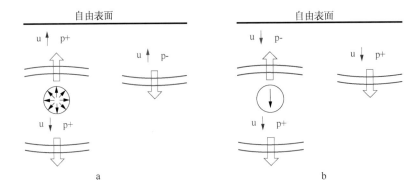

图 8.1.5　常规气枪震源鬼波的特性(a)和海洋偶极子震源鬼波的特性(b)对比

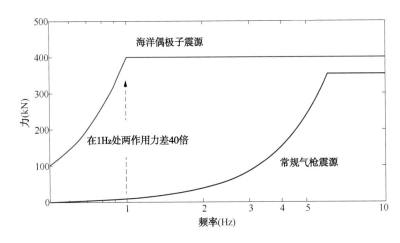

图 8.1.6　常规气枪震源频谱(蓝色)和海洋偶极子震源频谱(红色)

8.1.1.4　海洋可控震源(AquaVib)

　　商业化的海洋可控震源已经在 20 世纪 80 年代取得了成功,但当时的可控震源所激发的地震波缺失 15Hz 以下的信息。AquaVib(图 8.1.7)通过弯曲紧缩的外壳设计增加了与海水的耦合度,通过磁致伸缩的铝合金提高了电能向机械能转化的效率,通过内置的放大器放大其功率,从而使其可激发出足够的低频信号。2015 年利用该海洋可控震源在墨西哥湾的南 Tembalier 区进行了试验取得了很好的应用效果(图 8.1.8)。

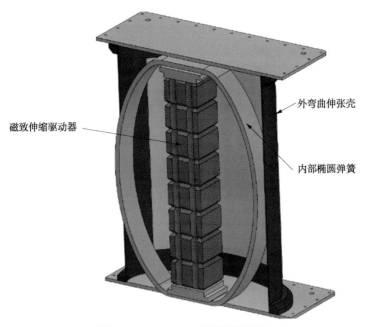

磁致伸缩驱动器

外弯曲伸张壳

内部椭圆弹簧

图 8.1.7　AquaVib 海洋可控震源

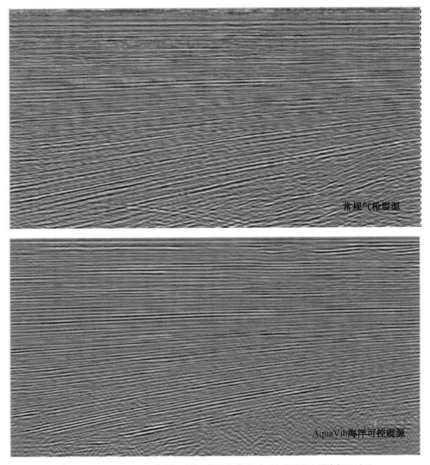

常规气枪震源

AquaVib海洋可控震源

图 8.1.8　AquaVib 海洋可控震源和常规气枪震源地震剖面对比

8.1.2 海洋宽频带地震数据接收装备

相对于低频地震信号，高频地震信号在传播过程中衰减更快，电缆接收到的高频信号能量较弱，因此宽频带地震数据接收对环境和设备要求更为苛刻。另外，为了兼顾得到更多（低至2Hz）低频分量，对电缆的频率响应特性也提出了更高要求。

宽频带地震技术的核心之一是专用固体电缆，它具有良好的低频响应特性和抗干扰性能（图8.1.9），使之能沉放到更大深度。新开发的水听器能接收低达2Hz的地震反射波，使数据向低频端拓展1~2个倍频程，由此带来的挑战是记录的低频信号含有相当大的噪声成分。因此必须降低接收阶段的低频环境噪声，但常规的液体电缆难以做到。固体电缆的诞生有效地降低了接收阶段的低频海洋环境噪声。

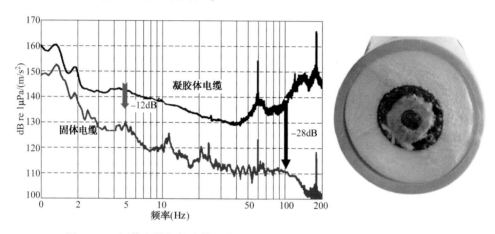

图 8.1.9　固体电缆与凝胶体电缆噪声性能测试结果对比（据 Soubaras 等）

与宽频气枪震源配套的宽频检波器是实现海上宽频带地震数据采集的另一重要设备。目前国际上数字检波器已经应用到海洋地震数据采集中（如 Sercel 公司的 SeaRay 海底电缆地震数据采集系统）。与模拟陆检相比，数字检波器动态范围大（90dB）、频带宽（理论上为 0~500Hz），低频端 3Hz 以上都有较好的频率响应。但目前用于海洋地震数据采集的压电检波器低频端响应为 10Hz 左右，不能满足宽频勘探的需要。近年来，法国 CGG 推出的 Broad-SeisTM 技术，通过应用变深度电缆（压制检波点端的鬼波）、多级深度沉放同步气枪阵列（压制炮点端的鬼波），应用宽频检波器，采集的拖缆地震数据低频端达到 2.5~5Hz。因此，宽（低）频压电检波器将是未来几年发展的重点，宽频数字检波器与宽（低）频压电检波器结合，配合宽频气枪震源，可以有效拓展海洋地震数据的频带宽度。

8.1.3 海洋宽频地震数据采集

在海洋地震勘探的数据接收环节，电缆沉放深度的变化也对地震信号的不同频带起压制作用。当电缆沉放较深时，低频分量信号得到释放、高频分量信号被压制；当电缆沉放较浅时，高频分量信号得到释放、低频分量信号被压制。

上、下缆接收或变深度电缆接收，利用不同深度的虚反射陷波效应的差异，优化低频和高频信号的品质，达到拓宽频带的目的（图8.1.10）。

GeoStreamer™接收技术利用压力检波器和速度检波器对鬼波响应极性相反的原理，通过上下行波场的分离，达到压制鬼波，消除鬼波引起的陷波效应（图8.1.11）。

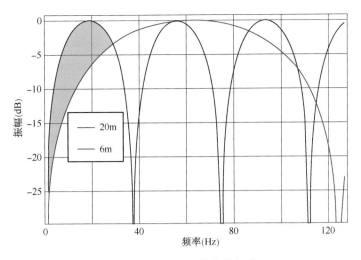

图 8.1.10 上、下缆接收频谱

上、下缆接收既填补了虚反射的陷波效应，又增加了低频端的能量，拓展了地震数据的频带宽度

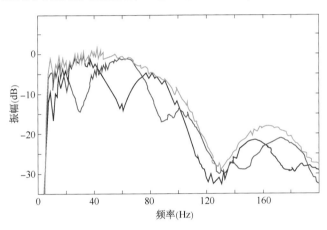

图 8.1.11 压力检波器(蓝)、速度检波器(红)及二者合并(绿)振幅谱图

8.1.4 海洋宽频地震数据处理

为了得到海洋宽频地震数据，在采集装备、采集技术和施工工艺进行攻关的同时，针对宽频的处理技术也取得了长足的进步。低频补偿技术进一步增强了地震数据低频端的能量。鬼波去除技术也由二维算法向三维算法发展，并考虑了海表面的起伏、入射角和反射系数的变化对鬼波去除的影响等。在研究如何去除鬼波的同时，利用鬼波成像技术也逐步发展起来。Q 偏移技术的工业化应用很好地补偿了地层的吸收作用，高频弱信号得到了有效的恢复，拓展了地震数据的高频有效信息。

8.2 海洋宽方位地震勘探技术

面对地质勘探目标的复杂性和对地震勘探精度要求的提高，应用宽方位地震勘探已成为目前地震勘探技术发展的主流和方向。与常规三维地震勘探相比，宽方位地震观测使各个方向的波场采样充分，有利于改善地下地质体的照明度，衰减相干噪声和改善速度分析精度，从而改善地震成像效果。同时，宽方位地震数据方位信息丰富，可以综合利用多种属性随方位变化检测地下裂缝和岩性的变化。

8.2.1 海洋宽方位采集

陆上宽方位采集通常通过增加接收线数和增大接收排列片宽度来实现，但这种采集方式的设备资源占用量大，成本也较高。如果采用井炮激发，成本会进一步提高，以致难以推广应用。为此，陆上宽方位采集多通过采用多炮少道、以炮代道的方法，并结合可控震源高效采集技术降低成本。与陆上不同，海上宽方位地震采集成本相对较低，实现方式多样，因此起步较早，发展也较快。特别是近年来发展了多种海上宽方位采集技术，如拖缆宽方位（Wide azimuth towed streamer acquisition，简称 WATS）、拖缆多方位（Multi azimuth，简称 MAZ）、拖缆富方位（Rich azimuth，简称 RAZ）、正交宽方位（Orthogonal wide azimuth）和螺旋式全方位（Coil shooting acquisition）等采集技术，对改善复杂构造成像效果起到了极大的推动作用。

8.2.1.1 WATS 采集技术

传统的海上窄方位地震采集作业由单艘船在一系列并行测线上放炮，观测方位较窄，容易产生地下照明漏洞和阴影，影响地下地质体的成像效果。WATS 采用多船采集，增加了横向炮检距和横向采样密度。常见的 WATS 采集采用三船或四船结构。三船结构由一艘拖缆船和两艘震源船组成；四船结构由两艘拖缆船和两艘震源船组成或一艘拖缆船和三艘震源船组成。与传统窄方位拖缆采集方式相同，WATS 采集观测系统仍然是一种线束型观测系统，但是通过利用多船采集可以获得更大的横向炮检距，有利于改善地下地质体照明度、衰减相干噪声和提高成像质量。

8.2.1.2 MAZ 采集技术

MAZ 观测系统由单船窄方位观测系统沿多个方向组合而成。MAZ 勘探较适用于开展过窄方位勘探、对地下地质情况有一定认识的地区。通过 MAZ 勘探可以进一步提高覆盖次数和增加观测方位，有利于改善地下地质体的照明度，衰减多次波和相干噪声，从而弥补窄方位勘探的不足，提高资料信噪比和成像质量。由于 MAZ 采集作业时仅需一条记录船，因此多方位采集操作较方便，成本较低，且可以灵活应对洋流和障碍物等影响；缺点是除近炮检距外，其他炮检距方位角分布较差，不能提供全方位数据。

8.2.1.3 RAZ 采集技术

RAZ 观测系统由多船宽方位观测系统沿多个方向采集组合而成。RAZ 采集相对传统宽方位和多方位采集大幅度提高了道密度，从而可以获得更好的地震成像效果（图 8.2.1）。

8.2.1.4 正交宽方位采集

正交宽方位是指在已存在宽方位数据的区域沿着与原宽方位采集垂直的方向重新采集一块宽方位数据，然后通过组合两块宽方位数据形成近似全方位的数据体。常规宽方位地震勘探横纵比多集中在 0.5~0.6，横向采样不足，炮检距分布较差，导致横向地震成像质量较差，往往难以满足油气勘探要求。正交宽方位一方面可以利用原有宽方位数据，节省成本；另一方面可以增加观测方位和道密度，从而改善成像效果。

8.2.1.5 螺旋式全方位采集

螺旋式全方位采集技术最早由 Cole 等率先提出。近年来，螺旋式全方位采集技术由 WesternGeco 公司迅速推广。环形激发时，地震拖缆船在设计的一定半径的圆环上航行，并

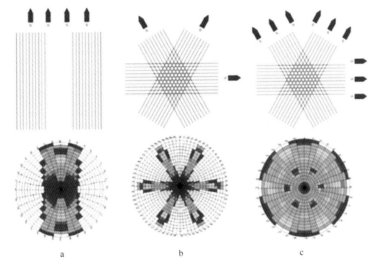

图 8.2.1　不同观测系统类型(上)及其面元属性(下)对比

a—WATS；b—MAZ；c—RAZ

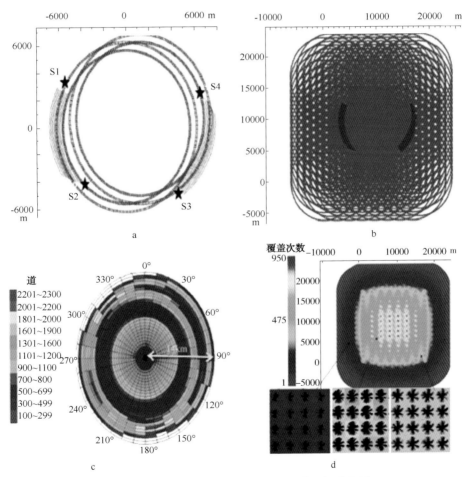

图 8.2.2　四船双螺旋采集观测系统及其属性分布图

a—四船采集观测系统；b—工区炮点分布图；c—面元属性玫瑰图；d—覆盖次数分布图

按一定的环间距进行纵横向滚动，从而完成一个工区的地震数据多船螺旋采集(图8.2.2)。螺旋采集具有以下优点：(1)通过双螺旋采集可以提供大炮检距、高覆盖和全方位的数据体，较其他宽方位采集方式的采样和照明更加充分，利于噪声衰减和复杂构造成像；(2)螺旋采集炮点分布在互相重叠的圆形上，炮、检点类似随机分布，同时比多船宽方位数据具有更丰富的小炮检距信息，尤其满足多次波衰减要求，利于多次波衰减；(3)螺旋采集可以连续不间断地采集，从而节省传统线束型三维换线带来的非生产时间。

全方位环形地震采集一般需要涉及拖缆间隔控制、检波器准确定位、环形航行时洋流噪声影响及非均匀覆盖数据的规则化处理等技术问题；而富方位采集则是以多船宽方位采集为基础。因此，在成熟技术条件的基础上，且采集成本允许情况下，多船多缆的宽方位地震采集方式应是我们研究的重点。

8.2.2 宽方位地震数据处理及解释

海洋拖缆采集在动态下进行，再加上洋流、涌浪的影响，所采集的地震数据面元属性较陆上数据更为不均。尤其是海洋宽方位特殊的采集方式，更加剧了这种面元属性的不均匀性。因此，数据重构技术对海洋宽方位地震数据处理结果的好坏影响很大。海洋地震数据的数据重构技术也从常规的面元均化技术发展到了数据规则化技术，从只考虑覆盖次数的均匀化发展到了既考虑覆盖次数的均匀化又考虑炮检距和方位角的均匀化，从三维插值发展到了五维插值。多次波的去除也从二维算法发展到了三维算法，从不考虑方位的影响发展到了考虑方位影响的真方位的多次波去除(图8.2.3)。多次波的去除过程也由常规的自适应去除发展到了考虑方位的影响、频率的影响等更为精细的自适应。

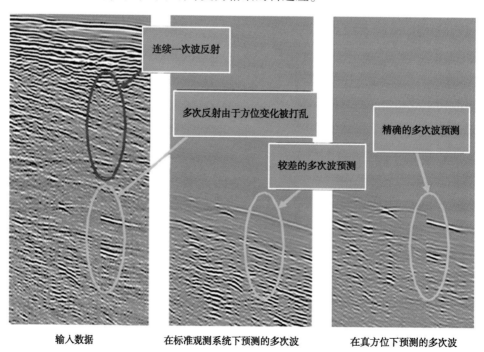

输入数据　　　　在标准观测系统下预测的多次波　　　　在真方位下预测的多次波

图 8.2.3　真方位多次波预测技术提高了宽方位海洋数据的多次波预测精度

宽方位地震数据的速度建模技术也由不考虑方位信息的常规速度建模技术发展到了分方

位速度建模和方位层析速度建模。宽方位地震数据的偏移技术也由传统的不能保存方位角信息的共炮检距偏移发展到了保留方位信息的 OVT 域偏移和全方位的角度域偏移(图 8.2.4,图 8.2.5)。

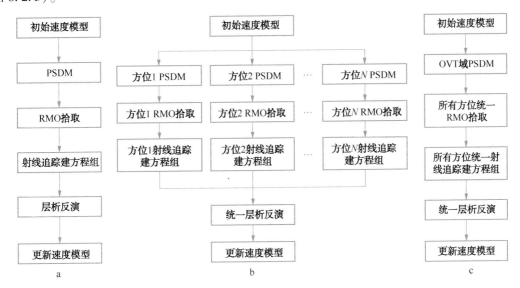

图 8.2.4　3 种叠前深度偏移速度建模方法对比

a—常规 PSDM 速度建模方法；b—基于分扇区法多方位层析；c—基于 OVT 域宽方位层析

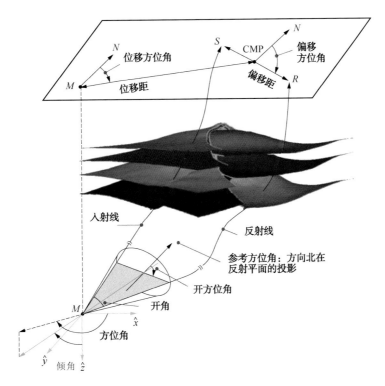

图 8.2.5　地面记录到的射线对与地下局部角度域的四维映射关系

宽方位地震数据处理技术的进步，使获得的地震数据成果保留了精确的方位角信息和具有更好的保幅性能，为宽方位地震数据解释工作的开展打下了坚实基础。分方位解释，方位

AVO 反演，叠前裂缝预测等宽方位解释技术提高了宽方位数据解决地质问题的能力。多维数据可视化显示、叠前道集 AVO 分析及裂缝预测、角度域属性(频率、几何、能量)的应用、角度域叠后反演技术的应用、多属性和多维解释必将进一步提高宽方位地震数据解决地质问题的能力。

8.3 海洋高效地震数据采集技术

对于高密度海洋地震数据采集，与常规采集相比，气枪震源激发工作量将成倍增加。因此，要更经济地实现高密度海洋地震数据采集，必须从技术上解决气枪震源的高效作业问题，提高作业效率，降低采集成本。

8.3.1 基于单源的高效采集方法

压缩感知理论把经典的基于 Nyquist 采样理论的信号采样转变为对信号中的信息采样。通过求解一个最优化问题就可以通过这些"精挑细选"的极少量数据恢复出原始信号。在该理论中，信号的稀疏性研究是一个重要内容，信号的稀疏变换也不再受限于 Fourier 变换，采样间隔也不再取决于信号的带宽，而是取决于信号的稀疏度、信息在信号中的结构与分布。压缩感知理论为信号的高效、大间距采样方案研究与设计提供了理论依据，可表述为在常规的规则密集布置炮点的地震数据采集方式转变为随机稀疏布置炮点的数据采集方式。该类地震数据采集方法也被称为稀疏地震数据采集方法。

8.3.2 基于多源的高效采集方法

目前陆地可控震源高效采集技术(如滑动扫描 Slip Sweep、距离分离同步激发 DSSS、独立同步扫描 ISS 等)极大地提高了陆地可控震源高密度采集的作业效率。借鉴陆地可控震源高效采集技术理念，结合气枪震源作业特点，出现了多种海上多源高效采集的方法，如双气枪震源交替激发、双气枪震源距离分离同步激发、四气枪震源距离分离同步激发等高效激发技术(图 8.3.1，图 8.3.2)。其与传统地震方法最大的不同在于多源高效采集是从时间域的间断激发、逐炮接收，到连续不断地采集资料。这是多源地震技术在数据记录方面的重大变革，极大地提高了数据的获取量和采集的效率。实现气枪震源高效激发，与高效激发作业方式相适应的导航协调控制技术是基础。除了与高效激发作业方式相适应的导航协调控制技

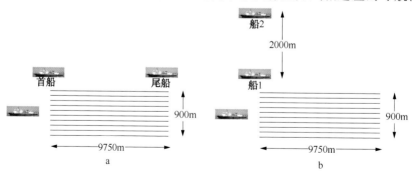

图 8.3.1 两种双源海上同步激发的震源布设模式
a—"首尾"式；b—"并排"式

术，还需要可靠的混合地震数据的处理方法。目前，这种混合地震数据的处理方法主要有：（1）通过各种分离方法得到各个单震源地震数据，然后按照常规单震源地震数据处理方法进行后续处理；（2）直接对混合地震数据进行成像和反演处理。

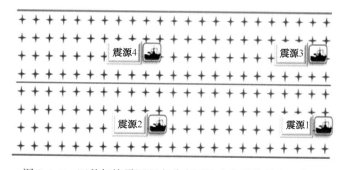

图 8.3.2　四种气枪震源距离分离同步交替激发作业示意图

四艘震源船以相同的航速上线，震源 1 与 2 同步激发，震源 3 与 4 同步激发，震源 1、2 与震源 3、4 交替激发

8.3.3　分布式震源组合（DSA）高效采集理念

分布式震源组合（DSA）的理念于 2011 年提出，并进行了论证。图 8.3.3 为当时的海上 DSA 采集设想图。每个源有其自己的频宽，是无人操作的独立装置，属于"自动化的混合采集"。设想在未来的海上采集中，可用数条小船，每条船装载一个简单的窄频激发源，这就意味着将传统的气枪组合"拆分"为单一的气枪。这些船是独立的 USV（无人地面装置）。对于这些大量的低频源来讲，其采样的需要与高频源大不相同，每个低频源只需 1~2 个 USV 即可；而对于高频源则需要更多的 USV。2013 年，Delft 科技大学 A. j. Berkhout 深化了"分布式混合采集网络"理念，并提出了百万道自动控制系统，指出未来分布式的采集可能在地震数据采集方式上带来一场革命。常规体系结构中，一个中心震源与 N 个检波器间是 N 个单程关系，接收到的信息随 N 线性增加。而在分布式网络体系结构中，每个元素兼具震源和检波器的功能，接收到的信息随 N 的平方增加（图 8.3.4）。A. J. Berkhout 指出，理想震源间距应小于 1/2 最小波长。在不同震源类型情况下，如低频、中频、高频震源，每个类型都有自己的最优间距。低频震源的最优间距最大，高频震源的最优间距最小。将这种混合震源的配置类型称为分布式震源组合（DSA），并给出了一个海上百万道采集的设想图（图 8.3.5）。在 A. J. Berkhout 的海上百万道采集设想中，每只小船拖一条短缆，按图示方式排布在一个大的探区中。如果使用一群由 100 个简单震源—检波器子系统组成的采集网络，其中每个子系统包含一个 DSA（震源组合）拖拽一个短的 100 个检波器的电缆，那么每个混合激发记录的总道数为一百万道（100×100^2）。可以预计，下一代地震采集技术可能以正在发展中的

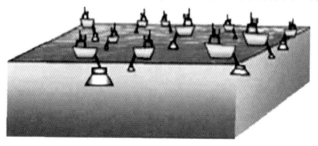

图 8.3.3　海上 DSA 采集设想图

DSA 为代表，其涉及的技术主要包括 8 类：（1）宽频带扫描可控震源、窄频带可控震源；（2）不同频带震源的组合激发——宽频带反射子波设计；（3）宽频带响应的检波技术（数字、光纤等）；（4）大容量长时间记录的检波器；（5）无线数据传输技术；（6）巨量（百万道）检波器接收的同步控制技术；（7）随机采样方法；（8）随机采样资料的数据处理，巨量资料的处理。可以看出，前 6 类技术已经具备或者基本具备，基本能够满足 DSA 的需要，核心的随机采样方法、随机采样巨量数据处理技术还需要发展。现有随机采样数据处理技术主要是针对时间域随机采样，而 DSA 采集的特点是时间域连续或随机，空间域随机。空间域随机采样数据的处理，有待研究。此外，DSA 的数据量无疑是巨大的，巨量数据的处理技术也有待研究。多源地震技术可以认为是 DSA 地震的初始形态。随机激发、随机记录的空间、时间上随机采样的巨量地震资料的采集、处理、解释技术，将是 DSA 研究的核心问题。DSA 的实现，将大大提高地震的经济性，通过数据的冗余，提高地震资料反映地质情况的能力。

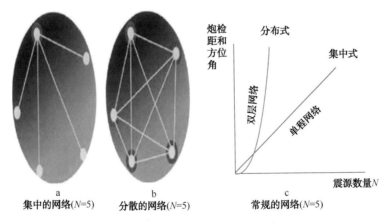

图 8.3.4　未来分布式的采集与目前采集方式的比较（据 A. J. Berkhout，2012）

　　a—为常规体系结构，每一中心震源与 N 个检波器间是 N 个单程关系；b—为分布式网络体系结构，每个元素兼具震源和检波器的功能；c—常规模式下，接收到的信息随 N 线性增加，而分布式震源接收到的信息随 N 的平方增加

图 8.3.5　海上百万道采集设想图（据 A. J. Berkhout，2012）

参 考 文 献

[1] 白国平. 波斯湾盆地油气分布主控因素初探. 中国石油大学学报(自然科学版), 2007, 31(3): 28~32

[2] 鲍光宏. 浅海地震勘探. 地球物理学报, 1960, 9(1): 65~68

[3] 昌松, 全海燕, 罗敏学等. RMS分析技术在拖缆地震资料采集质量控制中的应用. 石油地球物理勘探, 2010, 45 (增刊): 13~17

[4] 陈国文, 李正中, 李洪革. 宽方位角地震资料在裂缝性储层预测中的应用. 石油天然气学报, 2014, 36(3): 60~64

[5] 陈浩林, 全海燕, 刘军等. 基于近场测量的气枪阵列模拟远场子波. 石油地球物理勘探, 2005, 40 (6): 703~707.

[6] 陈浩林, 张保庆, 叶苑权, 刘军等. 滩浅海地震勘探关键技术及其应用. 北京: 石油工业出版社, 2014

[7] 陈建文, 闫桂京, 吴志强. 天然气水合物的地球物理识别标志. 海洋地质动态, 2004, 20(6): 9~12

[8] 陈新荣等. 胜利青东5探区滩浅海资料处理技术研究. 油气地球物理, 2009, 7(1): 29~33

[9] 崔汝国等. 垦东滩浅海地区地震勘探技术. 石油地球物理勘探, 2008, 43(增刊2): 21~24

[10] 戴昌凤. 台湾地区生物礁及其生境. 古地理学报, 2010, 12(5): 565~576

[11] 段文胜, 李飞, 黄录忠等. OVT域宽方位层析速度建模与深度域成像. 石油地球物理勘探, 2016, 51 (3): 521~528

[12] 段文胜, 李飞, 王彦春等. 面向宽方位地震处理的炮检距向量片技术. 石油地球物理勘探, 2013, 48 (2): 206~213.

[13] 段云卿等. 匹配滤波与子波整形技术. 石油地球物理勘探, 2006, 41(2): 156~159

[14] 范嘉松, 张维. 生物礁的基本概念分类及识别特征. 岩石学报, 1985, 1(3): 45~49

[15] 范士杰等. 不同星历和钟差产品的PPP验潮试验及结果分析. 海洋测绘, 2014, 34(4): 43~46.

[16] 方守川, 秦学斌, 任文静, 吴绍玉, 付建超. 基于多换能器的声学短基线海底电缆定位方法. 石油地球物理勘探, 2014, 49(5): 825~828

[17] 方守川等. 海底电缆地震勘探综合导航系统设计与研制. 地球科学, 2014, 28: 163~167.

[18] 高银波, 张研. 关于面元计算和观测系统设计的思考. 石油地球物理勘探, 2008, 43(4): 383~386

[19] 公衍芬, 曹志敏, 郑建斌. 天然气水合物的特征及其识别标志. 地质与资源, 2008, 17(2): 139~147

[20] 韩翀, 陈明江, 赵辉等. 现代体属性分析技术在风化壳气藏勘探中的应用——以苏里格气田桃7区块马五13段为例. 物探与化探, 2016, 40(3): 445~451

[21] 韩红涛, 贾敬, 李慧琳等. 应用GeoEast解释系统中的地震属性技术预测生物礁滩. 石油地球物理勘探, 2014, 49(S1): 160~163

[22] 郝天珧, 游庆瑜. 国产海底地震仪研制现状及其在海底结构探测中的应用. 地球物理学报, 2011, 54 (12): 3352~3361.

[23] 贺兆全等. 双检理论研究及合成处理. 石油地球物理勘探, 2011, 46(4): 522~528

[24] 贾小乐, 何登发, 童晓光等. 波斯湾盆地大气田的形成条件与分布规律. 中国石油勘探, 2011, (3): 8~22

[25] 江怀友, 赵文智,   等. 世界海洋油气资源与勘探模式概述. 海相油气地质, 2008, 13(3): 5~10

[26] 江文荣, 周雯雯, 贾怀存. 世界海洋油气资源勘探潜力及利用前景. 天然气地球科学, 2010, 21(6): 989~995

[27] 蒋玉波, 龚建明, 于小刚等. 墨西哥湾盆地的油气成藏模式及主控因素. 海洋地质前沿, 2012, 28 (5): 48~52

[28] 鞠玮，侯贵廷，肖芳锋．墨西哥湾盆地陆棚区油气田数量与储量规模的分形分析．北京大学学报（自然科学版），2011，47(6)：1049~1054

[29] 黎夫．富饶的北海油田．世界知识，1982，(19)：24~25

[30] 李敏峰．天然气水合物层和游离气层的地震反演识别——布莱克海台 USGS95-1 测线应用实例．现代地质，2007，21(1)：107~109

[31] 李丕龙等．滩浅海地区高精度地震勘探技术．北京：石油工业出版社，2006

[32] 李晓兰．海洋油气勘探开发的新特点．海洋石油，2008，(2)：108

[33] 李欣，尹成，葛子建等．海上地震采集观测系统研究现状与展望．西南石油大学学报（自然科学版）2014，36(5)：67~80

[34] 李绪宣，王建花，杨凯等．海上深水区气枪震源阵列优化组合研究与应用．中国海上油气，2012，24(3)：1~6.

[35] 李绪宣，朱振宇，张金森．中国海油地震勘探技术进展与发展方向．中国海上油气，2016，28(1)：1~12

[36] 梁金强，王宏斌，苏新等．南海北部陆坡天然气水合物成藏条件及其控制因素．天然气工业，2014，34(7)：129~133

[37] 梁劲．AVO 属性分析在天然气水合物地震解释中的应用．物探化探计算技术，2008，30(1)：23~26

[38] 林卫东，陈文学，熊利平等．西非海岸盆地油气成藏主控因素及勘探潜力．石油实验地质，2008，30(5)：450~455

[39] 刘海波，全海燕，陈浩林等．海上多波多分量地震采集综述．勘探技术，2007，12(3)：52~57

[40] 刘静静，刘震，齐宇等．地震分频处理技术预测深水储集体．石油学报，2016，37(01)：80~87

[41] 刘丽华，吕川川，郝天珧等．海底地震仪数据处理方法及其在海洋油气资源探测中的发展趋势．地球物理学进展，2012，27(6)：2673~2684

[42] 刘依谋，印兴耀，张三元等．宽方位地震勘探技术新进展．石油地球物理勘探，2104，49(3)：596~610

[43] 吕公河．滩浅海地区地震勘探存在问题及解决方法．油气地球物理，2005，3(2)：1~5

[44] 吕明，王颖，陈莹．尼日利亚深水区海底扇沉积模式成因探讨及勘探意义．中国海上油气，2008，20(4)：275~281

[45] 潘继平．国外深水油气资源勘探开发进展与经验．石油科技论坛，2007，(4)：35~39

[46] 乔卫杰，黄文辉，江怀友．国外海洋油气勘探方法浅述．资源与工业，2009，11(1)：19~23

[47] 全海燕，韦秀波，郭毅等．利用地震道头数据进行深海拖缆地震数据采集质量控制技术．石油地球物理勘探，2009，44(6)：651~655

[48] 任文静，樊俊明．BPS 声学二次定位系统在石油勘探中的应用．物探装备，2009，19(增刊)：54~57.

[49] 任文静．海底电缆声学定位系统软件设计．石油仪器，2012，26(4)：64~68.

[50] 石战战，庞溯，唐湘蓉等．基于匹配追踪算法的碳酸盐岩储层低频伴影识别方法研究．岩性油气藏，2014，26(3)：114~118

[51] 宋玉春．北海油田：年近半百活力依然．中国石油和化工，2013，(1)：33~35

[52] 宋玉龙．滩浅海地区地震勘探存在问题及解决方法．石油物探，2005，44(4)：343~347.

[53] 孙立春，汪洪强，何娟等．尼日利亚海上区块近海底深水水道体系地震响应特征与沉积模式．沉积学报，2014，32(6)：1140~1152

[54] 田洪亮，杨金华．全球深海油气勘探开发形势分析与展望．国际石油经济，2006，14(9)：1~4

[55] 王成礼．两步法预测反褶积在压制变周期鸣震中的应用．石油物探，2007，46(1)：28~31

[56] 王大伟，吴时国，秦志亮等．南海陆坡大型块体搬运体系的结构与识别特征．海洋地质与第四纪地质．2009，29(5)：65~71

[57] 王汉闯，陈生昌，陈国新等．多震源地震数据偏移成像方法．地球物理学报，2014，57(3)：918~931

［58］韦秀波，全海燕，罗敏学等．深海拖缆地震数据采集质控系统的研发与应用．长江大学学报（自科版），2015，12（5）：1~4

［59］魏艳，尹成，丁峰等．地震多属性综合分析的应用研究．石油物探，2007，46（1）：42~47

［60］吴琼等．过渡带拼接地震资料处理方法研究．地球物理学进展，2008，23（3）：761~767

［61］吴伟，汪忠德，杨瑞娟等．地震采集技术发展动态与展望．石油科技论坛，2014（5）：36~43

［62］吴志强，闫桂京，童思友，刘怀山．海洋地震采集技术新进展及对我国海洋油气地震勘探的启示．地球物理学进展，2013，28（6）：3056~3065

［63］吴志强．海洋宽频带地震勘探技术新进展．石油地球物理勘探，2014，49（3）：67~80

［64］肖冬生．叠前地震属性在浊积岩储层预测中的应用——以兴隆台—马圈子地区沙三中下亚段为例．石油天然气学报，2010，32（6）：66~69

［65］徐辉．低测成果约束下的层析反演静校正方法及其在胜利滩浅海过渡带地区的应用．内蒙古石油化工，2009，（21）：29~32

［66］徐锦玺等．滩浅海地震勘探采集技术应用．地球物理学进展，2005，20（1）：66~70

［67］许建明．三维过渡带地震资料处理难点与对策．江汉石油学报，2010，32（2）：245~248

［68］杨睿等．多种反演方法在南海北部神狐海域天然气水合物识别中的应用．现代地质，2006，（1）：495~500

［69］杨振武．海洋石油地震勘探–资料采集与处理．北京：石油工业出版社，2012

［70］易昌华，任文静，王钺．二次水声定位系统误差分析．石油地球物理勘探，2009，44（2）：136~139

［71］余本善，孙乃达．海上宽频地震采集技术新进展．石油科技论坛，2015（1）：41~45

［72］余本善等．海底地震采集技术发展现状及建议．海洋石油，2015，35（2）：1~4

［73］於国平，陈浩林，李海峰，姜海，李海军．地震勘探空气枪悬挂拖曳系统综述．石油仪器，2008，22（2）：1~4

［74］袁圣强，曹锋，吴时国等．南海北部陆坡深水曲流水道的识别及成因．沉积学报，2010，28（1）：68~74

［75］袁艳华．基于非二次幂 Curvelet 变换的最小二乘匹配算法及其应用．地球物理学报，2013，56（4）：1340~1349

［76］袁艳华．基于非二次幂 Curvelet 变换的最小二乘匹配算法及其应用．地球物理学报，2013，56（4）：1340~1349

［77］岳英等．滩海过渡带地震采集处理技术及应用．天然气工业，2007（S1）：215~218

［78］曾鼎乾，刘炳温，黄蕴明．中国各地质历史时期生物礁．北京：石油工业出版社，1998

［79］张抗．向广阔的世界海洋石油市场进军．海洋石油，2005，25（1）：32~36

［80］张鹏，杨凯等．海上空气枪点震源阵列的优化设计及应用．石油地球物理勘探，2015，50（4）：588~599

［81］张素芳等．基于 Curvelet 变换的多次波去除技术．石油地球物理勘探，2006，41（3）：262~265

［82］赵仁永，张振波等．上下源、上下缆地震采集技术在珠江口的应用．石油地球物理勘探，2011，46（4）：517~521

［83］赵伟等．海上高精度地震勘探技术．北京：石油工业出版社，2012

［84］郑应钊，何登发，马彩琴等．西非海岸盆地带大油气田形成条件与分布规律探析．西北大学学报（自然科学版），2011，41（6）：1018~1024

［85］朱洪昌等．南黄海盆地滩浅海区多次波组合压制技术的应用．油气地球物理，2014，12（3）：27~33

［86］Beasley C J. A new look at marine simultaneous sources. The Leading Edge, 2008, 27：914~917

［87］Berkhout A J. Blended acquisition with dispersed source arrays. Geophysics, 2012, 77（4）：A19 – A23

［88］Bill Dragoset, Ian Moore, Margaret Yu, and Wei Zhao. 3D general surface multiple prediction：An algorithm for all surveys. SEG Technical Program Expanded Abstracts, 2008, 2426~2430

[89] Bill Pramik, Lee M Bell, Adam Grier et al. Field testing the AquaVib: an alternate marine source. SEG technical program Expanded, 2015, 181~185

[90] Cambois G, Long A, Parkes G et al. Multi-level air-gun array: a simple and effective way to enhance the low frequency content of marine seismic data. SEG technical program Expanded, 2009, 152~156

[91] Cambois G, Long A, Parkes G et al. Multi-Level airgun array A simple and effective way to enhance the low frequency content of marine seismic data. SEG International Exposition and Annual Meeting, 2009, 152~156

[92] Canals M, Lastras G, Urgeles R, et al. Slope failure dynamics and impacts from seafloor and shallow sub-seafloor geo-physical data: case studies from the COSTA project. Marine Geology, 2004, 213: 9~72

[93] Chopra S, Marlurt K J. Volumetric curvature attributes add value to 3D seismic data interpretation. The Leading Edge, 2007, 26(7): 856~867

[94] Chris Cunnell, Stephen McHugo, Shona Joyceet al. Multimeasurement streamer acquisition for reservoir development ——A case study fromoffshore West Africa. SEG Denver Annual Meeting, 2014, 158~161

[95] Dowle R. Solid streamer noise reduction principles. SEG technical program Expanded , 2006, 85~89

[96] Gerald D K. Fundamentals of 3-D seismic volume visualization. The Leading Edge, 1999, 18(3): 702~709

[97] Grion S, Azmi A, Pollatos J et al. Broadband processing with calm and rough seas_ observations from a North Sea survey. SEG International Exposition and Annual Meeting, 2013, 226~230

[98] Guus Berkhout, Decentralized Blended Acquisition. SEG technical program Expanded, 2013, 7~11

[99] Hegna S, Parks G. The low frequency output of marine air-gun arrays. SEG technical program Expanded , 2011, 77~81

[100] Heureux E L, Lombard A, Lyon T. Finite-difference modeling for acquisition design of an ocean-bottom seismic survey. SEG International Exposition and Annual Meeting, 2012, 1~5

[101] Krigh E, Muyzert E, Curtis T et al. Efficient broadband marine acquisition and processing for improved resolution and deep imaging. The Leading Edge, 2010, 29(4): 464~469.

[102] Long A, Mellors D, Allen T et al. A calibrated dual-sensor streamer investigation of deep target signal resolution and penetration on the NW shelf of Australia. SEG technical program Expanded , 2008, 428~432.

[103] Long A. An overview of seismic azimuth for towed streamers. The Leading Edge, 2010, 29(5): 512~523

[104] Mark A Meier, Richard E Duren, Kyle T et al. A marine dipole source for low frequency seismic acquisition. SEG technical program Expanded, 2015, 176~180

[105] Marlurt K J. Robust estimates of 3D reflector dip and azimuth. Geophysics, 2006, 71(4): 29~40

[106] McGilvery T, Cook D. The influence of local gradients on accommodation space and linked depositional elements across a stepped slope profile, offshore Brunei. Perkins Research Conference, 2003, 23~55

[107] Nick M, Ying J. Multivessel coil shooting acquisition with simultaneous source. SEG technical program Expanded, 2012, 1526~1530

[108] Parkes G, Hegna S, Frijlink M. A marine seismic acquisition system that provides a full ghost-free solution. International Geophysical Conference and Oil & Gas Exhibition, 2012, 1~4

[109] Parks G, Hegna S. A marine seismic acquisition system that provides a full "ghost-free" solution. SEG technical program Expanded, 2011, 37~41

[110] Partyka G. Interpretational applications of spectral decomposition in reservoir characterization. The Leading Edge, 1999, 18(3): 353~360

[111] Ping Wang, Suryadeep Ray, Kawin Nimsaila. 3D joint deghosting and crossline interpolation for marine single-component streamer data. SEG Technical Program Expanded Abstracts, 2014, 3594~3598

[112] Shanmugam U. Deep - Water Processes and Fades Models. Implications Lor Sandstone Petroleum Reservoirs. Oxford Elsevier, 2006, 19~50

[113] Sheng Xu. Anti-leakage Fourier transform for seismic data regularization. Geophysics, 2005, 70(4) :

V87~V95

[114] Soubaras R, Whiting P. Variable Depth Streamer – The New Broadband Acquisition System. SEG International Exposition and Annual Meeting, 2011, 4349~4353

[115] Theriot C, McDonald M, Kamarudin M R et al. Survey design for optimized ocean bottom node acquisition. SEG International Exposition and Annual Meeting, 2014, 213~217

[116] Tim Brice. Designing, acquiring, and processing a multivessel coil survey in the Gulf of mexico. SEG technical program Expanded , 2011, 92~96

[117] Vikram Jayaram. Receiver deghosting method to mitigate $f-k$ transform artifacts: A non-windowing approach. SEG Technical Program Expanded Abstracts, 2015, 4530~4534

[118] Wang P, Ray S, Peng C, Li Y, Poole G. Premigration deghosting for marine streamer data using a bootstrap approach in $\tau-p$ domain. SEG Technical Progrovm, Expanded Abstracts, 2013, 4221~4225

[119] Yike Liu. Reverse time migration of multiples. SEG Technical Program Expanded Abstracts, 2011, 3326~3331

[120] Zhigang Zhang. Time variant de-ghosting and its applications in WAZ data. SEG Technical Program Expanded Abstracts, 2015, 4600~4604

[121] Zvi Koren, Igor Ravve, Evgeny Ragoza et al. Full-Azimuth Angle Domain Imaging. SEG technical program Expanded, 2008, 2221~2225